MENTOR ABITUR-HILFE

Band 646

Mathematik
Oberstufe

Analysis 2

Differenzialrechnung, Exponential- und Logarithmusfunktion

Mit Musteraufgaben und ausführlichem Lösungsteil

Mit Lerntipps!

Helmuth Preckur

Mentor Verlag München

Über den Autor:

Helmuth Preckur, Studiendirektor, Fachbetreuer für Mathematik
an der Berufsoberschule für Technik

Lerntipps:

Alexander Geist, staatlicher Schulpsychologe an einem Gymnasium

Redaktion: Dr. Hans-Peter Waschi

Illustrationen: Pieter Kunstreich, Hamburg

Layout: Barbara Slowik, München

Titelgestaltung: Iris Steiner, München

Umwelthinweis: Gedruckt auf chlorfrei gebleichtem Papier.

Auflage:	6.	5.	4.	3.	2.	letzte Zahlen
Jahr:	2003	2002	2001	2000	1999	maßgeblich

Satz/Repro: Fotosatz-Service Köhler GmbH, Würzburg
Druck: Druckhaus Langenscheidt, Berlin
Printed in Germany • ISBN 3-580-63646-4

Inhalt

Vorwort

Liebe Schülerin, lieber Schüler,

diese Abiturhilfe Analysis 2 ist für den Einsatz in der Oberstufe (Grundkurs) aller weiterführenden Schulen in allen Bundesländern geeignet. Sie finden daher unter Umständen auch Lerninhalte, die es in den Lehrplänen Ihres Bundeslandes nicht gibt. Es wird Ihnen aber nicht schwer fallen, die für Sie richtige Auswahl zu treffen. Und ein Blick über den mathematischen Tellerrand hinaus kann auch ein Anreiz sein, sich mit einem Thema zu beschäftigen, das im Unterricht nicht behandelt wurde.

Dieser Band ist für alle Schülerinnen und Schüler gedacht, die sich die Differenzialrechnung und ihre Anwendungen neben dem Unterricht selbstständig und gründlich erarbeiten wollen oder sich auf die Abschlussprüfung vorbereiten. Deshalb werden die Logarithmus- und Exponentialfunktionen und ihre Ableitungen sowie die Untersuchung von Funktionsgraphen auf Monotonie, Krümmung, Extrem- und Wendepunkte ausführlich behandelt und in Musterbeispielen erläutert. Genau dies sind die zentralen Themen in der Abiturprüfung.

Viele Aufgaben stammen aus Abiturprüfungen der verschiedenen Bundesländer und haben im Anhang ausführliche Musterlösungen.

Die Kenntnis der Grundlagen aus dem Band Analysis 1 (ML 645) wird an einigen Stellen vorausgesetzt.

Dass Mathematik eigentlich ein „munteres Lernen“ sein sollte, steckt schon im Wort „Mathematik“ selbst: Es wird auf das griechische „manthánein“ (= lernen, erfahren) zurückgeführt, welches wiederum mit dem deutschen „munter“ urverwandt ist.

Verlag und Autor wünschen Ihnen und sich, dass Sie erfolgreich mit diesem Band arbeiten und in den Prüfungen Ihr Ziel erreichen.

Helmuth Preckur

Benutzerhinweise

Diese Piktogramme und Symbole begleiten Sie durch den ganzen Band. Sie stehen für:

> > > > > >

Beginn eines Beispiels

< < < < < <

Ende eines Beispiels

Zusätzlich finden Sie bei größeren Beispielen dieses Piktogramm:

Definition

Satz, Lehrsatz bzw. Gesetz

Merksatz

Eine Übersicht über **Bezeichnungen** und **logische Zeichen** finden Sie auf S. 217.

Übrigens: Die Rechtschreibung dieses Bandes entspricht den Regelungen der Reform.

Ableitung einer Funktion

1.

Differenzenquotient und mittlere Änderungsrate

1.1

Ein Bürgermeister hat geplant, dass sich die Einwohnerzahl E seiner Stadt in den kommenden 12 Jahren etwa nach der Formel $E(t) = 3t^2 + 40t + 5000$ entwickeln soll. Für die Zeitvariable t, die in Jahren gerechnet wird, setzt er dabei nur die Zahl von t aus dem Intervall [0; 12] ein. Für den Zeitpunkt 7,5 Jahre setzt er also $t = 7{,}5$ in die Formel ein.

Für den Zeitpunkt $t_2 = 11$ (Jahre) erhält er:

$E(11) = 3 \cdot 11^2 + 40 \cdot 11 + 5000 = 5803$

Ebenso berechnet er die Einwohnerzahl für $t_1 = 7$ (Jahre):

$E(7) = 3 \cdot 7^2 + 40 \cdot 7 + 5000 = 5427$

Mit den Ergebnissen $E(11)$ und $E(7)$ kann er nun die Änderung ΔE (sprich: Delta E) der Einwohnerzahl ausrechnen:

$\Delta E = E(t_2) - E(t_1) = E(11) - E(7) = 5803 - 5427 = 376$

Die Zunahme der Einwohnerzahl um 376 Personen beunruhigt den Stadtrat, der gerade mit der Planung einer Schule und dem Ausbau des Kindergartens beschäftigt ist. Der Bürgermeister kann die Stadtväter aber beruhigen, indem er ihnen erklärt, dass die Zunahme von 376 Personen doch auf den Zeitraum $t_1 = 7$ bis $t_2 = 11$, also auf die betrachteten vier Jahre etwa gleichmäßig verteilt sein wird.

Dividieren wir nun die Zunahme der Personen $\Delta E = 376$ durch die entsprechende Zunahme der Jahre $\Delta t = t_2 - t_1 = 11 - 7 = 4$, dann erhalten wir als Ergebnis der Rechnung, um wie viele Personen die Einwohnerzahl pro Jahr im Mittel zunehmen wird:

$$\frac{\Delta E}{\Delta t} = \frac{376}{4} = 94$$

Da bei der Division $\frac{\Delta E}{\Delta t}$ die Zunahme der Einwohnerzahl, also die Differenz $\Delta E = E(t_2) - E(t_1)$, auf die zugehörige Zeitdifferenz $\Delta t = t_2 - t_1$ bezogen ist, ist der Rechenausdruck

$$\frac{\Delta E}{\Delta t} = \frac{E(t_2) - E(t_1)}{t_2 - t_1}$$

ein Quotient aus zwei Differenzen. Er wird daher als **Differenzenquotient** bezeichnet.

Der Differenzenquotient wird auch als **mittlere Änderungsrate** bezeichnet, da dieser Quotient als Maß für die *Stärke der Veränderung* einer Größe (ΔE) bezogen auf eine zweite Größe (Δt) eine anschauliche Bedeutung hat. In unserem Beispiel charakterisiert die mittlere Änderungsrate $\frac{\Delta E}{\Delta t} = 94$ den Trend der Entwicklung der Einwohnerzahl der Stadt.

➢ ➢ ➢ ➢ ➢ ➢ ➢ ➢ ➢ ➢ ➢ ➢

Die Zeit-Weg-Funktion einer linearen Bewegung lautet:

$$s(t) = -5\,\frac{\text{m}}{\text{s}^2} \cdot t^2 + 40\,\frac{\text{m}}{\text{s}} \cdot t$$

Wir betrachten den festen Zeitpunkt t_0 und den variablen Zeitpunkt t mit $t > t_0$. Vom Zeitpunkt t_0 bis zum Zeitpunkt t verstreicht also die Zeitdifferenz $\Delta t = t - t_0 > 0$.
Die Wegdifferenz Δs ergibt sich aus $\Delta s = s(t) - s(t_0)$.

Der Differenzenquotient $\frac{\Delta s}{\Delta t}$ (= mittlere Änderungsrate) beschreibt in diesem Beispiel die Änderung des Weges in der zugehörigen Zeit und wird in der Physik die **mittlere Geschwindigkeit** genannt.

$$\frac{\Delta s}{\Delta t} = \frac{-5\,\frac{\text{m}}{\text{s}^2} \cdot t^2 + 40\,\frac{\text{m}}{\text{s}} \cdot t - \left(-5\,\frac{\text{m}}{\text{s}^2} \cdot t_0^2 + 40\,\frac{\text{m}}{\text{s}} \cdot t_0\right)}{t - t_0} =$$

$$= \frac{-5\,\frac{\text{m}}{\text{s}^2}\,(t^2 - t_0^2) + 40\,\frac{\text{m}}{\text{s}}\,(t - t_0)}{t - t_0} =$$

$$= \frac{-5\,\frac{\text{m}}{\text{s}^2}\,(t - t_0)\,(t + t_0) + 40\,\frac{\text{m}}{\text{s}}\,(t - t_0)}{t - t_0}$$

$$\frac{\Delta s}{\Delta t} = -5\,\frac{\text{m}}{\text{s}^2}\,(t + t_0) + 40\,\frac{\text{m}}{\text{s}}$$

Für $t_0 = 2\,\text{s}$ und $t = 5\,\text{s}$ erhalten wir die mittlere Geschwindigkeit $\overline{v}$:

$$\overline{v} = \frac{\Delta s}{\Delta t} = -5\,\frac{\text{m}}{\text{s}^2} \cdot (5\,\text{s} + 2\,\text{s}) + 40\,\frac{\text{m}}{\text{s}} = -35\,\frac{\text{m}}{\text{s}} + 40\,\frac{\text{m}}{\text{s}} = 5\,\frac{\text{m}}{\text{s}}$$

➢ ➢ ➢ ➢ ➢ ➢ ➢ ➢ ➢ ➢ ➢ ➢

Allgemeine Definition des Differenzenquotienten

In den beiden Beispielen wurde jeweils die Änderung einer Größe (Einwohnerzahl E, Weg s), die als Funktion der Zeit t gegeben war, auf ein bestimmtes Zeitintervall bezogen. Mathematisch gesehen haben wir dabei die Änderung von Funktionswerten bezüglich der Änderung der unabhängigen Variablen betrachtet. Wir zeigen nun, wie man diesen Sachverhalt mit verschiedenen Rechenausdrücken beschreiben kann.

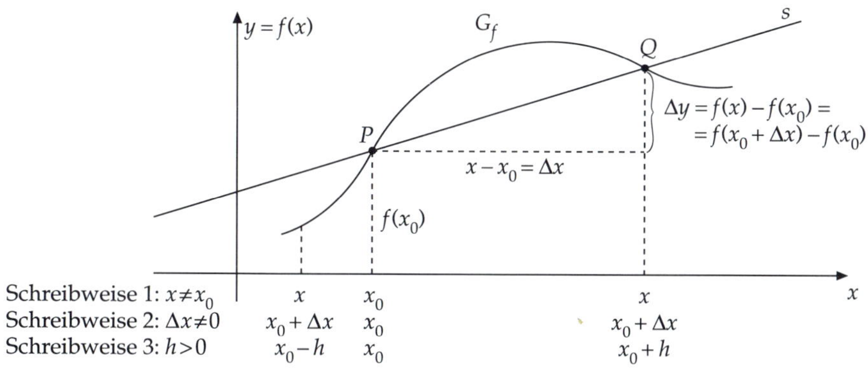

Figur 1

Vergleichen Sie in der Figur 1:

Für eine feste Stelle x_0 können wir den Funktionswert $f(x_0)$ berechnen. Interessiert uns aber der Funktionswert an einer Stelle in der Umgebung von x_0, so können wir diese zu x_0 benachbarte Stelle auf verschiedene Weise beschreiben:

Schreibweise 1:
Wir nennen die zu x_0 benachbarte Stelle einfach x und verlangen $x \neq x_0$. Die Stelle x kann rechts oder auch links von x_0 liegen.

Schreibweise 2:
Mit dem Zuwachs Δx, der positiv oder negativ sein kann ($\Delta x \neq 0$) liegt $x_0 + \Delta x$ rechts von x_0, wenn $\Delta x > 0$ ist. Für $\Delta x < 0$ liegt dann die Stelle $x_0 + \Delta x$ links von x_0.

Schreibweise 3:
Mit der **positiven** Zahl h (also $h > 0$) liegt die Stelle $x_0 + h$ rechts von x_0; die Stelle $x_0 - h$ liegt links von x_0. Von dieser Möglichkeit machen wir Gebrauch, wenn wir die rechts- und linksseitige Umgebung an der Stelle x_0 unterscheiden müssen. (Vergleichen Sie dazu die Rechnungen bei der Untersuchung auf Stetigkeit im Band ML 645, Analysis 1, Abschnitt 7.8.2)

Interessiert uns nur die Änderung der Funktionswerte, wenn wir uns von der Stelle x_0 etwas entfernen, dann können wir die Gleichheit, Zunahme oder Abnahme der Funktionswerte durch Bildung der Differenz $\Delta y = f(x) - f(x_0)$ untersuchen.

Wollen wir dagegen wissen, wie stark die Zunahme oder Abnahme der Funktionswerte ist, dann ist die Änderung Δy der Funktionswerte bezogen auf die zugehörige Änderung Δx der x-Werte, also der Differenzenquotient

$$\frac{\Delta y}{\Delta x} = \frac{f(x) - f(x_0)}{x - x_0},$$

ein geeignetes Maß, die **Stärke** der Änderung Δy zu beschreiben.

Der Käufer eines Autos testet vor dem Kauf die beiden Modelle A und B. Mit dem Modell A kann er in $\Delta t = 5$ s die Geschwindigkeit von $50 \frac{\text{km}}{\text{h}}$ auf $90 \frac{\text{km}}{\text{h}}$ erhöhen. Mit dem Modell B schafft er in $\Delta t = 7$ s eine Zunahme der Geschwindigkeit von $30 \frac{\text{km}}{\text{h}}$ auf $90 \frac{\text{km}}{\text{h}}$.

Hier gibt uns der Differenzenquotient $\frac{\Delta v}{\Delta t}$ Auskunft, bei welchem der beiden Autos die auf die Zeiteinheit 1 s bezogene Änderung der Geschwindigkeit größer ist:

A:

$$\frac{\Delta v}{\Delta t} = \frac{40 \frac{\text{km}}{\text{h}}}{5\ \text{s}} = \frac{40 \cdot 1000\ \text{m}}{5 \cdot 3600\ \text{s}^2} = 2{,}22 \frac{\text{m}}{\text{s}^2}$$

B:

$$\frac{\Delta v}{\Delta t} = \frac{60 \frac{\text{km}}{\text{h}}}{7\ \text{s}} = \frac{60 \cdot 1000\ \text{m}}{7 \cdot 3600\ \text{s}^2} = 2{,}38 \frac{\text{m}}{\text{s}^2}$$

Das Modell B kommt bei diesem Vergleich etwas besser weg.

Für die Bildung des Differenzenquotienten (= mittlere Änderungsrate) der Funktion f mit $y = f(x)$ bezüglich der Stelle x_0 haben wir nach Figur 1 die folgenden drei Möglichkeiten:

Möglichkeit 1: $\frac{\Delta y}{\Delta x} = \frac{f(x) - f(x_0)}{x - x_0}$ mit $x \neq x_0$

Möglichkeit 2: $\frac{\Delta y}{\Delta x} = \frac{f(x_0 + \Delta x) - f(x_0)}{\Delta x}$ mit $\Delta x \neq 0$

Möglichkeit 3:

Mit $\Delta x = h > 0$ erhalten wir den rechtsseitigen Differenzenquotienten:

$$\frac{\Delta y}{h} = \frac{f(x_0 + h) - f(x_0)}{h}$$

Und mit $\Delta x = -h < 0$ den linksseitigen Differenzenquotienten:

$$\frac{\Delta y}{-h} = \frac{f(x_0 - h) - f(x_0)}{-h}$$

Die Möglichkeit 3 für die Bildung des Differenzenquotienten müssen wir wählen, wenn die Funktion f rechts und links von x_0 durch verschiedene Funktionsterme beschrieben wird. Dies tritt zum Beispiel ein, wenn im Funktionsterm $f(x)$ ein Betrag enthalten ist:

$$f(x) = x \cdot |x-3| = \begin{cases} x(x-3) & \text{für } x-3 \geqq 0 \\ x(-x+3) & \text{für } x-3 < 0 \end{cases}$$

also: $$f(x) = \begin{cases} x(x-3) & \text{für } x \geqq 3 \\ x(-x+3) & \text{für } x < 3 \end{cases}$$

Rechtsseitiger Differenzenquotient an der Stelle $x_0 = 3$:

$$\frac{f(3+h)-f(3)}{h} = \frac{(3+h)(3+h-3)-0}{h} = \frac{(3+h)\cdot h}{h} = 3+h$$

Linksseitiger Differenzenquotient an der Stelle $x_0 = 3$:

$$\frac{f(3-h)-f(3)}{-h} = \frac{(3-h)(-3+h+3)-0}{-h} = \frac{(3-h)\cdot h}{-h} = -3+h$$

Aufgabe 1

Gegeben ist die in $\mathbb{R}$ erklärte Funktion f durch $f(x) = x^2 + 3x - 4$.

Stellen Sie mit der h-Methode für die Stelle $x_0 = 5$ den rechtsseitigen und den linksseitigen Differenzenquotienten auf und vereinfachen Sie die Terme.

Aufgabe 2

Gegeben ist die in $\mathbb{R}$ definierte Funktion f durch $f(x) = x^2 \cdot |x+4|$.

2.1 Stellen Sie den Funktionsterm $f(x)$ in geeigneten Intervallen betragsfrei dar, behalten Sie aber die Produktdarstellung von $f(x)$ bei.

2.2 Stellen Sie mit der h-Methode den rechtsseitigen und den linksseitigen Differenzenquotienten für die Stelle $x_0 = -4$ auf und vereinfachen Sie die Terme.

1.2 Differenzialquotient und lokale Änderungsrate

In Abschnitt 1.1 hatten wir für eine lineare Bewegung mit der Bewegungsgleichung $s(t)$ den Differenzenquotienten $\frac{\Delta s}{\Delta t}$ für den Zeitpunkt t_0 aufgestellt.

Es galt: $$\frac{\Delta s}{\Delta t} = -5\,\frac{\text{m}}{\text{s}^2}\cdot(t+t_0) + 40\,\frac{\text{m}}{\text{s}}$$

Für $t_0 = 2\,\text{s}$ und $t = 5\,\text{s}$ konnten wir damit die mittlere Änderungsrate (= mittlere Geschwindigkeit) berechnen und erhielten: $\overline{v} = \frac{\Delta s}{\Delta t} = 5\,\frac{\text{m}}{\text{s}}$

Wir fragen nun, ob der Differenzenquotient einen *Grenzwert* hat, wenn wir die Zeitintervalle $\Delta t = t - t_0$ immer kleiner machen. Da $\Delta t \to 0$ gleichbedeutend mit $t \to t_0$ ist, nähern wir uns bei diesem Grenzübergang dem Zeitpunkt t_0 beliebig an.

$$\lim_{\Delta t \to 0} \frac{\Delta s}{\Delta t} = \lim_{t \to t_0} \left[-5 \frac{\text{m}}{\text{s}^2} (t + t_0) + 40 \frac{\text{m}}{\text{s}} \right] = -10 \frac{\text{m}}{\text{s}^2} \cdot t_0 + 40 \frac{\text{m}}{\text{s}}$$

Diesen Grenzwert können wir auffassen als Momentangeschwindigkeit $v(t_0)$ der Bewegung zum Zeitpunkt t_0:

$$v(t_0) = -10 \frac{\text{m}}{\text{s}^2} \cdot t_0 + 40 \frac{\text{m}}{\text{s}}$$

Zum Beispiel erhalten wir für $t_0 = 2$ s: $v(2\text{ s}) = -10 \frac{\text{m}}{\text{s}^2} \cdot 2\text{ s} + 40 \frac{\text{m}}{\text{s}} = 20 \frac{\text{m}}{\text{s}}$

Der Grenzwert des Differenzenquotienten heißt **Differenzialquotient** oder **lokale Änderungsrate** der Funktion $s(t)$ an der Stelle t_0. In der Physik wird die lokale Änderungsrate der Zeit-Ort-Funktion $s(t)$ als **Momentangeschwindigkeit** $v(t_0)$ bezeichnet.

Wir beschränken uns auf das eine Beispiel aus der Physik und legen allgemein für eine Funktion f fest:

Hat für die Funktion f mit $y = f(x)$ der Differenzenquotient $\frac{\Delta y}{\Delta x}$ einen Grenzwert für $\Delta x \to 0$ (also für $x \to x_0$), dann heißt dieser Grenzwert der **Differenzialquotient von f an der Stelle x_0.**
Er wird mit $\frac{dy}{dx}$ (lies: dy *nach* dx) bezeichnet.

$$\frac{dy}{dx} = \lim_{\Delta x \to 0} \frac{\Delta y}{\Delta x}$$

Mit $\frac{dy}{dx}$ wird symbolisch ausgedrückt, dass der Grenzübergang $\Delta x \to 0$ vollzogen wurde. Deshalb ist das Symbol $\frac{dy}{dx}$ hier *nicht* als Bruch aufzufassen!

Zur Berechnung des Differenzialquotienten können Sie je nach Aufgabenstellung eine der folgenden Schreibweisen wählen, die wir ohne Grenzübergang bei der Berechnung von Differenzenquotienten verwendet haben:

$$\frac{dy}{dx} = \lim_{\Delta x \to 0} \frac{\Delta y}{\Delta x} = \lim_{\Delta x \to 0} \frac{f(x_0 + \Delta x) - f(x_0)}{\Delta x} = \lim_{x \to x_0} \frac{f(x) - f(x_0)}{x - x_0}$$

Die 1. Ableitung als Differenzialquotient

1.2.1

In der Figur 2 ist die Sekante s durch einen festen Punkt $P(x_0; f(x_0))$ des Graphen der Funktion f und einen weiteren Kurvenpunkt $Q \neq P$ gezeichnet. Der Punkt Q könnte auch links vom Punkt P liegen. Ersetzen wir nun den Kurvenbogen $\widehat{PQ}$ durch die Sekante s, dann können wir eine **mittlere Steigung** für den Kurvenbogen festlegen:

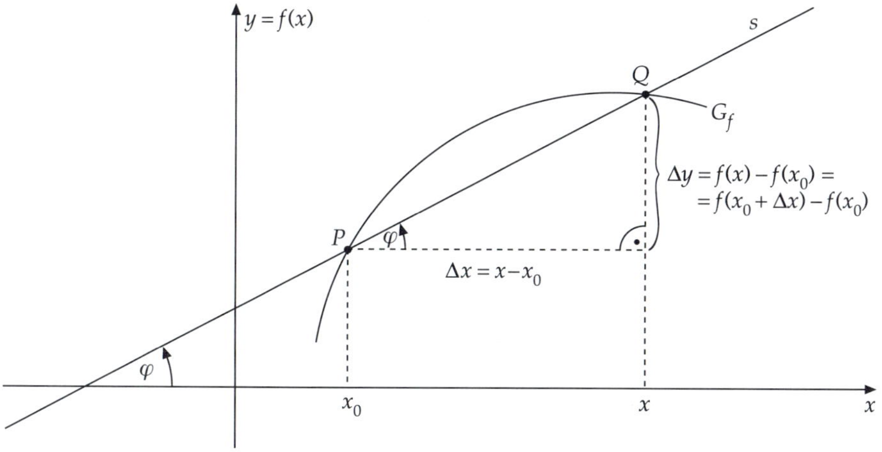

Figur 2

Die **mittlere Steigung** des Kurvenbogens $\widehat{PQ}$ ist gleich der Steigung $\tan\varphi$ der Sekante s durch die Punkte P und Q.

$$\tan\varphi = \frac{\Delta y}{\Delta x} = \frac{f(x) - f(x_0)}{x - x_0} = \frac{f(x_0 + \Delta x) - f(x_0)}{\Delta x}$$

Bei fester Wahl des Punktes $P(x_0; f(x_0))$ hängt die mittlere Steigung des Kurvenbogens $\widehat{PQ}$ von der Lage des zweiten Punktes Q auf dem Graphen von f ab. Es kommt also darauf an, wie weit wir uns durch den Zuwachs Δx von der Stelle x_0 entfernen.

Für $\Delta x > 0$ liegt der Punkt Q rechts vom Punkt P. Dieser Fall ist in der Figur 2 eingetragen. Für $\Delta x < 0$ läge der Punkt Q dann links vom Punkt P.

Für $\Delta x \to 0$ wandert der Punkt Q von seiner Ausgangslage aus dann auf dem Graphen G_f von f in den festen Punkt P. Dabei dreht sich die Sekante s im Punkt P. Existiert für $\Delta x \to 0$ (also für $x \to x_0$) der Grenzwert m des Differenzenquotienten, so heißt dies geometrisch interpretiert, dass bei beliebiger Ausgangslage von Q dann für $Q \to P$ die Folge der zugehörigen Sekanten immer in dieselbe **Grenzsekante** mit der Steigung m in P übergeht.

Die Grenzsekante im Kurvenpunkt $P(x_0; f(x_0))$ einer Funktion f mit $y = f(x)$ mit der Steigung

$$m = \lim_{x \to x_0} \frac{f(x) - f(x_0)}{x - x_0}$$

heißt **Tangente** im Punkt P des Graphen von f.

Unter der **Steigung des Graphen** einer Funktion f in einem Kurvenpunkt P versteht man die Steigung der Tangente in diesem Punkt P.

Der Grenzwert des Differenzenquotienten wird auch mit $f'(x_0)$ (lies: *f Strich an der Stelle* x_0) bezeichnet und heißt **Differenzialquotient** oder **1. Ableitung** der Funktion f **an der Stelle** x_0.

Mit der in Abschnitt 1.2 eingeführten Bezeichnung $\frac{dy}{dx}$ für den Differenzialquotienten gilt:

$$f'(x_0) = \frac{dy}{dx} = \lim_{\Delta x \to 0} \frac{\Delta y}{\Delta x}$$

Die 1. Ableitung $f'(x_0)$ ist also die Steigung der Tangente im Punkt $P(x_0; f(x_0))$ an den Graphen von f.

Eine Funktion f heißt an der Stelle $x_0 \in D_f$ **differenzierbar,** wenn der Differenzenquotient von f an der Stelle x_0 für $x \to x_0$ einen Grenzwert hat.

Gleichung der Tangente in $P(x_0; f(x_0))$ aufstellen

In der allgemeinen Geradengleichung $y = m \cdot x + t$ als Ansatz für die gesuchte Tangente im Punkt P ersetzen wir die Steigung m durch $f'(x_0)$:

$$y = f'(x_0) \cdot x + t$$

Da der Punkt $P(x_0; f(x_0))$ auf dieser Geraden liegt, müssen seine Koordinaten die Gleichung der Geraden erfüllen. Wir setzen daher die Koordinaten von P ein und sehen, dass damit eine Gleichung entsteht, in der nur noch die Unbekannte t auftritt. Wir können so t berechnen:

$$f(x_0) = f'(x_0) \cdot x_0 + t$$

$$t = f(x_0) - f'(x_0) \cdot x_0$$

Mit diesem Ausdruck für t erhalten wir als Gleichung für die Tangente:

$$y = f'(x_0) \cdot x + f(x_0) - f'(x_0) \cdot x_0$$

Durch Umstellen und Ausklammern von $f'(x_0)$ bekommen wir dann die aus der Formelsammlung bekannte Form der Tangentengleichung im Punkt $P(x_0; f(x_0))$:

$$y = f(x_0) + f'(x_0) \cdot (x - x_0)$$

➤ ➤ ➤ ➤ ➤ ➤ ➤ ➤ ➤ ➤ ➤ ➤

Gesucht ist die Gleichung der Tangente im Punkt $P(2; 11)$ des Graphen der Funktion f mit $f(x) = 3x^2 + 2x - 5$.

Wir stellen zunächst den Differenzenquotienten der Funktion f für die Stelle $x_0 = 2$ auf und berechnen seinen Grenzwert:

$$m = f'(2) = \lim_{x \to 2} \frac{f(x) - f(2)}{x - 2} = \lim_{x \to 2} \frac{3x^2 + 2x - 5 - (3 \cdot 2^2 + 2 \cdot 2 - 5)}{x - 2} =$$

$$= \lim_{x \to 2} \frac{3x^2 + 2x - 16}{x - 2}$$

Versuchen wir diesen Grenzwert durch Einsetzen von $x = 2$ zu berechnen, dann erleben wir eine böse Überraschung, denn es entsteht die unbestimmte Form $\frac{0}{0}$.

Wir geben aber nicht so schnell auf und überlegen uns Folgendes:

Der Nenner $N(x) = x - 2$ ist ein so genannter Linearfaktor, der die Nullstelle $x = 2$ hat. Da nun auch der Zähler $Z(x) = 3x^2 + 2x - 16$ für $x = 2$ null wird, muss der Term $3x^2 + 2x - 16$ den Linearfaktor $(x - 2)$ enthalten.

Aus dem Ansatz $3x^2 + 2x - 16 = (x - 2) \cdot g(x)$ können wir das gesuchte Polynom $g(x)$ durch Polynomdivision oder nach dem HORNER-Schema berechnen. Vergleichen Sie dazu die ausführliche Darstellung im Abschnitt 7.7.1 des Bandes Analysis 1 (Mentor-Abiturhilfe 645).

Mit dem Ergebnis $3x^2 + 2x - 16 = (x - 2) \cdot (3x + 8)$ führen wir die obige Grenzwertrechnung fort:

$$m = f'(2) = \lim_{x \to 2} \frac{(x - 2) \cdot (3x + 8)}{x - 2} = \lim_{x \to 2} (3x + 8) = 14$$

Mit $m = f'(2) = 14$ erhalten wir für die Tangentengleichung:

$$\begin{aligned} y &= 14x + t && \mid P(2; 11) \text{ einsetzen} \\ 11 &= 14 \cdot 2 + t && \\ t &= 11 - 28 = -17 && \mid \text{oben einsetzen in die Tangentengleichung} \end{aligned}$$

Tangente: $y = 14x - 17$

➤ ➤ ➤ ➤ ➤ ➤ ➤ ➤ ➤ ➤ ➤ ➤

Bemerkung:

Die unbestimmte Form $\frac{0}{0}$ kann man bei Differenzenquotienten für ganzrationale Funktionen (Polynomfunktionen) immer umgehen, da das Zählerpolynom des Differenzenquotienten in der Faktorzerlegung mindestens einmal den Nenner als Faktor enthält und man dann den Nenner kürzen kann. Auch bei der Verwendung der Δx-Methode kann im Differenzenquotienten vor dem Grenzübergang $\Delta x \to 0$ der Faktor Δx herausgekürzt werden. Vergleichen Sie dazu das folgende Beispiel:

Gegeben ist die in $\mathbb{R}$ definierte Funktion f durch $f(x) = 3x^2 + 2x - 5$.

Wir berechnen allgemein die Steigung des Graphen der Funktion f an einer beliebigen Stelle x_0 nach der Δx-Methode:

$$f'(x_0) = \lim_{\Delta x \to 0} \frac{f(x_0 + \Delta x) - f(x_0)}{\Delta x} =$$

$$= \lim_{\Delta x \to 0} \frac{3(x_0 + \Delta x)^2 + 2(x_0 + \Delta x) - 5 - (3x_0^2 + 2x_0 - 5)}{\Delta x} =$$

$$= \lim_{\Delta x \to 0} \frac{3x_0^2 + 6x_0 \cdot \Delta x + 3(\Delta x)^2 + 2x_0 + 2 \cdot \Delta x - 5 - 3x_0^2 - 2x_0 + 5}{\Delta x} =$$

$$= \lim_{\Delta x \to 0} \frac{6x_0 \cdot \Delta x + 3(\Delta x)^2 + 2 \cdot \Delta x}{\Delta x} =$$

$$= \lim_{\Delta x \to 0} \frac{\Delta x \cdot (6x_0 + 3 \cdot \Delta x + 2)}{\Delta x} =$$

$$= \lim_{\Delta x \to 0} (6x_0 + 3 \cdot \Delta x + 2) = 6x_0 + 2$$

Also: $f'(x_0) = 6x_0 + 2$

Speziell erhalten wir: $f'(2) = 6 \cdot 2 + 2 = 14$

Aufgabe 3 Gegeben ist die in $\mathbb{R}$ definierte Funktion f durch $f(x) = x^3 + x$.

3.1 Berechnen Sie allgemein die Steigung des Graphen der Funktion f an einer beliebigen Stelle x_0 mit der Δx-Methode.

3.2 Wie lauten die Gleichungen der Tangente bzw. der Normale im Kurvenpunkt $P(1; f(1))$?
(Hinweis: Für die Steigungen m_T und m_N der Tangente bzw. der Normale gilt: $m_T \cdot m_N = -1$)

Differenzierbarkeit und Stetigkeit

Die Stetigkeit einer Funktion f wurde im Kapitel 8.1 des Bandes Analysis 1 (Mentor-Abiturhilfe 645) behandelt. Sie finden dort die folgende Festlegung:

Eine Funktion f heißt an einer inneren Stelle $x_0 \in D_f$ **stetig**, wenn der Grenzwert der Funktionswerte an der Stelle x_0 mit dem an der Stelle x_0 erklärten Funktionswert $f(x_0)$ übereinstimmt, also

$$\lim_{h \to 0} f(x_0 + h) = \lim_{h \to 0} f(x_0 - h) = f(x_0) \qquad (h > 0)$$

oder: $\lim\limits_{x \to x_0} f(x) = f(x_0)$

Ein Kennzeichen *stetiger* Funktionen ist, dass ihre Graphen in Intervallen nicht „abreißen" und gezeichnet werden können, ohne den Zeichenstift abzuheben. Bei stetigen Funktionen können aber durchaus „Knicke" im Funktionsgraphen auftreten.

Die Graphen *differenzierbarer* Funktionen sind in Intervallen nicht nur zusammenhängend, sie haben auch einen „glatten" Verlauf, da in jedem Kurvenpunkt eine Tangente existiert.

Der folgende Satz gibt uns Auskunft über den Zusammenhang zwischen Differenzierbarkeit und Stetigkeit:

Ist eine Funktion f an einer inneren Stelle $x_0 \in D_f$ differenzierbar, so ist sie dort auch stetig.

Beweis:

Wir erweitern den Term $f(x) - f(x_0)$ mit $(x - x_0)$ und formen dann um:

$$f(x) - f(x_0) = \frac{f(x) - f(x_0)}{x - x_0} \cdot (x - x_0) \quad \Rightarrow \quad f(x) = f(x_0) + \frac{f(x) - f(x_0)}{x - x_0} \cdot (x - x_0)$$

Nun führen wir den Grenzübergang $x \to x_0$ auf beiden Seiten aus und verwenden auf der rechten Gleichungsseite die Grenzwertregel für ein Produkt:

$$\lim_{x \to x_0} f(x) = f(x_0) + \lim_{x \to x_0} \frac{f(x) - f(x_0)}{x - x_0} \cdot \lim_{x \to x_0} (x - x_0)$$

Da f nach Voraussetzung differenzierbar ist, gilt $\lim\limits_{x \to x_0} \dfrac{f(x) - f(x_0)}{x - x_0} = f'(x_0)$

und wir erhalten mit dem zweiten Grenzwert $\lim\limits_{x \to x_0} (x - x_0) = 0$ schließlich:

$$\lim_{x \to x_0} f(x) = f(x_0) + f'(x_0) \cdot 0 \quad \Rightarrow \quad \lim_{x \to x_0} f(x) = f(x_0)$$

Dies ist aber die Definition der Stetigkeit der Funktion f an der Stelle x_0 und der Satz ist damit bewiesen.

Achten Sie bei der Anwendung von Lehrsätzen stets genau auf die gemachten Voraussetzungen und die daraus gezogenen Folgerungen. Wir haben oben gezeigt, dass eine an der Stelle x_0 differenzierbare Funktion f dort auch stetig sein muss. Dass die Umkehrung des Satzes falsch ist, sehen wir schon an der Funktion f mit $f(x) = |x|$, die in $D_f = \mathbb{R}$ stetig, aber an der Stelle $x_0 = 0$ *nicht* differenzierbar ist, da der Graph von f dort einen „Knick" hat.

Bemerkung:

Die differenzierbaren Funktionen sind vergleichbar mit den *Rosen* in der Menge der Blumen, wenn die Blumen den stetigen Funktionen entsprechen.

Ist eine Funktion f an der inneren Stelle x_0 erklärt (das heißt, die Stelle x_0 besitzt eine rechts- und linksseitige Umgebung in D_f) und sind die Funktionswerte $f(x)$ rechts bzw. links von x_0 über verschiedene Funktionsterme zu berechnen, dann müssen wir bei der Untersuchung auf Differenzierbarkeit der Funktion f an der Stelle x_0 die h-Methode ($h > 0$) verwenden. Die zugehörigen Rechnungen sehen wir uns in zwei Beispielen an:

➢ ➢ ➢ ➢ ➢ ➢ ➢ ➢ ➢ ➢ ➢ ➢

Beispiel 1 Gegeben ist die in $\mathbb{R}$ definierte und stetige Funktion f durch $f(x) = |x-2| + 1$.

Wir stellen zunächst den Funktionsterm $f(x)$ ohne Betragszeichen dar:

$$f(x) = \begin{cases} (x-2)+1 & \text{für } x-2 \geqq 0 \\ (-x+2)+1 & \text{für } x-2 < 0 \end{cases}$$

Wir vereinfachen die beiden Funktionsterme und stellen in den Ungleichungen nach x um:

$$f(x) = \begin{cases} x-1 & \text{für } x \geqq 2 \\ -x+3 & \text{für } x < 2 \end{cases} \qquad (\text{Nahtstelle } x_0 = 2)$$

Rechtsseitige Ableitung:

$$\lim_{h \to 0} \frac{f(2+h) - f(2)}{h} =$$

$$= \lim_{h \to 0} \frac{(2+h-1)-1}{h} = \lim_{h \to 0} \frac{h}{h} = 1$$

Linksseitige Ableitung:

$$\lim_{h \to 0} \frac{f(2-h) - f(2)}{-h} =$$

$$= \lim_{h \to 0} \frac{-(2-h)+3-1}{-h} = \lim_{h \to 0} \frac{h}{-h} = -1$$

Beachten Sie in diesen Rechnungen, dass $f(2+h)$ über die Zuordnung $f(x) = x - 1$, aber $f(2-h)$ über die Zuordnung $f(x) = -x + 3$ berechnet werden muss.

Für $f(2)$ gilt: $f(2) = 2 - 1$, da die Stelle $x = 2$ zum oberen Intervall in der betragsfreien Darstellung von $f(x)$ gehört.

Die Funktion f des Beispiels 1 ist an der Stelle $x = 2$ *nicht* differenzierbar, da die Grenzwerte des rechts- und des linksseitigen Differenzenquotienten für die Stelle $x_0 = 2$ *nicht* übereinstimmen.

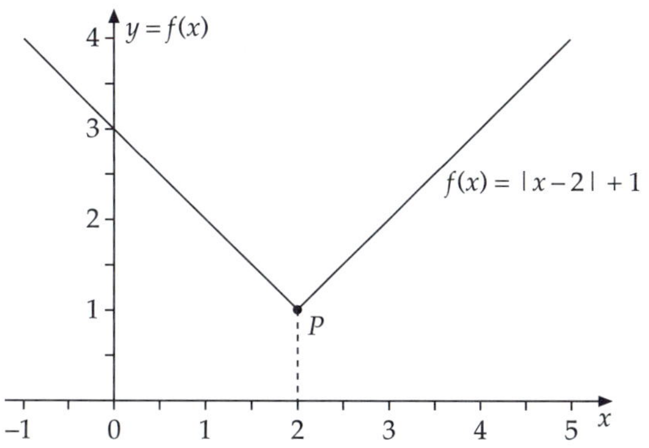

Figur 3

Aus dem Verlauf des Graphen von f in Figur 3 wird auch anschaulich klar, dass G_f im Punkt $P(2; 1)$ *keine* Tangente haben kann: Im Punkt P existieren hier zwei verschiedene **einseitige** Tangenten (**Halbtangenten**) mit den Steigungen 1 bzw. – 1.

Beipiel 2

Untersuchen Sie, ob die Funktion f mit $f(x) = \begin{cases} x^2 + 2 & \text{für } x \leqq 1 \\ -x + 4 & \text{für } x > 1 \end{cases}$

an der Nahtstelle $x = 1$ differenzierbar ist.

Untersuchung auf Stetigkeit an der Stelle $x = 1$:

Für $x \leqq 1$ lautet die Zuordnungsvorschrift $f(x) = x^2 + 2$. Da mit dem Term $x^2 + 2$ eine in ganz $\mathbb{R}$ stetige Funktion g gebildet werden kann, sagt der Mathematiker auch, dass die Zuordnung $f(x) = x^2 + 2$ mit $x \leqq 1$ eine **Einschränkung** der in $\mathbb{R}$ stetigen Funktion g mit $g(x) = x^2 + 2$ ist.

Mit anderen Worten heißt dies aber, dass an der Stelle $x = 1$ die **linksseitige** Stetigkeit der Funktion f gesichert ist und wir den linksseitigen Grenzwert der Funktionswerte $\lim\limits_{h \to 0} f(1 - h)$ *nicht* berechnen müssen, da wir wissen, dass er mit dem Funktionswert $f(1) = 1^2 + 2 = 3$ bereits übereinstimmt. (Bei komplizierten Funktionstermen erspart das einiges!)

Es gilt also: $\lim\limits_{h \to 0} f(1 - h) = f(1) = 3$

Für $x > 1$ müssen wir den Grenzwert der Funktionswerte berechnen, da jetzt $f(x) = -x + 4$ lautet und die Stelle $x = 1$ *nicht* dazugehört.

$$\lim_{h \to 0} f(1 + h) = \lim_{h \to 0} -(1 + h) + 4 = \lim_{h \to 0} (-h + 3) = 3$$

Insgesamt gilt: $\lim\limits_{h \to 0} f(1-h) = \lim\limits_{h \to 0} f(1+h) = f(1) = 3$

Damit ist die Funktion f an der Stelle $x = 1$ stetig. Wir können sogar sagen, dass die obige Funktion f in ganz $\mathbb{R}$ stetig ist, da für $x < 1$ und für $x > 1$ stetige Teilfunktionen vorliegen und f bei $x = 1$ stetig ist.

Rechtsseitige Ableitung: $\lim\limits_{h \to 0} \frac{f(1+h) - f(1)}{h} =$

$$= \lim_{h \to 0} \frac{-(1+h) + 4 - (1^2 + 2)}{h} =$$

$$= \lim_{h \to 0} \frac{-1 - h + 4 - 3}{h} = \lim_{h \to 0} \frac{-h}{h} = -1$$

Linksseitige Ableitung: $\lim\limits_{h \to 0} \frac{f(1-h) - f(1)}{-h} =$

$$= \lim_{h \to 0} \frac{(1-h)^2 + 2 - (1^2 + 2)}{-h} = \lim_{h \to 0} \frac{1 - 2h + h^2 + 2 - 3}{-h} =$$

$$= \lim_{h \to 0} \frac{-2h + h^2}{-h} = \lim_{h \to 0} \frac{-h(2-h)}{-h} = \lim_{h \to 0} (2 - h) = 2$$

Bei dieser Funktion f stimmen die rechts- und die linksseitige Ableitung an der Stelle $x = 1$ *nicht* überein, sie ist daher bei $x = 1$ *nicht* differenzierbar.

Figur 4

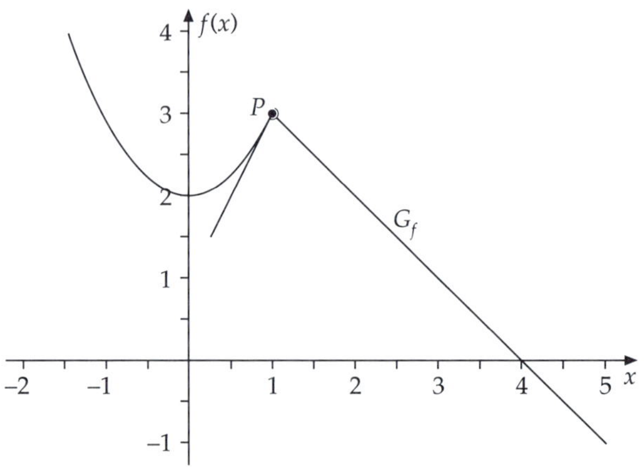

In Figur 4 ist der Verlauf des Graphen der Funktion f eingetragen. Im Punkt $P(1; 3)$ von G_f existieren zwei einseitige Tangenten (Halbtangenten) mit den Steigungen 2 (nach links) und – 1 (nach rechts).

Differenzierbarkeit in einem Intervall 1.2.3

Bisher haben wir uns mit der Differenzierbarkeit (Ableitung) einer Funktion f an einer festen Stelle x_0 im Innern der Definitionsmenge D_f beschäftigt. Eine innere Stelle x_0 hat immer eine beidseitige Umgebung und wir können uns dann beim Grenzübergang $x \to x_0$ im Differenzenquotienten auf beliebige Weise der Stelle x_0 nähern.

Zum Beispiel ist die Schreibweise $\lim\limits_{x \to 2} f(x) = 5$ nur dann zugelassen, wenn

$\lim\limits_{x \uparrow 2} f(x) = \lim\limits_{x \downarrow 2} f(x) = 5$ erfüllt ist. (Vergleichen Sie dazu den Abschnitt 7.8.2 im Band Analysis 1, Mentor-Abiturhilfe 645.)

Am Ende des Abschnitts 1.2.1 haben wir für die in $\mathbb{R}$ erklärte Funktion f mit $f(x) = 3x^2 + 2x - 5$ für eine beliebige Stelle $x_0 \in \mathbb{R}$ den Wert der 1. Ableitung $f'(x_0) = 6x_0 + 2$ berechnet. Da die Stelle x_0 in $\mathbb{R}$ beliebig gewählt werden darf, können wir den Index 0 bei x_0 weglassen und sagen: Die Funktion f ist in $\mathbb{R}$ differenzierbar.

Wir haben im obigen Beispiel die Differenzierbarkeit an einer Stelle x_0 (= **lokale** Aussage) auf ein Intervall (= **globale** Aussage) übertragen. Diese **Globalisierung** wurde auch im Band Analysis 1 bei der Stetigkeit von Funktionen durchgeführt.

Für eine Funktion f, die in einem offenen oder abgeschlossenen Intervall erklärt ist, setzen wir fest:

Eine Funktion f heißt in einem **Intervall** differenzierbar, wenn sie an jeder inneren Stelle des Intervalles differenzierbar ist.

Eine Funktion f heißt in den **Randstellen** a bzw. b des Intervalles $[a; b]$ differenzierbar, wenn die *einseitigen Ableitungen*

$$\lim_{h \to 0} \frac{f(a+h) - f(a)}{h} \quad \text{bzw.} \quad \lim_{h \to 0} \frac{f(b-h) - f(b)}{-h} \quad \text{existieren.}$$

In den Punkten $P(a; f(a))$ und $Q(b; f(b))$ des Graphen von f existieren dann jeweils *einseitige* Tangenten oder Halbtangenten.

Vergleichen Sie Figur 5.

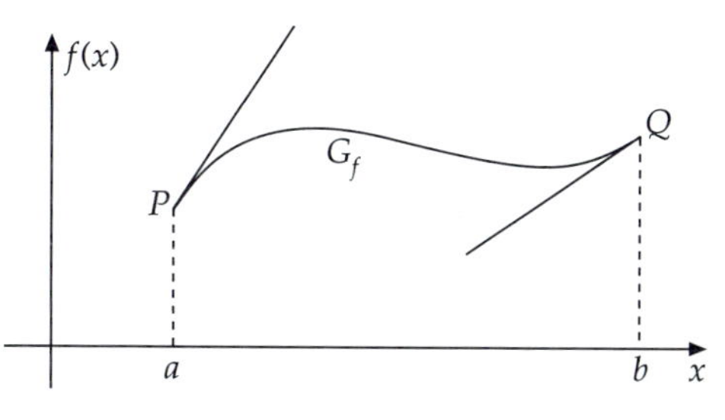

Figur 5

1.2.4 Ableitungsfunktion, höhere Ableitungen

Wir kommen nochmals auf das Beispiel am Ende des Abschnitts 1.2.1 zurück:

Für die in $\mathbb{R}$ definierte Funktion f mit $f(x) = 3x^2 + 2x - 5$ können wir an jeder Stelle $x_0 \in \mathbb{R}$ den Ableitungswert $f'(x_0) = 6x_0 + 2$ berechnen.

Betrachten wir nun die Gleichung $f'(x_0) = 6x_0 + 2$ als eine Vorschrift, die jeder reellen Zahl eindeutig einen Funktionswert zuordnet, dann können wir damit eine neue Funktion, die mit f' bezeichnet wird, erklären:

$$f' : x \to f'(x) = 6x + 2 \text{ mit } D_{f'} = \mathbb{R}$$

Die Funktion f' heißt **Ableitungsfunktion** der Funktion f oder **1. Ableitungsfunktion** der Funktion f. Meist spricht man nur von der 1. Ableitung der Funktion f.

Oft ist die Ableitungsfunktion f' in der Definitionsmenge $D_{f'}$ (oder einer Teilmenge davon) selbst wieder differenzierbar und man kann die Ableitungsfunktion $(f')'$, die mit f'' bezeichnet wird, bilden. Man gelangt so zu den Ableitungsfunktionen $f'', f''', f^{(4)}, f^{(5)}, \ldots, f^{(n)}$ der Funktion f.
Diese Ableitungsfunktionen werden auch als **höhere Ableitungen** der Funktion f bezeichnet.

Beachten Sie dabei die folgenden Redeweisen:

f' ist die 1. Ableitung(sfunktion) von f.
f'' ist die 2. Ableitung(sfunktion) von f.
f'' ist die 1. Ableitung(sfunktion) von f'.
f''' ist die 3. Ableitung(sfunktion) von f.
f''' ist die 2. Ableitung(sfunktion) von f'.
f''' ist die 1. Ableitung(sfunktion) von f''.

Eine geradlinige Bewegung mit konstanter Beschleunigung a, der Anfangsgeschwindigkeit v_0 und dem Anfangsort s_0 wird durch die Zeit-Ort-Gleichung $s(t) = \frac{1}{2}at^2 + v_0 t + s_0$ beschrieben. Die Berechnung der Grenzwerte der zugehörigen Differenzenquotienten liefert:

$$s'(t) = v(t) = at + v_0 \text{ und } s''(t) = v'(t) = a$$

Sie können also die konstante Beschleunigung a entweder als 2. Ableitung des Ortes nach der Zeit oder auch als 1. Ableitung der Geschwindigkeit nach der Zeit auffassen.

Die Momentangeschwindigkeit $v(t)$ ist die 1. Ableitung des Ortes nach der Zeit. Dies wird in Abschnitt 1.3.8 benötigt.

Ableitungsregeln 1.3

Zum Inhalt des Kapitels:
Die Berechnung des Terms $f'(x)$ der 1. Ableitungsfunktion f' einer Funktion f über den Grenzwert des zugehörigen Differenzenquotienten ist ein aufwendiges und trickreiches Geschäft. Wir werden daher im Folgenden die so genannten **Ableitungsregeln** begründen, mit denen man *ohne* Grenzwertrechnung die Ableitungsfunktion f' zu einer Funktion f einfach bestimmen kann.

Wenn Sie beim Studium der Herleitung der Ableitungsregeln den Eindruck gewinnen, dass Sie das nicht selbstständig hätten durchführen können, brauchen Sie nicht zu verzweifeln. Für Sie ist es wichtiger, die Regeln in Beispielen sicher anwenden zu können.

Ableitung der konstanten Funktion 1.3.1

Die in $\mathbb{R}$ definierte Funktion f mit $f(x) = c \ (c \in \mathbb{R})$ heißt **konstante Funktion**.

Zur Berechnung des Terms $f'(x)$ stellen wir den Differenzenquotienten für eine beliebige Stelle $x \in \mathbb{R}$ auf:

$$\frac{f(x+\Delta x) - f(x)}{\Delta x} = \frac{c - c}{\Delta x} = \frac{0}{\Delta x} = 0, \quad \text{da } \Delta x \neq 0 \text{ ist.}$$

Da schon der Differenzenquotient immer den Wert null hat, muss auch sein Grenzwert null sein.

Die konstante Funktion $f(x) = c \ (c \in \mathbb{R})$ hat die Ableitung null.

$f(x) = c \ (c \in \mathbb{R}) \quad \Rightarrow \quad f'(x) = 0, \quad D_f = D_{f'} = \mathbb{R}$

Ableitung der Potenzfunktion 1.3.2

Die in $\mathbb{R}$ definierte Funktion f mit $y = f(x) = x^n$, wobei n eine natürliche Zahl ist, heißt **Potenzfunktion**.

Zur Berechnung der Ableitung verwenden wir den Differenzenquotienten an der Stelle x_0 in der Form $\dfrac{f(x) - f(x_0)}{x - x_0}$ und bestimmen dann seinen Grenzwert für $x \to x_0$.

$$\frac{f(x) - f(x_0)}{x - x_0} = \frac{x^n - x_0^n}{x - x_0}$$

Im Band Analysis 1 haben wir in Abschnitt 7.7.1 den Zerlegungssatz für Polynome begründet

$$x^n - x_0^n = (x - x_0) \cdot (x^{n-1} + x^{n-2}\, x_0 + x^{n-3}\, x_0^2 + \ldots + x x_0^{n-2} + x_0^{n-1})$$

bzw.: $$\frac{x^n - x_0^n}{x - x_0} = x^{n-1} + x^{n-2}\, x_0 + x^{n-3}\, x_0^2 + \ldots + x x_0^{n-2} + x_0^{n-1}$$

wobei auf der rechten Seite n Summanden stehen.

Für $x \to x_0$ lautet jeder der n Summanden immer x_0^{n-1}, sodass der Summenwert $n \cdot x_0^{n-1}$ entsteht. Damit erhalten wir für den Differenzialquotienten $f'(x_0)$ als Grenzwert des Differenzenquotienten für $x \to x_0$:

$$f'(x_0) = \lim_{x \to x_0} \frac{x^n - x_0^n}{x - x_0} = n \cdot x_0^{n-1}$$

Bezeichnen wir nun die beliebige Stelle x_0 aus $\mathbb{R}$ mit x, dann gilt:

Ableitung der Potenzfunktion: $f(x) = x^n \;\Rightarrow\; f'(x) = n \cdot x^{n-1}$ $(n \in \mathbb{N})$

*In Worten lautet die **Potenzregel:***

Für die Potenzfunktion $f(x) = x^n$ erhält man die 1. Ableitungsfunktion $f'(x) = n \cdot x^{n-1}$, indem man das *Produkt* bildet aus der ursprünglichen Hochzahl n und der Potenzfunktion x^{n-1}, deren Hochzahl $n-1$ um genau 1 kleiner ist als die ursprüngliche Hochzahl n.

Die obige Potenzregel gilt (ohne Beweis) auch für *ganzzahlige, rationale* und allgemein für beliebige *reelle Hochzahlen*. Nur müssen dann die Definitionsmengen D_f und $D_{f'}$ immer beachtet werden:

Fall 1: Die Hochzahl n ist eine natürliche Zahl ($n = 1; 2; 3; \ldots$).

$f(x) = x^n \quad \Rightarrow \quad f'(x) = n \cdot x^{n-1}$

$D_f = \mathbb{R} \qquad D_{f'} = \mathbb{R}$

Fall 2: Die Hochzahl n ist eine negative ganze Zahl ($n = -1; -2; -3; \ldots$).

$f(x) = x^n \quad \Rightarrow \quad f'(x) = n \cdot x^{n-1}$

$D_f = \mathbb{R}\setminus\{0\} \qquad D_{f'} = \mathbb{R}\setminus\{0\}$

Fall 3: Die Hochzahl n ist eine *beliebige* reelle Zahl, die aber *nicht ganzzahlig* ist, also $n \in \mathbb{R}\setminus\mathbb{Z}$.

$f(x) = x^n \quad \Rightarrow \quad f'(x) = n \cdot x^{n-1}$

$D_f = \mathbb{R}^+ \qquad D_{f'} = \mathbb{R}^+ \qquad (n > 0\text{: } D_f = \mathbb{R}_0^+,\ D_{f'} = \mathbb{R}^+)$

$f(x) = x^5 \quad \Rightarrow \quad f'(x) = 5 \cdot x^4 \qquad D_f = D_{f'} = \mathbb{R}$ **Beispiel 1**

$f(x) = \frac{1}{x^3} = x^{-3} \quad \Rightarrow \quad f'(x) = -3 \cdot x^{-4} = \frac{-3}{x^4} \qquad D_f = D_{f'} = \mathbb{R} \setminus \{0\}$ **Beispiel 2**

$f(x) = \sqrt{x} = x^{\frac{1}{2}} \quad \Rightarrow \quad f'(x) = \frac{1}{2} \cdot x^{-\frac{1}{2}} = \frac{1}{2 \cdot \sqrt{x}} \qquad D_f = \mathbb{R}_0^+, D_{f'} = \mathbb{R}^+$ **Beispiel 3**

$f(x) = x^{\sqrt{2}} \quad \Rightarrow \quad f'(x) = \sqrt{2} \cdot x^{\sqrt{2}-1} \qquad D_f = D_{f'} = \mathbb{R}^+$ **Beispiel 4**

Die Ableitung von $f(x) = a \cdot x^n$

Wir klammern den konstanten Faktor $a \neq 0$ im Differenzenquotienten aus

$$\frac{ax^n - ax_0^n}{x - x_0} = a \cdot \frac{x^n - x_0^n}{x - x_0}$$

und erhalten mit dem Ergebnis der vorhergehenden Rechnung:

$$f(x) = a \cdot x^n \quad \Rightarrow \quad f'(x) = a \cdot n \cdot x^{n-1}, \qquad n \text{ aus } \mathbb{R}$$

Ableitung einer Summe von Funktionen *1.3.3*

Die Funktion $f = g + h$ wird als Summe aus den Funktionen g und h bezeichnet. Für den Funktionsterm gilt dann: $f(x) = g(x) + h(x)$, wobei g und h differenzierbare Funktionen sind.

Beachten Sie bei Summenbildungen, dass als maximale Definitionsmenge D_f für die Funktion f nur der Durchschnitt der Definitionsmengen D_g und D_h infrage kommt!

Fall 1: Die Funktion h ist eine konstante Funktion, etwa $h(x) = c$.

$$f'(x) = \lim_{\Delta x \to 0} \frac{f(x + \Delta x) - f(x)}{\Delta x} = \lim_{\Delta x \to 0} \frac{g(x + \Delta x) + c - (g(x) + c)}{\Delta x} =$$

$$= \lim_{\Delta x \to 0} \frac{g(x + \Delta x) - g(x)}{\Delta x} = g'(x)$$

Beim Differenzieren entfällt eine additive Konstante.

$f(x) = g(x) + c \quad \Rightarrow \quad f'(x) = g'(x)$

(Für das Verhalten einer multiplikativen Konstante vergleichen Sie den Abschnitt 1.3.5.)

Fall 2: $f(x) = g(x) + h(x)$ mit den differenzierbaren Funktionen g und h.

$$f'(x) = \lim_{\Delta x \to 0} \frac{f(x + \Delta x) - f(x)}{\Delta x} = \lim_{\Delta x \to 0} \frac{g(x + \Delta x) + h(x + \Delta x) - [g(x) + h(x)]}{\Delta x} =$$

$$= \lim_{\Delta x \to 0} \frac{g(x + \Delta x) - g(x) + h(x + \Delta x) - h(x)}{\Delta x}$$

Nach den Regeln der Grenzwertrechnung dürfen wir nun den Grenzwert einer Summe als Summe der Grenzwerte der Summanden schreiben, wenn von diesen drei Grenzwerten wenigstens zwei existieren. Dies ist der Fall, da die Funktionen g und h als differenzierbar vorausgesetzt sind.

$$= \lim_{\Delta x \to 0} \frac{g(x + \Delta x) - g(x)}{\Delta x} + \lim_{\Delta x \to 0} \frac{h(x + \Delta x) - h(x)}{\Delta x} =$$

$$= g'(x) + h'(x)$$

Für $f = g - h$ verläuft der Beweis analog!

Ableitung einer Summe (Differenz) von Funktionen:

$f(x) = g(x) \pm h(x) \quad \Rightarrow \quad f'(x) = g'(x) \pm h'(x)$

In Worten: Eine Summe oder Differenz von Funktionen wird *gliedweise* differenziert.

Ableitung der ganzrationalen Funktion 1.3.4

Eine Funktion, deren Funktionsterm $f(x)$ durch ein Polynom n-ten Grades in x gegeben ist, heißt **ganzrationale** Funktion. Die Definitionsmenge ganzrationaler Funktionen ist $\mathbb{R}$.

Wir zeigen zunächst, dass die Summenregel auch beim Ableiten einer Summe aus mehreren Gliedern gilt:

$$f = g + h + u = g + (h + u)$$

Mit $v = h + u$ erhalten wir für f eine Darstellung aus zwei Summanden, die wir bereits differenzieren können:

$$f = g + v \quad \Rightarrow \quad f' = g' + v' = g' + (h + u)' = g' + h' + u'$$

Durch Fortsetzung des Verfahrens erhalten wir:

Eine algebraische Summe von Funktionen (es dürfen also auch Minuszeichen auftreten) wird *gliedweise* differenziert.

Nun können wir jede beliebige ganzrationale Funktion ableiten:

$$f(x) = a_n x^n + a_{n-1} x^{n-1} + \ldots + a_2 x^2 + a_1 x + a_0 \quad \text{mit } n \text{ aus } \mathbb{N}$$

hat die Ableitung:

$$f'(x) = n \cdot a_n x^{n-1} + (n-1) \cdot a_{n-1} x^{n-2} + \ldots + 2a_2 x + a_1$$

Beipiel 1

$f(x) = 7x^{12} - 3x^5 + 4x^3 + 10x - 20, \quad D_f = \mathbb{R}$

$f'(x) = 84x^{11} - 15x^4 + 12x^2 + 10, \quad D_{f'} = \mathbb{R}$

Beipiel 2

$g(x) = x^5 + 3x^2 - 2x + 7, \quad D_g = \mathbb{R}$

$g'(x) = 5x^4 + 6x - 2, \quad D_{g'} = \mathbb{R}$

$g''(x) = 20x^3 + 6, \quad D_{g''} = \mathbb{R}$

$g'''(x) = 60x^2, \quad D_{g'''} = \mathbb{R}$

$g^{(4)}(x) = 120x; \quad g^{(5)}(x) = 120; \quad g^{(6)}(x) = 0$

Aufgabe 4 Bilden Sie jeweils die Ableitungen $f'(x)$ und $f''(x)$ für die in $\mathbb{R}$ erklärten Funktionen:

4.1 $f(x) = -\frac{1}{9}x^3 + 3x$

4.2 $f(x) = \frac{1}{8}x^3 - \frac{3}{4}x^2 + \frac{3}{2}x + 1$

4.3 $f(x) = \frac{1}{9} \cdot (x^3 - 3x^2 - 9x + 27)$

4.4 $f(x) = x^4 + k \cdot x^3$

4.5 $f(x) = x^3 - 4x^2 + (4k - k^2) \cdot x$

1.3.5 Ableitung eines Produktes von Funktionen

Die Funktion f mit $f(x) = u(x) \cdot v(x)$, kurz $f = u \cdot v$, wird als Produkt aus den in einer gemeinsamen Menge D_f differenzierbaren Funktionen u und v bezeichnet.

Fall 1: Die Funktion u ist eine konstante Funktion, etwa $u(x) = k$ $(k \in \mathbb{R})$.

Zur Berechnung der Ableitung bilden wir den Differenzenquotienten für die Funktion $f(x) = k \cdot v(x)$ an der Stelle x_0:

$$\frac{f(x) - f(x_0)}{x - x_0} = \frac{k \cdot v(x) - k \cdot v(x_0)}{x - x_0} = k \cdot \frac{v(x) - v(x_0)}{x - x_0}$$

Da k eine Konstante ist, bezieht sich der Grenzübergang $x \to x_0$ nur auf den zweiten Faktor, der dabei in $v'(x_0)$ übergeht.

Beim Differenzieren bleibt eine *multiplikative* Konstante als Faktor erhalten.

$$f(x) = k \cdot v(x) \quad \Rightarrow \quad f'(x) = k \cdot v'(x)$$

Fall 2: $f(x) = u(x) \cdot v(x)$

Wir bilden auch jetzt zuerst den Differenzenquotienten der Funktion f an der Stelle x_0 und formen ihn um:

$$\frac{f(x) - f(x_0)}{x - x_0} = \frac{u(x) \cdot v(x) - u(x_0) \cdot v(x_0)}{x - x_0}$$

Wenn man das Ergebnis der Rechnung nicht kennt, dann kommt man auch nicht auf die Idee, im Zähler den Ausdruck $u(x) \cdot v(x_0)$ zu subtrahieren und wieder zu addieren:

$$\frac{f(x)-f(x_0)}{x-x_0} = \frac{u(x)\cdot v(x) - u(x)\cdot v(x_0) + u(x)\cdot v(x_0) - u(x_0)\cdot v(x_0)}{x-x_0} =$$

$$= u(x)\cdot\frac{v(x)-v(x_0)}{x-x_0} + v(x_0)\cdot\frac{u(x)-u(x_0)}{x-x_0}$$

Beim Grenzübergang $x \to x_0$ dürfen wir den Grenzwert einer Summe aufspalten in die Summe aus zwei Grenzwerten, da die Funktionen u und v als differenzierbar vorausgesetzt sind, also $v'(x_0)$ und $u'(x_0)$ existieren. Beachten wir noch, dass mit $x \to x_0$ auch $u(x)$ gegen $u(x_0)$ strebt (die Funktion u ist als differenzierbare Funktion auch eine stetige Funktion, vergleichen Sie den Abschnitt 1.2.2), so liefert der Grenzübergang $x \to x_0$ schließlich:

$$\lim_{x\to x_0}\frac{f(x)-f(x_0)}{x-x_0} = \lim_{x\to x_0} u(x)\cdot\frac{v(x)-v(x_0)}{x-x_0} + \lim_{x\to x_0} v(x_0)\cdot\frac{u(x)-u(x_0)}{x-x_0}$$

$$f'(x_0) = u(x_0)\cdot v'(x_0) + v(x_0)\cdot u'(x_0)$$

oder umgestellt:

$$f'(x_0) = u'(x_0)\cdot v(x_0) + u(x_0)\cdot v'(x_0)$$

Für x_0 schreiben wir jetzt x, da die Ableitung an jeder Stelle $x_0 \in D_f$ nach der obigen Formel berechnet wird:

$$f'(x) = u'(x)\cdot v(x) + u(x)\cdot v'(x)$$

Beachten Sie in diesem Zusammenhang, dass wir D_f bereits als Schnittmenge $D_u \cap D_v$ vorausgesetzt haben.

Ein Produkt aus zwei Funktionen wird nach folgender Regel differenziert:

$f(x) = u(x)\cdot v(x) \quad \Rightarrow \quad f'(x) = u'(x)\cdot v(x) + u(x)\cdot v'(x)$

Kurzform: $f = u\cdot v \quad \Rightarrow \quad f' = u'\cdot v + u\cdot v'$

Die Produktregel gilt entsprechend auch für ein Produkt aus mehreren Faktoren.

Beweis (analog zu Abschnitt 1.3.4):

$$f = u\cdot v\cdot w = u\cdot(v\cdot w)$$

$$f' = u'\cdot(v\cdot w) + u\cdot(v\cdot w)' = u'\cdot v\cdot w + u\cdot(v'\cdot w + v\cdot w') =$$
$$= u'\cdot v\cdot w + u\cdot v'\cdot w + u\cdot v\cdot w'$$

Dazu sagt man kurz: „Die Differenziation läuft durch ein Produkt durch".

Aufgabe 5 Gegeben ist die in $\mathbb{R}$ definierte Funktion f durch $f(x) = (x^2 - 3x) \cdot (x + 5)$.

5.1 Bilden Sie die Ableitung $f'(x)$ unter Verwendung der Produktregel.

5.2 Multiplizieren Sie zunächst den Funktionsterm aus und bilden Sie dann $f'(x)$.

1.3.6 Ableitung eines Quotienten von Funktionen

Die Funktion $y = f(x) = \frac{u(x)}{v(x)}$, kurz $y = \frac{u}{v}$, wird als Quotient aus den in einer gemeinsamen Menge D_f differenzierbaren Funktionen u und v bezeichnet. Dabei wird $v(x) \neq 0$ vorausgesetzt.

Um die Ableitung y' zu erhalten, wenden wir einen kleinen Trick an: Aus $y = \frac{u}{v}$ erhalten wir $y \cdot v = u$ und differenzieren jetzt nach der Produktregel.

$$y \cdot v = u \quad \Rightarrow \quad y' \cdot v + y \cdot v' = u'$$
$$y' \cdot v = u' - y \cdot v'$$

Auf der rechten Seite setzen wir $u' = \frac{u' \cdot v}{v}$ und $y = \frac{u}{v}$ ein:

$$y' \cdot v = \frac{u' \cdot v}{v} - \frac{u}{v} \cdot v'$$

$$y' \cdot v = \frac{u' \cdot v - u \cdot v'}{v} \qquad | \text{ Durch } v \text{ dividieren}$$

$$y' = \frac{u' \cdot v - u \cdot v'}{v^2}$$

Im Zähler des Bruches schreiben wir statt $u' \cdot v$ den Ausdruck $v \cdot u'$ und erhalten schließlich die Regel, wie ein Quotient aus zwei Funktionen abgeleitet wird:

Ableitung eines Quotienten von Funktionen:

$$y = \frac{u}{v} \quad \Rightarrow \quad y' = \frac{v \cdot u' - u \cdot v'}{v^2}$$

Die Quotientenregel lässt sich in der folgenden Darstellung leichter merken:

$y = \frac{u}{v} = \frac{\text{Zähler}}{\text{Nenner}} = \frac{Z}{N}$; u' = Ableitung des Zählers = (AZ)
v' = Ableitung des Nenners = (AN)

$$y = \frac{Z}{N} \quad \Rightarrow \quad y' = \frac{N \cdot (AZ) - Z \cdot (AN)}{N^2}$$

In Abschnitt 1.3.4 haben wir die Ableitung der ganzrationalen Funktionen kennen gelernt. Mithilfe der Quotientenregel können wir jetzt auch eine gebrochenrationale Funktion differenzieren:

➢ ➢ ➢ ➢ ➢ ➢ ➢ ➢ ➢ ➢ ➢ ➢

Gesucht ist die Ableitung der Funktion f mit

$$f(x) = \frac{x^3 - 2x}{x^2 + 1} \text{ und } D_f = \mathbb{R} \ (x^2 + 1 \text{ hat keine Nullstellen}).$$

Die Berechnung der Ableitung wird übersichtlicher, wenn Sie zunächst die folgenden Nebenrechnungen ausführen:

$$N = x^2 + 1 \qquad Z = x^3 - 2x$$
$$AN = 2x \qquad AZ = 3x^2 - 2$$

$$f'(x) = \frac{N \cdot AZ - Z \cdot AN}{N^2} = \frac{(x^2+1)(3x^2-2) - (x^3-2x)(2x)}{(x^2+1)^2} =$$

$$= \frac{3x^4 - 2x^2 + 3x^2 - 2 - 2x^4 + 4x^2}{(x^2+1)^2} =$$

$$= \frac{x^4 + 5x^2 - 2}{(x^2+1)^2}$$

≺ ≺ ≺ ≺ ≺ ≺ ≺ ≺ ≺ ≺ ≺ ≺

Aufgabe 6

Gegeben ist die Funktion f durch $f(x) = \frac{x^2 + 2x - 15}{x^2 - 6x + 9}$ mit der in $\mathbb{R}$ maximal möglichen Definitionsmenge D_f.

6.1 Geben Sie $f(x)$ in der Faktorzerlegung an und bestimmen Sie D_f.

6.2 Bilden Sie mithilfe der in D_f gekürzten Darstellung von $f(x)$ die Ableitungen $f'(x)$ und $f''(x)$.

Aufgabe 7

Gegeben ist die Funktionenschar f_k durch

$$f_k(x) = \frac{x^2 - k}{x + 1} \quad \text{mit} \quad D_{f_k} = \mathbb{R} \setminus \{-1\} \quad \text{und} \quad k \in \mathbb{R}.$$

7.1 Bilden Sie $f'_k(x)$.

7.2 Geben Sie für $k = 1$ die Ableitungen $f'_1(x)$ und $f''_1(x)$ in der gekürzten Darstellung an.

1.3.7 Ableitung einer Verkettung von Funktionen

Wir wiederholen zunächst den Begriff der Verkettung von zwei Funktionen. Ist in der Funktion f mit $y = z^5$ der Term z selbst eine Funktion von x, etwa $z = x^2 + 1$, dann erhält man durch Einsetzen von $z = x^2 + 1$ in $y = z^5$ die **Verkettung** $y = (x^2 + 1)^5$.

Umgekehrt können wir die Funktion f mit $y = (x^2 + 1)^5$ wieder als eine Verkettung darstellen, wenn wir schreiben:

$y = z^5$ mit $z = x^2 + 1$

Bei einer Verkettung von zwei Funktionen spricht man von einer **inneren** und einer **äußeren** Funktion. Um diese beiden Funktionen zu erkennen, stellen wir uns die Frage, in welcher Reihenfolge der Funktionswert der Verkettung an einer festen Stelle x_0 berechnet wird:

Im Beispiel muss zuerst der Ausdruck $x_0^2 + 1$ berechnet werden, dann erst wird die 5. Potenz dieses Ergebnisses gebildet.

Die *Reihenfolge* bei der Berechnung des Funktionswertes führt uns bei einer Verkettung von zwei Funktionen immer zuerst auf die innere Funktion $z = x^2 + 1$ und dann auf die äußere Funktion $y = z^5$.

Bevor wir die Regel herleiten, wie eine Verkettung von Funktionen differenziert wird, erinnern wir uns an die Definition der Ableitung (vergleiche Abschnitt 1.2):

Die Funktion $y = f(x)$ heißt differenzierbar, wenn

$$\lim_{\Delta x \to 0} \frac{\Delta y}{\Delta x} = \frac{dy}{dx} = f'(x) \qquad \text{existiert.}$$

Dafür können wir auch schreiben: $\dfrac{\Delta y}{\Delta x} = f'(x) + \delta$ mit $\delta \to 0$ für $\Delta x \to 0$

Nun soll die verkettete Funktion $y = f(g(x))$, in der g und f differenzierbare Funktionen sind, abgeleitet werden.

Wir lösen zunächst die Verkettung auf, indem wir $g(x) = z$ setzen und die Funktion $y = f(z)$ mit $z = g(x)$ betrachten.

Nach Voraussetzung gilt also:

$$\frac{\Delta z}{\Delta x} = g'(x) + \delta_1 \quad \text{mit } \delta_1 \to 0 \text{ für } \Delta x \to 0$$

und $$\frac{\Delta y}{\Delta z} = f'(z) + \delta_2 \quad \text{mit } \delta_2 \to 0 \text{ für } \Delta z \to 0$$

Wegen $z = g(x)$ ist $\Delta z = g(x + \Delta x) - g(x)$ und mit $\Delta x \to 0$ gilt auch $\Delta z \to 0$.

Aus den beiden oben angeschriebenen Differenzenquotienten folgen durch Multiplikation mit Δx bzw. mit Δz die beiden Gleichungen:

$$\Delta z = [g'(x) + \delta_1] \cdot \Delta x$$

und $$\Delta y = [f'(z) + \delta_2] \cdot \Delta z$$

Wir ersetzen nun Δz in der zweiten Gleichung durch den entsprechenden Ausdruck der ersten Gleichung:

$$\Delta y = [f'(z) + \delta_2] \cdot [g'(x) + \delta_1] \cdot \Delta x \quad | : \Delta x \neq 0$$

$$\frac{\Delta y}{\Delta x} = [f'(z) + \delta_2] \cdot [g'(x) + \delta_1], \quad \delta_1 \to 0 \text{ und } \delta_2 \to 0 \text{ für } \Delta x \to 0$$

$$\lim_{\Delta x \to 0} \frac{\Delta y}{\Delta x} = y' = f'(z) \cdot g'(x)$$

Das Symbol $f'(z)$ bedeutet, dass die Funktion $y = f(z)$ nach der Variablen z differenziert wird, also: $f'(z) = \frac{dy}{dz}$

Ebenso bedeutet $g'(x)$, dass jetzt die Funktion $z = g(x)$ nach x differenziert wird, also: $g'(x) = \frac{dz}{dx}$

Damit erhalten wir eine besonders einprägsame Form, wie die Verkettung $y = f(z)$ mit $z = g(x)$ nach der Variablen x abgeleitet wird:

$$y' = \frac{dy}{dx} = \frac{dy}{dz} \cdot \frac{dz}{dx}$$

Ist y eine Funktion von z und z selbst eine Funktion von x, dann wird die Ableitung nach der **Kettenregel** gebildet:

$$y' = \frac{dy}{dx} = \frac{dy}{dz} \cdot \frac{dz}{dx}$$

Im Beispiel vom Anfang dieses Abschnitts müssen wir also die Ableitung der *äußeren* Funktion $\frac{dy}{dz} = 5z^4$ mit der Ableitung der *inneren* Funktion $\frac{dz}{dx} = 2x$ multiplizieren um die Ableitung $\frac{dy}{dx}$ der Verkettung zu erhalten:

$$\frac{dy}{dx} = \frac{dy}{dz} \cdot \frac{dz}{dx} = 5z^4 \cdot 2x = 5\,(x^2+1)^4 \cdot 2x = 10x \cdot (x^2+1)^4$$

Beachten Sie in diesem Beispiel, dass die äußere Funktion $y = z^5$ die Funktionsvariable z hat und dass das Symbol $\frac{dy}{dz}$ bedeutet, dass nach der Variablen z zu differenzieren ist. Ebenso bedeutet $\frac{dz}{dx}$, dass $z = x^2 + 1$ nach x zu differenzieren ist.

➢ ➢ ➢ ➢ ➢ ➢ ➢ ➢ ➢ ➢ ➢ ➢

Beispiel 1 Gesucht ist die Ableitung y' der durch $y = (2x^3 + 5x)^7$ in $\mathbb{R}$ erklärten Funktion.

Setzen wir für die innere Funktion $z = 2x^3 + 5x$, dann lautet die Verkettung:

$y = z^7$ mit $z = 2x^3 + 5x$

Mit $\frac{dy}{dz} = 7z^6 = 7\,(2x^3 + 5x)^6$ und $\frac{dz}{dx} = 6x^2 + 5$ folgt dann:

$$y' = \frac{dy}{dz} \cdot \frac{dz}{dx} = 7\,(2x^3 + 5x)^6 \cdot (6x^2 + 5)$$

Sie sehen in diesem Beispiel nochmals deutlich, wie die Kettenregel „funktioniert“:

Für $y = z^7$ mit $z = 2x^3 + 5x$ wird zuerst die äußere Ableitung $7z^6$ gebildet und mit z verkettet, das heißt, die Variable z wird wieder durch $z = 2x^3 + 5x$ ersetzt. Dieses Ergebnis wird dann mit der inneren Ableitung $z' = \frac{dz}{dx} = 6x^2 + 5$ multipliziert.

Die Multiplikation von $7z^6$ mit $z' = 6x^2 + 5$ wird auch **Nachdifferenzieren** genannt.

In der Praxis schreibt man die innere Funktion z meist nicht extra an. Die Ableitung der äußeren Funktion wird einfach mit der Ableitung der inneren Funktion multipliziert.

Beispiel 2

$y = (4x^3 + 2x^2 - x)^{10}, \quad D_y = \mathbb{R}$

$y' = 10\,(4x^3 + 2x^2 - x)^9 \cdot (12x^2 + 4x - 1), \quad D_{y'} = \mathbb{R}$

Beispiel 3

$y = \sqrt{x^2 + 1} = (x^2 + 1)^{\frac{1}{2}}, D_y = \mathbb{R}$

$y' = \frac{1}{2}\,(x^2 + 1)^{-\frac{1}{2}} \cdot 2x = \frac{x}{\sqrt{x^2 + 1}}, D_{y'} = \mathbb{R}$ (da $x^2 + 1$ keine Nullstellen hat)

Beispiel 4

$y = \frac{(x^3 + 7x)^2}{x^2 + 4}, \quad D_y = \mathbb{R}$

Bei der Bildung der Ableitung y' muss die Quotientenregel in Verbindung mit der Kettenregel angewendet werden. Schreiben Sie in solchen Fällen immer die folgenden Nebenrechnungen an!

Mit $y = \frac{Z}{N}$ gilt: $y' = \frac{N \cdot AZ - Z \cdot AN}{N^2}$

$N = x^2 + 4 \qquad Z = (x^3 + 7x)^2$

$AN = 2x \qquad AZ = 2\,(x^3 + 7x)^1 \cdot (3x^2 + 7)$

Mit den Nebenrechnungen erhalten wir:

$$y' = \frac{(x^2 + 4) \cdot 2 \cdot (x^3 + 7x) \cdot (3x^2 + 7) - (x^3 + 7x)^2 \cdot 2x}{(x^2 + 4)^2} =$$

$$= \frac{2\,(x^3 + 7x)\,[(x^2 + 4)\,(3x^2 + 7) - (x^3 + 7x) \cdot x]}{(x^2 + 4)^2} =$$

$$= \frac{2\,(x^3 + 7x) \cdot (3x^4 + 7x^2 + 12x^2 + 28 - x^4 - 7x^2)}{(x^2 + 4)^2} =$$

$$= \frac{2\,(x^3 + 7x) \cdot (2x^4 + 12x^2 + 28)}{(x^2 + 4)^2} =$$

$$= \frac{4\,(x^3 + 7x)\,(x^4 + 6x^2 + 14)}{(x^2 + 4)^2}, \quad D_{y'} = \mathbb{R}$$

Aufgabe 8

Bilden Sie von den folgenden Funktionen jeweils die 1. und die 2. Ableitung:

8.1 $y = f(x) = (x^2 - 3x + 2)^7, \quad D_f = \mathbb{R}$

8.2 $y = g(x) = \sqrt{3x^2 + 1}, \quad D_g = \mathbb{R}$

1.3.8 Ableitung der Funktionen sin und cos

Bei der Berechnung der Grenzwerte der Differenzenquotienten für $x \to x_0$ (bzw. für $h \to 0$ bei der h-Methode) treten bei den Funktionen $y = \sin x$ und $y = \cos x$ Terme auf, die man nur noch mit trickreichen Umformungen und Einschachtelungen in den Griff bekommt. Wir ersparen uns zwei Seiten Langeweile und gehen einen anderen Weg:

In Abschnitt 1.2.4 hatten wir begründet, dass die Geschwindigkeit $v(t)$ die 1. Ableitung der Zeit-Ort-Funktion $s(t)$ ist: $v(t) = s'(t)$. Wir wollen diese Tatsache ausnützen und die Ableitung der Funktionen sin und cos kinematisch begründen.

Figur 6

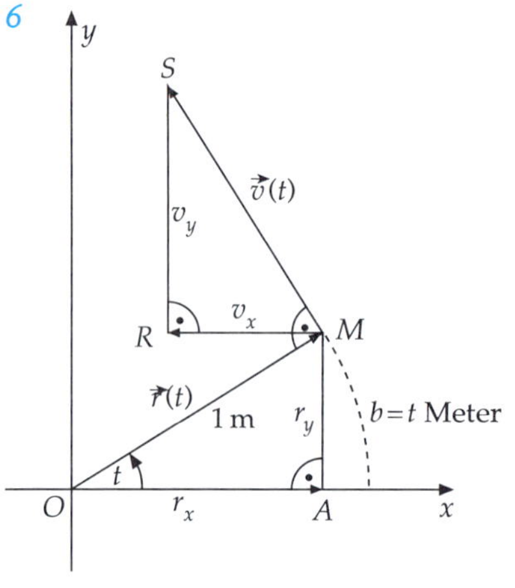

In der Figur 6 bewegt sich ein Massenpunkt M mit der konstanten Bahngeschwindigkeit $v = 1\frac{\text{m}}{\text{s}}$ auf der Kreisbahn mit dem Radius 1 m um den Punkt O. Da wir die Variable t ($t \in \mathbb{R}$) für das Bogenmaß des Winkels AOM verwenden wollen, müssen wir bei der Angabe eines Zeitpunktes dann sagen: Zum Zeitpunkt t Sekunden mit $t \in \mathbb{R}$.

Vergleichen sie in der Figur 6:
Zum Zeitpunkt 0 Sekunden passiert der Massenpunkt M die x-Achse und hat zum Zeitpunkt t Sekunden die eingetragene Lage. Dabei hat er den Weg b zurückgelegt. Da eine gleichförmige Bewegung vorliegt, gilt das Zeit-Weg-Gesetz $v = \frac{b}{t \text{ Sekunden}}$, aus dem wir $b = v \cdot (t \text{ Sekunden})$ folgern.

Mit $v = 1\,\frac{\text{m}}{\text{s}}$ erhalten wir dann: $\quad b = 1\,\frac{\text{m}}{\text{s}} \cdot (t \text{ s}) = t \text{ m} \quad (t \in \mathbb{R})$

Für das Bogenmaß des Winkels AOM gilt demnach:

$$\text{Bogenmaß } AOM = \frac{\text{Bogenlänge } b}{\text{Radius}} = \frac{t \text{ m}}{1 \text{ m}} = t \quad (t \in \mathbb{R})$$

Nach diesen Vorbereitungen stellen wir den Vektor $\vec{r}(t)$ mit dem Anfangspunkt O und dem Endpunkt M durch seine Koordinaten r_x und r_y dar:

$$\left.\begin{array}{l} \cos t = \dfrac{r_x}{|\vec{r}(t)|} = \dfrac{r_x}{1} = r_x, \quad \text{also:} \quad r_x = \cos t \\ \sin t = \dfrac{r_y}{|\vec{r}(t)|} = \dfrac{r_y}{1} = r_y, \quad \text{also:} \quad r_y = \sin t \end{array}\right\} \vec{r}(t) = \begin{pmatrix} \cos t \\ \sin t \end{pmatrix}$$

Der Vektor $\vec{v}(t)$ hat wegen $v = 1\,\frac{\text{m}}{\text{s}}$ die Länge 1 m. Er steht im Punkt M senkrecht auf dem zugehörigen Radius und wird ebenfalls in zwei zu den Achsen parallele Anteile zerlegt.

Wegen der Kongruenz der Dreiecke OAM und SRM gilt:

$$\vec{v}(t) = \begin{pmatrix} v_x \\ v_y \end{pmatrix} = \begin{pmatrix} -r_y \\ r_x \end{pmatrix} = \begin{pmatrix} -\sin t \\ \cos t \end{pmatrix}$$

Der Vektor $\vec{v}(t)$ der Geschwindigkeit ist die Ableitung des Ortsvektors $\vec{r}(t)$ nach der Zeit: $\vec{v}(t) = \vec{r}\,'(t)$

Dies gilt wegen des Prinzips der ungestörten Überlagerung nicht nur für den Gesamtvektor, sondern auch für seine Koordinaten:

$$\vec{v}(t) = \begin{pmatrix} -\sin t \\ \cos t \end{pmatrix} = \vec{r}\,'(t) = \begin{pmatrix} (\cos t)' \\ (\sin t)' \end{pmatrix}$$

Es gilt daher: $(\cos t)' = -\sin t$ (hergeleitet aus der x-Koordinate)
$(\sin t)' = \cos t$ (hergeleitet aus der y-Koordinate)

Ersetzen wir nun die Variable $t \in \mathbb{R}$ durch die reelle Variable x, dann haben wir mit den obigen Überlegungen die folgenden Ableitungsregeln begründet:

Die Funktion $f(x) = \sin x$ mit $D_f = \mathbb{R}$ hat die Ableitungsfunktion $f'(x) = \cos x$ mit $D_{f'} = \mathbb{R}$.

Die Funktion $f(x) = \cos x$ mit $D_f = \mathbb{R}$ hat die Ableitungsfunktion $f'(x) = -\sin x$ mit $D_{f'} = \mathbb{R}$.

Die Ableitungen von Verkettungen mit den Funktionen sin und cos werden mithilfe der „Kettenregel" aus Abschnitt 1.3.7 berechnet.

$(\sin(3x + 2))' = (\cos(3x + 2)) \cdot 3 = 3 \cdot \cos(3x + 2)$

$(\cos(5 - 7x))' = (-\sin(5 - 7x)) \cdot (-7) = 7 \cdot \sin(5 - 7x)$

$(7 \cdot \sin(ax + b))' = 7 \cdot \cos(ax + b) \cdot a = 7a \cdot \cos(ax + b)$

$y = \sin x \cdot \cos x$

$y' = \cos x \cdot \cos x + \sin x \cdot (-\sin x) = (\cos x)^2 - (\sin x)^2$

Ein nützlicher Tipp für die praktische Anwendung der Kettenregel

In einer Aufgabe soll die Funktion $y = \sin(5x - 3)$ differenziert werden.

In der Formelsammlung finden Sie: $y = \sin x \;\Rightarrow\; y' = \cos x$ und können damit nichts anfangen, da Sie ja die Funktion $y = \sin(5x - 3)$ ableiten sollen. Die Kettenregel war Ihnen schon immer nicht ganz klar.

Wenn Sie $\sin(5x - 3)$ als sin(„etwas") lesen und für „etwas" das Zeichen $\ast$ setzen, dann ist $\sin \ast$ zu differenzieren.

Jetzt hilft die Formelsammlung weiter, denn es gilt für einfache Verkettungen von Funktionen immer die folgende Feststellung:

Jede in der Formelsammlung angegebene Ableitung bleibt richtig, wenn Sie in der Funktion x durch $\ast$ ersetzt und die Ableitung mit $\ast'$ multiplizieren.

In der Formelsammlung steht: $y = \sin x \;\Rightarrow\; y' = \cos x$
Anwendung des Tipps: $y = \sin \ast \;\Rightarrow\; y' = (\cos \ast) \cdot \ast'$

Also: $y = \sin(5x - 3) \;\Rightarrow\; y' = \cos(5x - 3) \cdot 5 = 5 \cdot \cos(5x - 3)$

1.3.9 Ableitung der Funktionen tan und cot

Die Ableitungen der Funktionen tan und cot erhalten wir mit der Quotientenregel aus den Darstellungen:

$\tan x = \dfrac{\sin x}{\cos x}$ mit $x \neq (2k + 1) \cdot \dfrac{\pi}{2}$ und k eine ganze Zahl bzw.

$\cot x = \dfrac{\cos x}{\sin x}$ mit $x \neq k \cdot \pi$ und k eine ganze Zahl.

Ableitung der Funktion *y* = tan *x*

$$(\tan x)' = \frac{\cos x \cdot (\sin x)' - \sin x \cdot (\cos x)'}{(\cos x)^2} = \frac{\cos x \cdot \cos x - \sin x \cdot (-\sin x)}{(\cos x)^2} =$$

$$= \frac{(\cos x)^2 + (\sin x)^2}{(\cos x)^2} = \frac{1}{(\cos x)^2}$$

Spalten wir den vorletzten Bruch auf, dann ist:

$$\frac{(\cos x)^2 + (\sin x)^2}{(\cos x)^2} = 1 + \frac{(\sin x)^2}{(\cos x)^2} = 1 + (\tan x)^2$$

Die Funktion $y = \tan x$ mit $x \neq (2k+1) \cdot \frac{\pi}{2}$ hat die

Ableitung $y' = \frac{1}{(\cos x)^2} = 1 + (\tan x)^2$.

Ableitung der Funktion $y = \cot x$

Für $y = \cot x = \frac{\cos x}{\sin x}$ berechnen wir die Ableitung ebenfalls nach der Quotientenregel.

$$(\cot x)' = \frac{\sin x \cdot (-\sin x) - \cos x \cdot \cos x}{(\sin x)^2} = \frac{-(\sin x)^2 - (\cos x)^2}{(\sin x)^2} = \frac{-1}{(\sin x)^2}$$

Mit $\frac{-(\sin x)^2 - (\cos x)^2}{(\sin x)^2} = -1 - \frac{(\cos x)^2}{(\sin x)^2} = -1 - (\cot x)^2$

haben wir für die Ableitung wieder zwei verschiedene Darstellungen.

Die Funktion $y = \cot x$ mit $x \neq k \cdot \pi$ hat die

Ableitung $y' = \frac{-1}{(\sin x)^2} = -[1 + (\cot x)^2]$.

2. Sätze der Differenzialrechnung

2.1 Satz von ROLLE

Nach dem Extremwertsatz für stetige Funktionen (vergleiche Analysis 1, Abschnitt 8.5) nimmt eine im abgeschlossenen Intervall $[a; b]$ stetige Funktion f sowohl einen kleinsten wie auch einen größten Funktionswert an. Die Stellen für den kleinsten oder größten Funktionswert können dabei auch in den Randstellen a und b des Intervalls $[a; b]$ liegen, wie es zum Beispiel bei der Funktion f mit $f(x) = x$ im Intervall $[2; 5]$ der Fall ist.

Figur 7

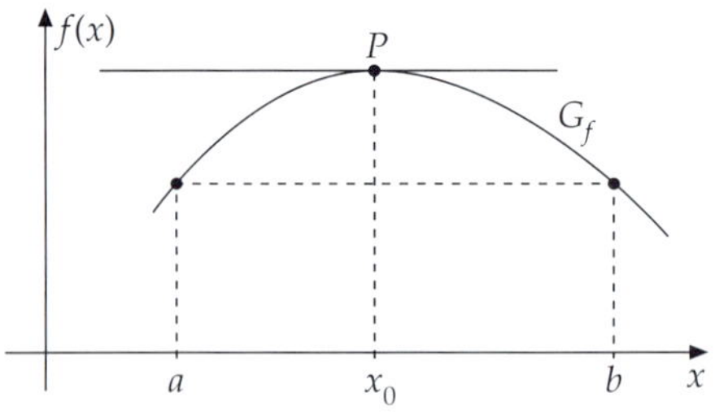

Hat dagegen die stetige Funktion f in den Randstellen des Intervalles $[a; b]$ gleiche Funktionswerte $f(a) = f(b)$ und gilt für gewisse x-Werte im Innern des Intervalls $f(x) > f(a)$, dann kann eine Stelle x_0 mit dem größten Funktionswert nur im Innern des Intervalls $[a; b]$ angenommen werden.
Vergleiche Figur 7.

Da eine innere Stelle x_0 des Intervalls stets eine beidseitige Umgebung hat, spricht man von einem lokalen (= bezüglich der Umgebung von x_0) Maximum.

Ein Funktionswert $f(x_0)$ heißt **lokales Maximum,** wenn für alle x in einer hinreichend kleinen Umgebung von x_0 die Ungleichung $f(x) \leqq f(x_0)$ erfüllt ist.

Entsprechend besteht ein **lokales Minimum** für $f(x) \geqq f(x_0)$.

Gilt für alle x in einer hinreichend kleinen Umgebung von x_0 die Ungleichung $f(x) < f(x_0)$, so heißt $f(x_0)$ ein **eigentliches** oder **strenges lokales Maximum**.

Entsprechend besteht ein **eigentliches** oder **strenges lokales Minimum** für $f(x) > f(x_0)$.

Wir setzen nun weiter voraus, dass die stetige Funktion f an der Stelle x_0 des lokalen Maximums auch *differenzierbar* ist, und versuchen, die 1. Ableitung der Funktion f in unsere Überlegungen einzubeziehen.

Da an der Stelle x_0 ein lokales Maximum vorhanden ist, gilt:

$$f(x) \leqq f(x_0)$$
$$f(x) - f(x_0) \leqq 0$$

Für alle $x > x_0$, die genügend nahe bei x_0 liegen, dividieren wir nun die obige Ungleichung durch $x - x_0 > 0$ und erhalten so für den rechtsseitigen Differenzenquotienten:

$$\frac{f(x) - f(x_0)}{x - x_0} \leqq 0$$

Da die Funktion f nach Voraussetzung in x_0 differenzierbar ist, hat der rechtsseitige Differenzenquotient für $x \to x_0$ einen Grenzwert $f'(x_0)$, für den dann gilt: $f'(x_0) \leqq 0$

Für alle $x < x_0$, die genügend nahe bei x_0 liegen, ist $x - x_0 < 0$ und wir erhalten jetzt, da wir durch eine negative Zahl dividieren, für den linksseitigen Differenzenquotienten die Ungleichung:

$$\frac{f(x) - f(x_0)}{x - x_0} \geqq 0$$

Der Grenzübergang $x \to x_0$ liefert jetzt: $f'(x_0) \geqq 0$ bzw. $0 \leqq f'(x_0)$

Die beiden Ungleichungen $f'(x_0) \leqq 0$ (rechtsseitig) und $0 \leqq f'(x_0)$ (linksseitig) können in der Ungleichungskette $0 \leqq f'(x_0) \leqq 0$ zusammengefasst werden, aus der wir $f'(x_0) = 0$ folgern.

Ebenso beweist man für ein lokales Minimum an einer inneren Stelle x_0, dass dort $f'(x_0) = 0$ erfüllt sein muss.

Wir fassen die Ergebnisse zusammen in einem Satz, der nach dem Mathematiker MICHEL ROLLE (1652–1719) benannt ist.

Satz von ROLLE

Ist die Funktion f im abgeschlossenen Intervall $[a;\, b]$ stetig und im offenen Intervall $]a;\, b[$ differenzierbar und gilt $f(a) = f(b)$, dann gibt es im Innern des Intervalls mindestens eine Stelle x_0, an der $f'(x_0) = 0$ ist.

Bemerkungen:

Für die konstante Funktion f mit $f(x) = c$, $c \in \mathbb{R}$, ist $f'(x_0) = 0$ für jede innere Stelle des Intervalls erfüllt, da der Graph von f eine Parallele zur x-Achse ist.

Der Satz von ROLLE hat eine einfache geometrische Deutung: Unter den angegebenen Voraussetzungen gibt es im offenen Intervall $a < x < b$ mindestens eine Stelle x_0, für die im zugehörigen Kurvenpunkt $P(x_0; f(x_0))$ eine zur x-Achse parallele Tangente existiert. (Figur 7 zeigt diesen Fall.)

Für den Sonderfall $f(a) = f(b) = 0$ kann der Satz von ROLLE auch so formuliert werden:

Zwischen zwei Nullstellen einer differenzierbaren Funktion f liegt mindestens eine Nullstelle der Ableitungsfunktion f'.

Beispiel Für die in $\mathbb{R}$ erklärte und differenzierbare Funktion f mit $f(x) = x^4 - 3x^2 + 2$ gilt $f(-1) = f(1) = 0$. Die Ableitungsfunktion f' mit $f'(x) = 4x^3 - 6x$ muss daher im Intervall $-1 < x < 1$ mindestens eine Nullstelle haben.

Tatsächlich finden wir für:

$$4x^3 - 6x = 0$$

$$x \cdot (4x^2 - 6) = 0 \quad \Rightarrow \quad x = 0 \ \vee \ 4x^2 - 6 = 0$$

$$x^2 = \frac{3}{2}$$

$$\Rightarrow \quad x = \sqrt{\frac{3}{2}} \ \vee \ x = -\sqrt{\frac{3}{2}}$$

Die Funktion f hat also eine Nullstelle im Intervall $-1 < x < 1$.

2.2 Mittelwertsatz der Differenzialrechnung

Eine im abgeschlossenen Intervall $[a; b]$ stetige und im offenen Intervall $]a; b[$ differenzierbare Funktion f hat im offenen Intervall $a < x < b$ mindestens eine Stelle x_0, für die gilt: $f'(x_0) = \dfrac{f(b) - f(a)}{b - a}$

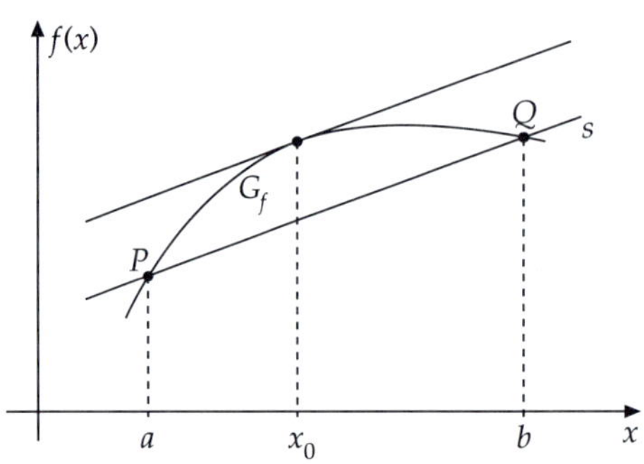

Figur 8

Geometrisch gedeutet besagt der Mittelwertsatz, dass unter den angegebenen Voraussetzungen an mindestens einer inneren Stelle x_0 im zugehörigen Punkt $(x_0; f(x_0))$ eine zur Sekante PQ parallele Tangente vorhanden ist.

Der Name „Mittelwertsatz“ wird durch die Tatsache begründet, dass der Graph von f in mindestens einem Punkt die „mittlere Steigung“ annimmt, die durch die Sekantensteigung $m = \frac{f(b) - f(a)}{b - a}$ gegeben ist.

Beweis des Mittelwertsatzes:

Wir versuchen eine Funktion F zu finden, welche die Voraussetzungen des Satzes von ROLLE erfüllt.

Vergleichen Sie in Figur 8: Bilden wir die Differenz $f(x) - s(x)$ aus dem Funktionswert der Funktion f und dem Funktionswert der Sekante s durch die Kurvenpunkte P und Q,

so gilt an der Stelle $x = a$: $f(a) - s(a) = 0$

Ebenso gilt an der Stelle $x = b$: $f(b) - s(b) = 0$

Die Funktion F mit $F(x) = f(x) - s(x)$ erfüllt wegen $F(a) = F(b)$ bereits eine Voraussetzung des Satzes von ROLLE.

Da die Funktion f nach Voraussetzung differenzierbar ist und da die Sekante als Gerade mithilfe einer differenzierbaren linearen Funktion s beschrieben wird, ist auch die Funktion F mit $F(x) = f(x) - s(x)$ im Intervall $[a; b]$ stetig und im offenen Intervall $]a; b[$ differenzierbar.

Die Funktion F erfüllt also alle Voraussetzungen des Satzes von ROLLE und es gibt daher eine innere Stelle x_0 mit $F'(x_0) = 0$.

Für die Ableitung der Funktion F erhalten wir die Gleichung

$$F'(x) = f'(x) - s'(x),$$

in der $s'(x)$ die konstante Sekantensteigung $s'(x) = \frac{f(b) - f(a)}{b - a}$ ist:

$$F'(x) = f'(x) - \frac{f(b) - f(a)}{b - a}$$

An der Stelle x_0 ist aber $F'(x_0) = 0$ und die obige Gleichung geht über in die Gleichung

$$0 = f'(x_0) - \frac{f(b) - f(a)}{b - a}$$

bzw. $f'(x_0) = \frac{f(b) - f(a)}{b - a}$

Damit ist der Mittelwertsatz bewiesen. Für $f(b) = f(a)$ ist $f(b) - f(a) = 0$ und der Mittelwertsatz liefert dann den Satz von ROLLE als Spezialfall, da jetzt $f'(x_0) = 0$ gilt.

Für die praktische Anwendung bringen wir den Mittelwertsatz in eine andere Form:

Die Stelle a in Figur 8 lassen wir fest. Die Stelle b beschreiben wir durch $b = a + h$ mit $h > 0$.

Die innere Stelle x_0 liegt zwischen a und b und kann durch $x_0 = a + t \cdot h$ mit $0 < t < 1$ angegeben werden.

Nach dieser Umbenennung lautet der Mittelwertsatz:

$$f'(a + t \cdot h) = \frac{f(a + h) - f(a)}{h}$$

Oder umgestellt nach $f(a + h)$:

$$f(a + h) = f(a) + h \cdot f'(a + t \cdot h) \quad \text{mit} \quad 0 < t < 1$$

Die Bedeutung des Mittelwertsatzes liegt darin, dass man mit seiner Hilfe die Änderung der Funktionswerte abschätzen kann; außerdem lassen sich die Zusammenhänge zwischen der Monotonie bzw. der Krümmung von Funktionsgraphen und den Ableitungen einfacher begründen. Auch in vielen Beweisen wird der Mittelwertsatz verwendet.

2.3 Strenge Monotonie differenzierbarer Funktionen

In Abschnitt 7.5 des Bandes Analysis 1 hatten wir die Monotonie von Funktionen kennen gelernt. Wir wiederholen die Definition der Monotonie und beziehen uns jetzt auf Intervalle:

Ist die Funktion f auf dem Intervall $[a; b]$ erklärt und gilt für alle $x_1; x_2 \in [a; b]$

$$x_1 < x_2 \quad \Rightarrow \quad f(x_1) < f(x_2),$$

dann heißt f auf dem Intervall $[a; b]$ **streng monoton zunehmend.** Der Graph von f heißt streng monoton steigend.

Ist die Funktion f auf dem Intervall $[a; b]$ erklärt und gilt für alle $x_1; x_2 \in [a; b]$

$$x_1 < x_2 \quad \Rightarrow \quad f(x_1) > f(x_2),$$

dann heißt f auf dem Intervall $[a; b]$ **streng monoton abnehmend.** Der Graph von f heißt streng monoton fallend.

Der rechnerische Nachweis der strengen Monotonie einer Funktion in einem Intervall mithilfe der obigen Definition ist meist recht schwierig oder unmöglich. Dies leuchtet auch ein, denn wir kennen von der Funktion f nur den Funktionsterm und keine weiteren Eigenschaften. Im oben zitierten Abschnitt 7.5 finden Sie die Rechnungen für den Nachweis, dass $f(x) = x^3$ eine in ganz $\mathbb{R}$ streng monoton zunehmende Funktion ist.

Ganz anders liegen nun die Verhältnisse, wenn wir wissen, dass die zu untersuchende Funktion f auf dem Intervall $[a; b]$ *differenzierbar* ist. Da aus der Differenzierbarkeit auch die Stetigkeit folgt (vergleiche Abschnitt 1.2.2), hat die Funktion jetzt gleich zwei Eigenschaften, die den Verlauf ihres Graphen stark beeinflussen: Während bei der Stetigkeit Sprünge im Funktionsgraphen ausgeschlossen werden, aber Knicke und Spitzen noch zugelassen sind, wird durch die Differenzierbarkeit der Graph einer Funktion regelrecht „glatt gebügelt". Die Rolle des Bügeleisens übernimmt dabei die Tangente, die wegen der Existenz der Ableitung (die ja ihre Steigung ist) in jedem Kurvenpunkt vorhanden ist.

Steigen und Fallen an einer Stelle 2.3.1

Wir betrachten eine Funktion f, die auf dem Intervall $[a; b]$ differenzierbar ist und bei Durchgang durch eine innere Stelle x_0 des Intervalls streng monoton zunehmend oder abnehmend ist. Wir fragen nun, ob ein Zusammenhang zwischen dem Verhalten der Funktionswerte und dem Ableitungswert $f'(x_0)$ besteht.

Ist die Funktion f bei Durchgang durch die Stelle x_0 *streng monoton zunehmend*, dann sind in einer kleinen Umgebung von x_0 die Funktionswerte links von x_0 kleiner als $f(x_0)$, rechts von x_0 dagegen größer als $f(x_0)$. Mithilfe einer genügend kleinen positiven Zahl h gilt also:

$$f(x_0 - h) < f(x_0) < f(x_0 + h)$$

Wir spalten die Ungleichungskette in zwei Ungleichungen auf, die *zugleich* (Zeichen: $\wedge$) erfüllt sein müssen, und führen die angegebenen Umformungen durch:

$$\begin{aligned}
&f(x_0 - h) < f(x_0) && \wedge \quad f(x_0) < f(x_0 + h) \\
&f(x_0 - h) - f(x_0) < 0 \quad |:(-h) < 0 && \wedge \quad f(x_0 + h) - f(x_0) > 0 \quad |:h > 0 \\
&\frac{f(x_0 - h) - f(x_0)}{-h} > 0 && \wedge \quad \frac{f(x_0 + h) - f(x_0)}{h} > 0
\end{aligned}$$

Das Ergebnis der Umformung können wir nun so interpretieren:
In einer genügend kleinen Umgebung der Stelle x_0 hat sowohl der linksseitige als auch der rechtsseitige Differenzenquotient der Funktion f für die Stelle x_0 *positive* Werte. Da die Funktion f auch an der Stelle x_0 differenzierbar ist,

haben für $h \to 0$ die beiden Differenzenquotienten einen gemeinsamen Grenzwert, den wir als Differenzialquotienten $f'(x_0)$ bezeichnet hatten. Aus dem Vorzeichen der Differenzenquotienten folgt aber, dass der Differenzialquotient $f'(x_0)$ *nicht negativ* sein kann. Es gilt daher: $f'(x_0) \geqq 0$

Für eine *streng monoton abnehmende* Funktion f liefert die analoge Beweisführung: $f'(x_0) \leqq 0$

Damit haben wir den Beweis zu dem folgenden Satz:

Wenn die differenzierbare Funktion f bei Durchgang durch die Stelle x_0 streng monoton zunimmt (bzw. abnimmt), dann ist $f'(x_0) \geqq 0$ (bzw. $f'(x_0) \leqq 0$).

2.3.2 Lokaler Wachstumssatz

Im Abschnitt 2.3.1 hatten wir die strenge Monotonie der Funktion f vorausgesetzt und daraus eine Aussage über die Ableitung $f'(x_0)$ hergeleitet. Im Folgenden werden wir umgekehrt ein bestimmtes Verhalten von $f'(x_0)$ voraussetzen und daraus auf das Verhalten der Funktionswerte in der Umgebung der Stelle x_0 schließen.

Wir betrachten zunächst den Fall $f'(x_0) > 0$:

Wegen $\lim\limits_{h \to 0} \dfrac{f(x_0 \pm h) - f(x_0)}{\pm h} = f'(x_0) > 0$ sind in einer genügend kleinen Umgebung von x_0 auch die beiden Differenzenquotienten *positiv*:

$$\frac{f(x_0 - h) - f(x_0)}{-h} > 0 \quad | \cdot (-h) < 0 \quad \wedge \quad \frac{f(x_0 + h) - f(x_0)}{h} > 0 \quad | \cdot h > 0$$

$$f(x_0 - h) - f(x_0) < 0 \quad \wedge \quad f(x_0 + h) - f(x_0) > 0$$

$$f(x_0 - h) < f(x_0) \quad \wedge \quad f(x_0 + h) > f(x_0)$$

$$f(x_0 - h) < f(x_0) \quad \wedge \quad f(x_0) < f(x_0 + h)$$

In einer Ungleichungskette geschrieben gilt also:

$$f(x_0 - h) < f(x_0) < f(x_0 + h)$$

Dies heißt aber: Gilt $f'(x_0) > 0$, dann ist in einer genügend kleinen Umgebung von x_0 die Funktion f *streng monoton zunehmend.*

Für $f'(x_0) < 0$ liefert die analoge Beweisführung, dass die Funktion f in der Umgebung von x_0 streng monoton abnehmend ist.

Wir formulieren die Ergebnisse als Satz:

Ist $f'(x_0) > 0$ (bzw. $f'(x_0) < 0$), dann ist die Funktion f bei Durchgang durch die Stelle x_0 streng monoton zunehmend (bzw. abnehmend).

Globaler Monotoniesatz 2.3.3

In den Abschnitten 2.3.1 und 2.3.2 sind die Aussagen der dort formulierten Lehrsätze an die Stelle x_0 gebunden. Zum Beispiel beschreibt das Vorzeichen von $f'(x_0)$ das Steigen oder Fallen des Funktionsgraphen von f nur in einer kleinen Umgebung der Stelle x_0. Man spricht deshalb auch von „lokaler strenger Monotonie".
Da $f'(x_0)$ die Steigung der Kurventangente im zugehörigen Kurvenpunkt $P(x_0; f(x_0))$ ist, kann man statt der strengen Monotonie des Graphen auch die Lage der Tangente im Koordinatensystem betrachten:

$f'(x_0) > 0$ bedeutet dann eine steigende Tangente und $f'(x_0) < 0$ eine fallende Tangente. Für $f'(x_0) = 0$ liegt die Tangente waagrecht.

Die Bedingung $f'(x_0) > 0$ ist eine *hinreichende* Bedingung dafür, dass der Graph von f in der Umgebung von x_0 streng monoton steigend ist. – Sie muss aber *nicht notwendigerweise* erfüllt sein. Mit anderen Worten: Es gibt Funktionen, die streng monoton zunehmend sind und bei denen $f'(x_0) = 0$ eintreten kann.

Zum Beispiel hat die Funktion f mit $f(x) = x^3$, $f'(x) = 3x^2$ in $\mathbb{R}$ einen streng monoton steigenden Graphen, obwohl $f'(0) = 0$ ist.

Wir vermuten aber, dass der Graph einer Funktion f, für die $f'(x) > 0$ (bzw. $f'(x) < 0$) für alle x aus einem Intervall gilt, dann auch im gesamten Intervall streng monoton steigend (bzw. fallend) ist. Dies ist der Inhalt des folgenden Satzes:

Ist die Funktion f in $[a; b]$ differenzierbar und ist $f'(x) > 0$ (bzw. $f'(x) < 0$) für alle inneren Stellen des Intervalls, dann ist der Graph von f auf dem Intervall $[a; b]$ streng monoton steigend (bzw. fallend).

Wir beweisen den Satz für den Fall $f'(x) > 0$:

Wir wählen ein beliebiges Teilintervall $[x_1; x_2]$, welches ganz im Intervall $[a; b]$ liegt, und wenden den Mittelwertsatz (vergleiche Abschnitt 2.2) auf dieses Intervall an:

$$f(x_2) - f(x_1) = f'(c) \cdot (x_2 - x_1) \quad \text{mit } c \in [x_1; x_2]$$

Da $f'(x) > 0$ für jede innere Stelle des Intervalls $[a; b]$ gilt, muss auch $f'(c) > 0$ erfüllt sein. Mit $(x_2 - x_1) > 0$ gilt dann auch für das Produkt $f'(c) \cdot (x_2 - x_1) > 0$.

Damit erhalten wir die Ungleichung:

$$f(x_2) - f(x_1) > 0 \quad | + f(x_1)$$
$$f(x_2) > f(x_1)$$
$$\text{oder: } f(x_1) < f(x_2)$$

Das heißt aber: Ist $f'(x) > 0$ für alle inneren Stellen des Intervalls $[a; b]$, dann gilt für alle inneren Stellen $x_1; x_2$ mit $x_1 < x_2$, dass auch $f(x_1) < f(x_2)$ erfüllt ist. Damit ist aber die Funktion f auf dem Intervall $[a; b]$ streng monoton zunehmend.

Der Beweis für den Fall $f'(x) < 0$ verläuft analog.

Bemerkung:

Beachten Sie, dass die Monotonie einer Funktion f nur für Intervalle erklärt ist. Das folgende Beispiel zeigt Ihnen, dass Sie aus der Ungleichung $f'(x) \geqq 0$ für alle $x \in D_f$ keinesfalls schließen dürfen, dass die Funktion f in D_f streng monoton zunehmend ist. Die Behauptung wäre nur dann richtig, wenn D_f ein Intervall ist!

➢ ➢ ➢ ➢ ➢ ➢ ➢ ➢ ➢ ➢ ➢ ➢

Beispiel 1

Wir betrachten die in $\mathbb{R}\setminus\{0\}$ definierte Funktion f mit dem Funktionsterm $f(x) = \frac{1}{x}$, deren Graph in Figur 9 eingetragen ist.

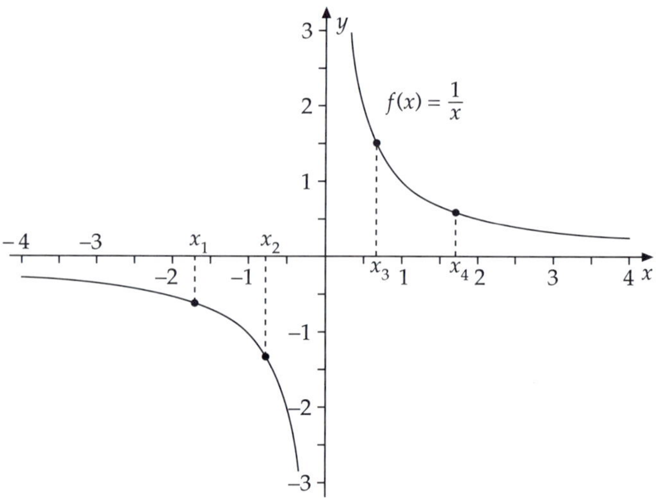

Figur 9

Aus $f'(x) = -\frac{1}{x^2} < 0$ für alle $x \in D_{f'} = \mathbb{R}\setminus\{0\}$ dürfen Sie *nicht* folgern, dass diese Funktion f in D_f streng monoton abnehmend ist. – Vergleichen Sie in der Figur 9:

Für alle $x_1; x_2 \in \mathbb{R}^-$ mit $x_1 < x_2$ gilt: $f(x_1) > f(x_2)$

Für alle $x_3; x_4 \in \mathbb{R}^+$ mit $x_3 < x_4$ gilt: $f(x_3) > f(x_4)$

Die Funktion f ist in $\mathbb{R}^-$ und in $\mathbb{R}^+$ jeweils streng monoton abnehmend, aber nicht in ganz $\mathbb{R}$, wie Sie bei der Wahl der Stellen x_2 und x_3 mit $x_2 < x_3$ sehen: $f(x_2) < f(x_3)$

Beispiel 2

Gesucht sind die Monotonieintervalle der in $\mathbb{R}$ erklärten Funktion f mit $f(x) = x^3 - 3x^2 + 5$.

$f'(x) = 3x^2 - 6x$

$f'(x) = 3x \cdot (x - 2), \quad D_{f'} = \mathbb{R}$

Der Graph von f' ist eine nach oben geöffnete Parabel mit den Schnittstellen $x = 0$ und $x = 2$. Für $x \leqq 0$ oder $x \geqq 2$ gilt jeweils $f'(x) \geqq 0$ und die Funktion f ist in diesen Intervallen jeweils streng monoton zunehmend.

Im Intervall $0 \leqq x \leqq 2$ gilt $f'(x) \leqq 0$ und f ist in diesem Intervall daher streng monoton abnehmend.

3. Krümmung von Funktionsgraphen

3.1 Festlegung der Krümmung

Im Schulunterricht wird die Krümmung eines Funktionsgraphen geometrisch anschaulich behandelt. Wir unterscheiden dabei eine **Rechtskurve** und eine **Linkskurve**, wenn wir den Graphen von f in Richtung zunehmender x-Werte durchlaufen.

In Kapitel 2.3 konnten wir das *Steigen* oder *Fallen* eines Funktionsgraphen auf einem Intervall bei differenzierbaren Funktionen durch das Verhalten der 1. Ableitung $f'(x)$ beschreiben. Im Folgenden werden wir sehen, wie durch das Vorzeichen der 2. Ableitung $f''(x)$ die *Krümmung* des Funktionsgraphen auf einem Intervall festgelegt ist.

3.2 Krümmungsregel

Figur 10

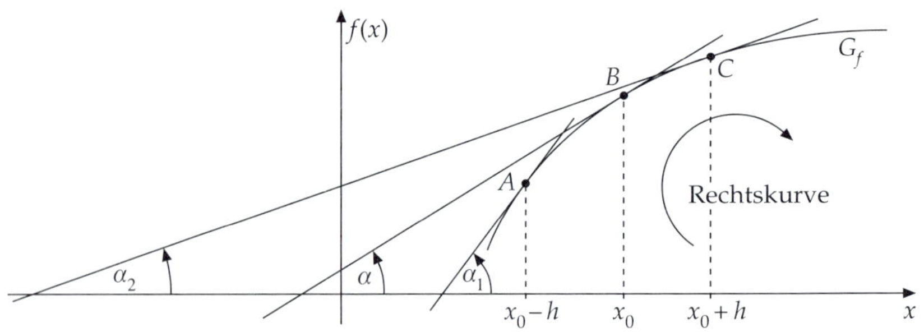

Durchlaufen wir den Graphen von f in Richtung zunehmender x-Werte (in Figur 10 also von A über B nach C), so bewegen wir uns in einer **Rechtskurve**. Der Graph von f ist also **rechtsgekrümmt** oder **konvex**.
Für die Winkel, welche die Tangenten in den Punkten A, B und C mit der positiv orientierten x-Achse bilden gilt:

$$\alpha_1 > \alpha > \alpha_2$$

Für die Tangentensteigungen folgt daraus:

$$\tan \alpha_1 > \tan \alpha > \tan \alpha_2$$

oder: $f'(x_0 - h) > f'(x_0) > f'(x_0 + h)$

Betrachten wir die letzte Ungleichungskette als eine Aussage über das Verhalten der Funktionswerte der Ableitungsfunktion f' in der Umgebung der Stelle x_0, so können wir feststellen:
Die Ableitungsfunktion f' ist an der Stelle x_0 **streng monoton abnehmend**.

Da nun immer die nachfolgende Ableitung das Monotonieverhalten der vorhergehenden Funktion beschreibt, gibt uns die 2. Ableitungsfunktion f'' Auskunft über das Monotonieverhalten der Funktion f'.

Wenn für eine zweimal differenzierbare Funktion f an einer inneren Stelle x_0 gilt: $f''(x_0) < 0$, dann ist die 1. Ableitungsfunktion f' an der Stelle x_0 streng monoton fallend und der Graph der Funktion f ist an der Stelle x_0 rechtsgekrümmt.

Damit haben wir den gesuchten Zusammenhang zwischen $f''(x_0)$ und der Krümmung des Funktionsgraphen an der Stelle x_0 gefunden. Für das Krümmungsverhalten auf einem Intervall legen wir fest:

Rechtskrümmung eines Graphen:

Der Graph einer zweimal differenzierbaren Funktion f heißt in einem offenen Intervall **rechtsgekrümmt**, wenn dort $f''(x) < 0$ gilt.

Merkregel: $f''(x) < 0$; $<$ erinnert an ⌒ Rechtskurve.

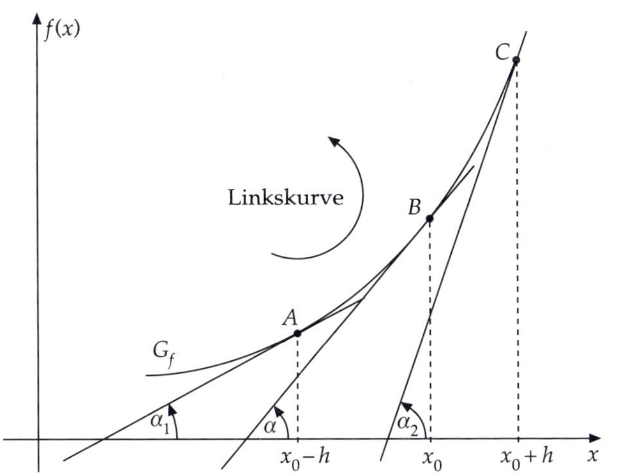

Figur 11

Beim Durchlaufen des Graphen in f in Richtung zunehmender x-Werte (in Figur 11 also von A über B nach C) bewegen wir uns jetzt in einer **Linkskurve**. Der Graph von f ist jetzt **linksgekrümmt** oder **konkav**.
Für die Winkel, welche die Tangenten in den Punkten A, B und C mit der positiv orientierten x-Achse bilden gilt jetzt:

$$\alpha_1 < \alpha < \alpha_2$$

Für die Tangentensteigungen folgt daraus:

$$\tan \alpha_1 < \tan \alpha < \tan \alpha_2$$

oder: $f'(x_0 - h) < f'(x_0) < f'(x_0 + h)$

Die Tangentensteigungen nehmen bei Linkskrümmung des Graphen streng monoton zu oder anders ausgedrückt:
Die Ableitungsfunktion f' ist an der Stelle x_0 **streng monoton zunehmend**.

Wenn die Funktion f zweimal differenzierbar ist, dann beschreibt $f''(x_0) > 0$ eine Steigstelle der Funktion f' und der Graph der Funktion f ist an der Stelle x_0 linksgekrümmt.

Linkskrümmung eines Graphen:

Der Graph einer zweimal differenzierbaren Funktion f heißt in einem offenen Intervall **linksgekrümmt**, wenn dort $f''(x) > 0$ gilt.

Merkregel: $f''(x) > 0$; ↻ erinnert an ⌒ Linkskurve.

➢ ➢ ➢ ➢ ➢ ➢ ➢ ➢ ➢ ➢ ➢ ➢

Beispiel 1 $f(x) = x^3$, $D_f = \mathbb{R}$; $f'(x) = 3x^2$; $f''(x) = 6x$

$f''(x) < 0 \Rightarrow 6x < 0 \Rightarrow x < 0$
Der Graph von f ist für $x < 0$ rechtsgekrümmt.

$f''(x) > 0 \Rightarrow 6x > 0 \Rightarrow x > 0$
Der Graph von f ist für $x > 0$ linksgekrümmt.

An der Stelle $x_0 = 0$ gilt $f''(0) = 0$ und dem Graphen von f kann *keine Krümmung* zugeordnet werden.

Beispiel 2 Gegeben ist die in $\mathbb{R}$ definierte Funktion f durch $f(x) = -x^4 - 6x^2 - 9$.
Gesucht sind die Krümmungsintervalle des Graphen von f.

$f'(x) = -4x^3 - 12x$ $\qquad$ $f''(x) = -12x^2 - 12 = -12(x^2 + 1) < 0$ (stets)

Figur 12

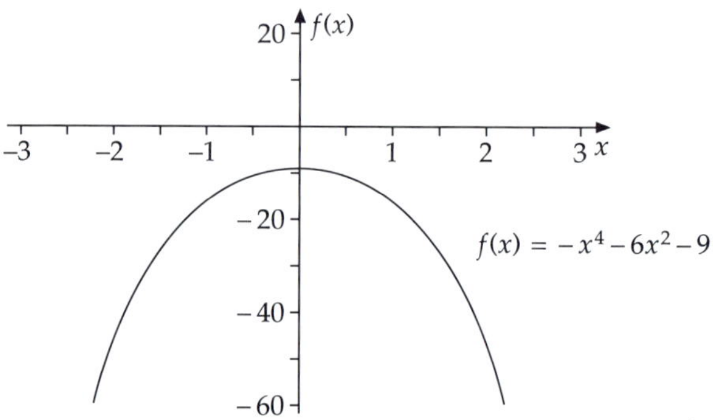

Wegen $f''(x) < 0$ für jede Wahl von x aus $\mathbb{R}$ ist der Graph von f in ganz $\mathbb{R}$ rechtsgekrümmt.

Die Figur 12 zeigt den Verlauf des Graphen dieser Funktion.

≺ ≺ ≺ ≺ ≺ ≺ ≺ ≺ ≺ ≺ ≺ ≺

Extremwerte von Funktionswerten

4.

Verschiedene Arten von Extremwerten

4.1

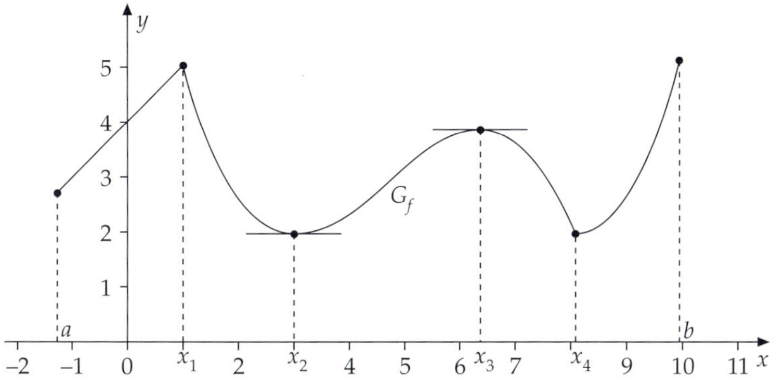

Figur 13

In der Figur 13 ist der Graph einer im Intervall $[a; b]$ erklärten und stetigen Funktion f eingetragen. Sie finden dort **innere** Stellen des Intervalles $[a; b]$, bei denen die Funktion f auf *beiden Seiten* dieser Stellen erklärt ist und an den Stellen selbst einen **extremalen**, also einen größten oder kleinsten Funktionswert im Vergleich mit den benachbarten Funktionswerten, annimmt.

Die genaue Bezeichnung der inneren Extremalstellen haben wir in Abschnitt 2.1 durch die folgenden Definitionen festgelegt:

> Der Funktionswert $f(x_0)$ an einer inneren Stelle x_0 der Definitionsmenge D_f heißt (strenges) **lokales Maximum**, wenn für alle $x \neq x_0$ aus der beidseitigen Umgebung von x_0 die Ungleichung $f(x) < f(x_0)$ erfüllt ist.
>
> Der Funktionswert $f(x_0)$ an einer inneren Stelle x_0 der Definitionsmenge D_f heißt (strenges) **lokales Minimum**, wenn für alle $x \neq x_0$ aus der beidseitigen Umgebung von x_0 die Ungleichung $f(x) > f(x_0)$ erfüllt ist.

In der Figur 13 hat die Funktion f an der Stelle x_1 ein lokales Maximum (mit Knick des Graphen) und an der Stelle x_3 ein lokales Maximum mit waagerechter Tangente.
An der Stelle x_2 ist ein lokales Minimum mit waagerechter Tangente und an der Stelle x_4 ebenfalls ein lokales Minimum, aber mit Knick des Graphen.

Außerdem besitzt die Funktion f an der Randstelle $x = a$ ein **Randminimum** $f(a)$ und an der Stelle $x = b$ ein **Randmaximum** $f(b)$. Die Funktionswerte $f(a)$ und $f(b)$ sind also *keine* lokalen Extremwerte, da die Stellen $x = a$ und $x = b$ keine beidseitige Umgebung haben. Wir können uns der Stelle $x = a$ nur von rechts her und der Stelle $x = b$ nur von links her annähern, um die Funktionswerte $f(x)$ mit den Randwerten $f(a)$ bzw. $f(b)$ zu vergleichen.

4.2 Lokale Extrema einer differenzierbaren Funktion

Hinweise zum Inhalt dieses Kapitels:

Wir beginnen mit der so genannten „Kurvendiskussion", bei der das Verhalten des Graphen von f in der Umgebung einer Stelle x oder auf einem Intervall genauer untersucht wird. Steigen Sie *nicht* direkt bei diesem Kapitel in die Kurvendiskussion ein, denn die in den Abschnitten 2.3 und 3 behandelten Zusammenhänge zwischen der Monotonie von f und dem Vorzeichen der 1. Ableitungsfunktion $f'(x)$ bzw. der Art der Krümmung des Graphen von f und dem Vorzeichen der 2. Ableitungsfunktion $f''(x)$ werden im Folgenden ständig verwendet. Für die Existenz von lokalen Extrema werden wir einfache Bedingungen finden und Sie werden feststellen, dass Sie sich nicht umsonst mit dem Begriff der Ableitung herumgeschlagen haben.

Der Einfachheit halber vereinbaren wir eine Redeweise, die ständig benutzt wird. Bei der Beschreibung von Eigenschaften eines Funktionsgraphen (Steigen, Fallen, Rechtskrümmung oder Linkskrümmung) sind die verwendeten Eigenschaften nur dann eindeutig festgelegt, wenn wir uns auf der x-Achse in Richtung *zunehmender* Werte bewegen. Dieser Sachverhalt ist gemeint, wenn wir sagen: „Beim Durchlaufen der Stelle $x_0 \ldots$" oder „Beim Überschreiten der Stelle $x_0 \ldots$".

Im Kapitel 2.1 haben wir beim Beweis des Satzes von ROLLE gezeigt:
Hat eine differenzierbare Funktion f an der inneren Stelle x_0 ein Extremum (Maximum oder Minimum), dann muss $f'(x_0) = 0$ erfüllt sein. Wir haben damit eine **notwendige** Bedingung für das Vorliegen eines Extremums gefunden.

Die Bedingung $f'(x_0) = 0$ ist auch geometrisch einleuchtend: In einem lokalen Hoch- oder Tiefpunkt des Graphen einer differenzierbaren Funktion f existiert eine waagerechte Tangente.

Lokale Extrema einer differenzierbaren Funktion f können nur an den Stellen x vorliegen, die Lösung der Gleichung $f'(x) = 0$ sind.

Bemerkung:

Die Bedingung $f'(x) = 0$ ist nur eine *notwendige* Bedingung für ein lokales Extremum; sie ist aber *nicht hinreichend*, wie das Beispiel der Funktion f mit $f(x) = x^3$ und der Ableitung $f'(x) = 3x^2$ an der Stelle $x = 0$ zeigt:

Es gilt zwar $f'(0) = 0$, aber wir wissen, dass $x = 0$ keine Extremalstelle von f sein kann, da der Graph von f in ganz $\mathbb{R}$ streng monoton zunimmt.

Nachweis eines lokalen Maximums

4.2.1

Wir setzen voraus, dass die Funktion f in einer zusammenhängenden Menge D_f erklärt ist, und der Ableitungswert $f'(x)$ an jeder inneren Stelle von D_f existiert.

Wir betrachten den Verlauf des Graphen der 1. Ableitung in der Figur 14 und stellen fest:

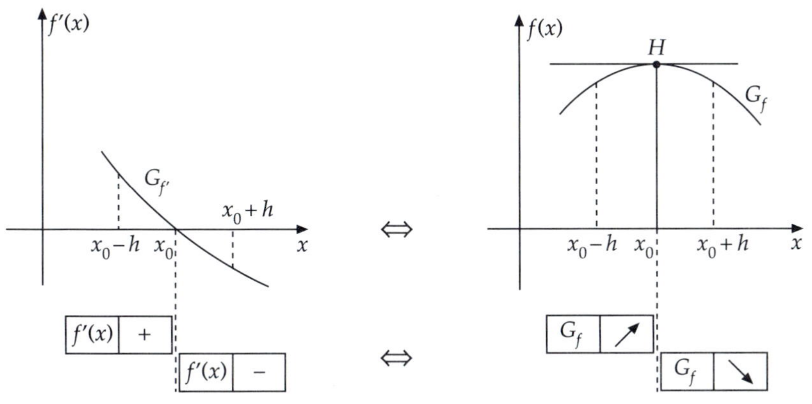

Figur 14

Der Graph von f' schneidet die x-Achse an der Stelle x_0. Rechts und links von der Stelle x_0 haben die Ableitungswerte $f'(x)$ *verschiedene* Vorzeichen. Erinnern wir uns nun, dass die Funktionswerte von $f'(x)$ die Steigungen der Tangenten in den zugehörigen Punkten des Graphen sind und dass wir die Steigung des Graphen als Steigung der Tangente erklärt haben, dann müssten die folgenden Feststellungen klar sein:

Feststellung 1:

$f'(x_0) = 0 \;\Rightarrow\; G_f$ hat an der Stelle x_0 eine waagrechte Tangente.

Feststellung 2:

$f'(x) > 0$ für $x \in \,]x_0 - h; x_0[$

$\Rightarrow$ Die Tangenten haben in den zugehörigen Punkten des Graphen eine *positive* Steigung.

$\Rightarrow$ G_f ist diesem Intervall *streng monoton steigend.*

Feststellung 3:

$f'(x) < 0$ für $x \in \,]x_0; x_0 + h[$

$\Rightarrow$ Die Tangenten haben in den zugehörigen Punkten des Graphen eine *negative* Steigung.

$\Rightarrow$ G_f ist in diesem Intervall *streng monoton fallend.*

Damit erhalten wir nun genau das Verhalten des Graphen von f in der Figur 14.

Wir halten als Ergebnis fest:

Ist $f'(x_0) = 0$ und wechseln die Ableitungswerte $f'(x)$ beim Überschreiten der Stelle x_0 von positiven zu negativen Werten, dann hat der Graph von f in $H(x_0; f(x_0))$ einen lokalen Hochpunkt mit waagrechter Tangente.

Wir drehen nun den Spieß um und versuchen aus dem in der Figur 14 gezeichneten Verlauf des Graphen von f auf den Verlauf der Ableitungsfunktion zu schließen:

Feststellung 4:

Der Punkt H ist ein einzeln liegender Punkt. An der Stelle x_0 nimmt die differenzierbare Funktion f ein lokales Maximum an.
Aus dem Abschnitt 2.1 wissen wir, dass dann $f'(x_0) = 0$ erfüllt sein muss.

Feststellung 5:

Im Intervall $]x_0 - h; x_0[$ ist G_f streng monoton steigend
$\Rightarrow$ Die Tangentensteigungen müssen positiv sein
$\Rightarrow$ $f'(x) > 0$ in diesem Intervall.

Feststellung 6:

Im Intervall $]x_0; x_0 + h[$ ist G_f streng monoton fallend
$\Rightarrow$ Die Tangentensteigungen müssen negativ sein
$\Rightarrow$ $f'(x) < 0$ in diesem Intervall.

Wir halten als Ergebnis fest:

Hat der Graph einer differenzierbaren Funktion f einen einzeln liegenden Hochpunkt $H(x_0; f(x_0))$, dann ist $f'(x_0) = 0$ und die Ableitung $f'(x)$ wechselt beim Überschreiten von x_0 von positiven zu negativen Werten.

Wir haben damit Bedingungen gefunden, die für die Existenz eines lokalen Hochpunktes des Graphen einer differenzierbaren Funktion *notwendig und hinreichend* sind.
Damit haben wir aber auch den folgenden Satz bewiesen:

f ist differenzierbar und $f'(x_0) = 0$ mit Vorzeichenwechsel von „+" nach „–". $\Leftrightarrow$ G_f hat in $H(x_0; f(x_0))$ einen lokalen Hochpunkt mit waagrechter Tangente.

Bemerkung:

In vielen Fällen kann man auch die 2. Ableitung $f''(x)$ für den Nachweis eines lokalen Maximums heranziehen:

Ist die Funktion f zweimal differenzierbar, was meist der Fall ist, dann können wir die 1. Ableitungsfunktion f' differenzieren und erhalten: $(f')' = f''$
Stellen Sie die Funktion f' in den Vordergrund, dann beschreibt die 1. Ableitung von f', also f'', das Monotonieverhalten der Funktion f'.

In der Figur 14 verläuft der Graph der Ableitungsfunktion f' streng monoton fallend durch die Stelle x_0, *aber er ist an der Stelle x_0 nicht waagrecht*. Unter dieser Voraussetzung gilt $f''(x_0) < 0$ und der Graph der Funktion f hat dann an der Stelle x_0 Rechtskrümmung.

Wir formulieren dies als Satz:

Wenn die Funktion f zweimal differenzierbar ist und es gilt: $f'(x_0) = 0$ *und* $f''(x_0) < 0$, dann sind diese Bedingungen *hinreichend* dafür, dass der Graph von f in $H(x_0; f(x_0))$ einen lokalen Hochpunkt mit waagrechter Tangente hat.

Da diese Bedingungen nur hinreichend sind, darf die Aussage des Satzes nicht umgekehrt werden. Mit anderen Worten: Es gibt auch differenzierbare Funktionen, deren Graph einen lokalen Hochpunkt hat, aber die angeführten Bedingungen sind dort *nicht* erfüllt.

Betrachten Sie die in $\mathbb{R}$ erklärte Funktion f mit $f(x) = -x^4$ und $f'(x) = -4x^3$ bzw. $f''(x) = -12x^3$. An der Stelle $x_0 = 0$ ist $f'(0) = 0$ und $f''(0) = 0$.

Dagegen führt das „Zeichenwechselkriterium" für $f'(x)$ bei Durchgang durch die Stelle $x_0 = 0$ sofort zum Erfolg:

$f'(0-h) = -4(-h)^3 = 4h^3 > 0, \; f'(0+h) = -4(h)^3 = -4h^3 < 0$

Aus
- $f'(0) = 0$ und
- $f'(x)$ hat Zeichenwechsel von „+" nach „–" bei Durchgang durch die Stelle $x_0 = 0$

folgt der *Hochpunkt* $H(0; 0)$.

Nachweis eines lokalen Minimums 4.2.2

Ebenso wie in Abschnitt 4.2.1 erschließen wir das Verhalten des Graphen einer differenzierbaren Funktion f in der Umgebung der Stelle x_0 aus dem bekannten Verlauf des Graphen der 1. Ableitungsfunktion in der betrachteten Umgebung.

Feststellung I:

$f'(x_0) = 0 \;\Rightarrow\;$ G_f hat an der Stelle x_0 eine waagrechte Tangente.

Figur 15

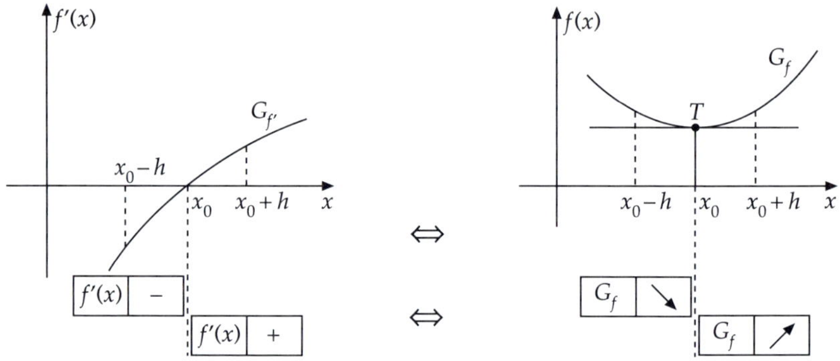

Feststellung II:

$f'(x) < 0$ für $x \in \,]x_0 - h; x_0[$

$\Rightarrow$ Die Tangenten haben in den zugehörigen Punkten des Graphen eine negative Steigung.

$\Rightarrow$ G_f ist in diesem Intervall streng monoton fallend.

Feststellung III:

$f'(x) > 0$ für $x \in \,]x_0; x_0 + h[$

$\Rightarrow$ Die Tangenten haben in den zugehörigen Punkten des Graphen eine positive Steigung.

$\Rightarrow$ G_f ist in diesem Intervall streng monoton steigend.

Es ergibt sich so das Verhalten des Graphen von f der Figur 15. Wir halten als Ergebnis fest:

Ist $f'(x_0) = 0$ und wechseln die Ableitungswerte $f'(x)$ beim Überschreiten der Stelle x_0 von negativen zu positiven Werten, dann hat der Graph von f in $T(x_0; f(x_0))$ einen lokalen Tiefpunkt mit waagrechter Tangente.

Analog wie in Abschnitt 4.2.1 folgern wir:

Hat der Graph einer differenzierbaren Funktion f einen lokalen Tiefpunkt $T(x_0; f(x_0))$, dann ist $f'(x_0) = 0$ und die Ableitung $f'(x)$ wechselt beim Überschreiten von x_0 von negativen zu positiven Werten.

Diese Bedingungen sind für die Existenz eines lokalen Tiefpunktes des Graphen einer differenzierbaren Funktion f *notwendig und hinreichend*. Wir halten das Ergebnis als Satz fest:

f ist differenzierbar und $f'(x_0) = 0$ mit Vorzeichenwechsel von „–" nach „+". $\Leftrightarrow$ G_f hat in $T(x_0; f(x_0))$ einen lokalen Tiefpunkt mit waagrechter Tangente.

Bemerkung:

In der Figur 15 verläuft der Graph der Ableitungsfunktion f' streng monoton steigend durch die Stelle x_0, *aber er ist an der Stelle* x_0 *nicht waagrecht*. Unter dieser Voraussetzung gilt $f''(x_0) > 0$ und der Graph der Funktion f hat an der Stelle x_0 Linkskrümmung.

Es gilt der Satz:

Ist die Funktion f zweimal differenzierbar und gilt: $f'(x_0) = 0$ *und* $f''(x_0) > 0$, dann sind diese Bedingungen *hinreichend* dafür, dass der Graph von f in $T(x_0;\, f(x_0))$ einen lokalen Tiefpunkt mit waagrechter Tangente hat.

Da die angeführten Bedingungen nur hinreichend sind, darf die Aussage des Satzes nicht umgekehrt werden. Sie dürfen also nicht behaupten, dass an der Stelle x_0 eines Tiefpunktes dann $f''(x_0) > 0$ gelten muss.

Als Beispiel betrachten wir die in $\mathbb{R}$ definierte Funktion f mit $f(x) = x^6$ und $f'(x) = 6x^5$ bzw. $f''(x) = 30x^4$. An der Stelle $x_0 = 0$ ist $f'(0) = 0$ und $f''(0) = 0$.

Mit dem „Zeichenwechselkriterium" für $f'(x)$ beim Überschreiten der Stelle $x_0 = 0$ haben wir sofort Erfolg:

$$f'(0 - h) = 6\,(-h)^5 = -6h^5 < 0, \quad f'(0 + h) = 6h^5 > 0$$

Mit
- $f'(0) = 0$ und
- $f'(x)$ hat Zeichenwechsel von „–" nach „+" bei Durchgang durch die Stelle $x_0 = 0$

ist der lokale *Tiefpunkt* $T(0;\, 0)$ nachgewiesen.

Gegeben ist die Funktion f durch $f(x) = \dfrac{2x^3 + 2}{x^2}$ mit $D_f = \mathbb{R}\setminus\{0\}$.

Bestimmen Sie Art und Lage des Extrempunktes.

Umformung des Terms $f(x)$: $\quad f(x) = \dfrac{2x^3}{x^2} + \dfrac{2}{x^2} = 2x + 2x^{-2}$

Ableitungen bereitstellen: $\quad f'(x) = 2 - 4x^{-3} = 2 - \dfrac{4}{x^3}$;

$$f''(x) = 12x^{-4} = \frac{12}{x^4} > 0 \text{ (stets)}$$

Die notwendige Bedingung $f'(x) = 0$ für lokale Extrema liefert:

$$2 - \frac{4}{x^3} = 0 \;\Rightarrow\; 2x^3 - 4 = 0 \;\Rightarrow\; x^3 = 2 \;\Rightarrow\; x = \sqrt[3]{2}$$

Wir verwenden nun die „zweite“ Regel zur Festlegung der Art des Extremums:

Aus $f'(\sqrt[3]{2}) = 0$ und $f''(\sqrt[3]{2}) > 0$ können wir nun schließen, dass der Graph von f in $T(\sqrt[3]{2};\ f(\sqrt[3]{2}))$ einen lokalen Tiefpunkt hat.

Figur 16

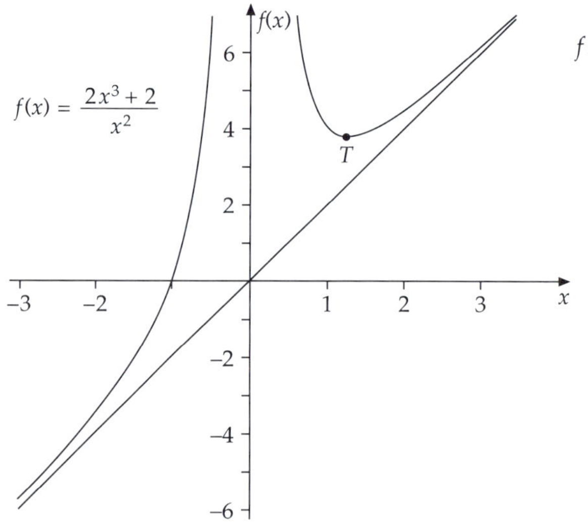

$$f(\sqrt[3]{2}) = \frac{2 \cdot 2 + 2}{(\sqrt[3]{2})^2} = \frac{6}{(\sqrt[3]{2})^2} = 3{,}77976\ldots$$

Aufgabe 9 Gegeben ist die in $\mathbb{R}$ definierte Funktion f durch $f(x) = \frac{1}{10} \cdot (x^3 - 11x^2 + 24x)$.

Untersuchen Sie den Graphen von f auf Monotonie und lokale Extrempunkte. Geben Sie Art und Lage der Extrempunkte an.

4.2.3 Praktische Nachweismethoden für Extrema

Nachweis lokaler Extrema durch Gebietseinteilung für $f'(x)$

Bei rationalen Funktionen ist der Funktionsterm entweder ein Polynom (ganzrationale Funktion) oder ein Quotient aus zwei Polynomen (gebrochenrationale Funktion).

Beim Differenzieren einer ganzrationalen Funktion vom Grade n ($n \in \mathbb{N}$ ist die größte auftretende Hochzahl bei der Variablen x) entsteht wieder eine ganzrationale Funktion, deren Grad dann $n - 1$ ist. Falls wir beim mehrmaligen Ableiten die konstante Funktion erhalten haben, sind alle folgenden Ableitungen null. Dies wird bei Kurvendiskussionen kaum eintreten, denn die Diskussion der linearen Funktion mit $f(x) = ax + b$ ist nicht gerade aufregend.

Anders liegt die Sache aber bei gebrochenrationalen Funktionen, die nach der Quotientenregel differenziert werden. Dabei entsteht bei der Bildung der Ableitung in jedem Fall wieder eine gebrochenrationale Funktion. Gelingt uns eine Faktorzerlegung des Zähler- und des Nennerpolynoms, dann ist die Kurvendiskussion nach der Bestimmung der Definitionsmenge und dem Kürzen schnell erledigt, wenn wir die Ordnung der Nullstellen heranziehen.

Damit Sie dabei keinen Fehler machen, prüfen Sie immer nach, ob eine Nullstelle des Zählerpolynoms auch in der Definitionsmenge der Funktion liegt.

Nicht jede Nullstelle des Zählerpolynoms ist auch Nullstelle der gebrochenrationalen Funktion, denn es könnte zum Beispiel der Fall eingetreten sein, dass derselbe Linearfaktor $(x - a)$ im *Zähler* mit einer größeren Hochzahl als im Nenner vorhanden ist. Nach dem Kürzen bleibt $(x - a)$ im Zähler erhalten, liefert aber keine Nullstelle, da $a \notin D_f$ ist.

Beispiel: $f(x) = \dfrac{(x-4)^3\,(x+2)\,(x-7)}{(x-4)^2\,(x+5)} = \dfrac{(x-4)\,(x+2)\,(x-7)}{(x+5)}$

Beachten Sie $D_f = \mathbb{R}\setminus\{4; -5\}$, dann hat f nur die Nullstellen $x = -2$ und $x = 7$. Die Zahl 4 kann schon deswegen *keine* Nullstelle sein, da $4 \notin D_f$. Im obigen Beispiel wäre $x = 4$ eine **behebbare Definitionslücke**. Vergleichen Sie dazu die ausführliche Darstellung im Band Analysis 1, Kapitel 9.

Gegeben ist die in $\mathbb{R}$ erklärte (ganzrationale) Funktion f mit:

$$f(x) = \frac{x^5}{5} - \frac{5x^4}{4} - \frac{22x^3}{3} + 58x^2 - 120x$$

Von der Ableitungsfunktion $f'(x)$ sei bekannt, dass sie die Nullstellen $x = 2$ und $x = 6$ hat.

Für die Ableitung $f'(x)$ erhalten wir:

$$\begin{aligned} f'(x) &= \frac{5x^4}{5} - \frac{4 \cdot 5x^3}{4} - \frac{3 \cdot 22x^2}{3} + 2 \cdot 58x - 120 \\ &= x^4 - 5x^3 - 22x^2 + 116x - 120 \end{aligned}$$

Da von der Ableitung $f'(x)$ zwei Nullstellen $x = 2$ und $x = 6$ bekannt sind, können wir die rechte Seite der letzten Gleichung durch Anwendung der Polynomdivision zerlegen. Statt nacheinander durch die Faktoren zu dividieren, dividieren wir gleich durch das Produkt $(x-2)\,(x-6) = x^2 - 8x + 12$:

$$(x^4 - 5x^3 - 22x^2 + 116x - 120) : (x^2 - 8x + 12) = x^2 + 3x - 10$$

Mit $x^2 + 3x - 10 = (x + 5)(x - 2)$ erhalten wir schließlich die vollständige Faktorzerlegung des Terms $f'(x)$:

$f'(x) = (x + 5)(x - 2)^2 (x - 6), \quad D_{f'} = \mathbb{R}$

Wir verwenden nun die **Ordnung** der Nullstellen (ungerade Ordnung: Schnittstelle, gerade Ordnung: Berührstelle) und markieren diese auf der x-Achse in einem Koordinatensystem für den Graphen der Ableitungsfunktion f'.

$f'(x) = 0$: $x = -5$ Schnittstelle (markieren mit Kreuz)
$x = 2$ Berührstelle (markieren mit Punkt)
$x = 6$ Schnittstelle (markieren mit Kreuz)

Durch die Nullstellen ziehen wir parallele Geraden zur $f'(x)$-Achse und überlegen uns nun Folgendes:

Wenn ein Funktionswert von $f'(x)$ zwischen zwei Nullstellen bekannt ist, dann muss der Graph von f' zwischen diesen beiden Nullstellen ganz auf der Seite der x-Achse bleiben, wo auch der uns bekannte Funktionswert liegt. Wandern wir auf der x-Achse von rechts nach links, dann signalisiert uns ein „Kreuz", dass der Graph von f' die Achse durchdringt, ein „Punkt" sagt uns, dass die x-Achse vom Graphen der Funktion f' berührt wird, aber kein Überschreiten der x-Achse stattfindet.

Wir dürfen so vorgehen, da wir wissen, dass Polynomfunktionen in $\mathbb{R}$ stetige Funktionen sind und einen zusammenhängenden Graphen haben.

Wir wählen zum Beispiel die „Teststelle" $x = 7$: $f'(7) = 300 > 0$

Mit dem „Testwert" $f'(7) > 0$ können jetzt im Koordinatensystem alle Felder gestrichen werden, in denen der Graph von f' *nicht* verlaufen kann. An den Nullstellen **ungerader Ordnung** ergibt sich so eindeutig die Art des Vorzeichenwechsels von $f'(x)$ und damit auch die Art des Extremums.

Figur 17

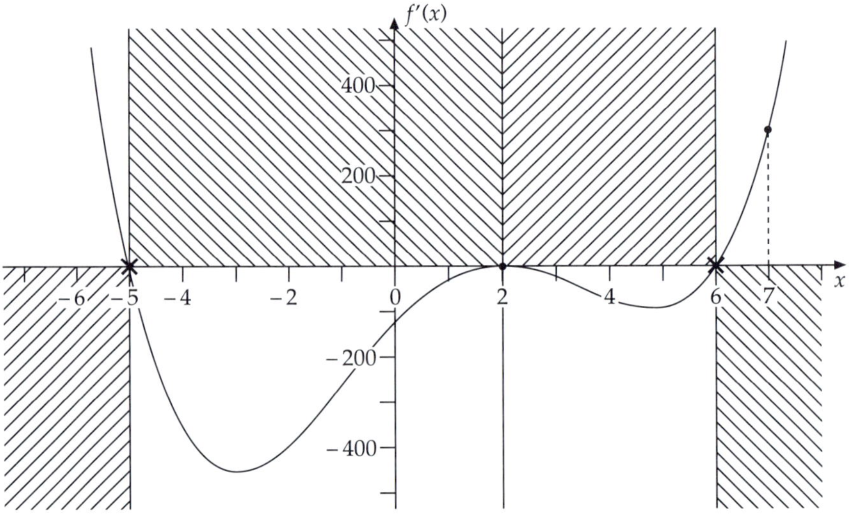

Vergleichen Sie in der Figur 17:

- Wegen $f'(7) > 0$ liegt der Graph von f' im Intervall $]6; \infty[$ oberhalb der x-Achse.
- Im Intervall $]2; 6[$ muss wegen der Schnittstelle bei $x = 6$ der Graph von f' unterhalb der x-Achse liegen.
- Im Intervall $]-5; 2[$ bleibt der Graph von f' wegen der Berührstelle bei $x = 2$ weiterhin unterhalb der x-Achse.
- Im Intervall $]-\infty; -5[$ liegt der Graph von f' wieder oberhalb der x-Achse, da $x = -5$ eine Schnittstelle ist.

Aus der *Art des Zeichenwechsels von* f' bei Durchgang durch die Schnittstellen können wir nun leicht folgern, ob die *Funktion* f dort eine Maximal- oder eine Minimalstelle hat:

$x = -5$: $f'(x)$ hat Zeichenwechsel mit Übergang von *positiven zu negativen* Werten $\Rightarrow$ $x = -5$ ist **Maximalstelle** von f.

$x = 6$: $f'(x)$ hat Zeichenwechsel mit Übergang von *negativen zu positiven* Werten $\Rightarrow$ $x = 6$ ist **Minimalstelle** von f.

An der Stelle $x = 2$ hat der Graph von f' eine Berührstelle mit der x-Achse, also selbst eine lokale Extremstelle. Wir werden später (vergleiche Kapitel 5) sehen, dass $x = 2$ eine Wendestelle mit waagerechter Wendetangente (= Terrasse) der Funktion f ist.

In Figur 18 sehen Sie den Graphen der Funktion f.

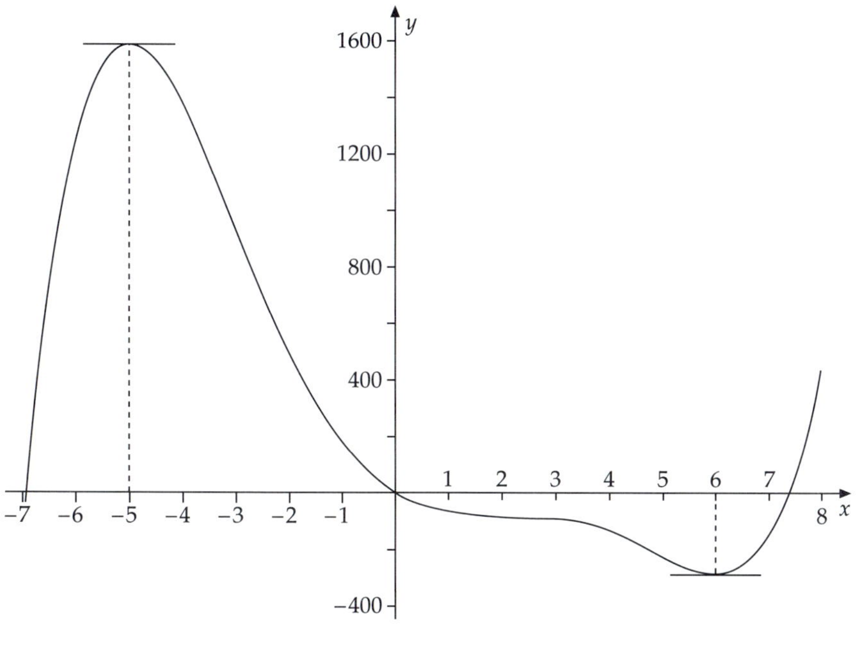

Figur 18

Nachweis lokaler Extrema mithilfe einer Monotonietabelle

In Abschnitt 2.3 hatten wir begründet, dass durch das Vorzeichen der 1. Ableitungsfunktion $f'(x)$ das Monotonieverhalten des Graphen von f in **Intervallen** (= Bereiche auf der x-Achse, die *keine* Lücken haben) beschrieben werden kann.

Es gilt:

$f'(x) > 0$ im Intervall $\Rightarrow$ G_f streng monoton steigend
$f'(x) < 0$ im Intervall $\Rightarrow$ G_f streng monoton fallend

Wir zeigen nun in einem Beispiel, wie man eine Monotonietabelle aufstellt und auswertet.

Der Graph der Funktion f mit dem Funktionsterm $f(x) = 15 \cdot \frac{x^2-3}{x^3}$ und $D_f = \mathbb{R}\setminus\{0\}$ ist auf Monotonie und Extrempunkte zu untersuchen.

Nullstellen von f:

$f(x) = 0 \Rightarrow x^2 - 3 = 0 \Rightarrow |x| = \sqrt{3} \Rightarrow x = \pm\sqrt{3}$

Definitionslücke $x = 0$:

Die Definitionslücke $x = 0$ ist eine Polstelle ungerader Ordnung, also mit Zeichenwechsel der Funktionswerte bei Durchgang durch die Stelle $x = 0$.

Ableitung $f'(x)$ bilden:

$$f'(x) = 15 \cdot \frac{x^3 \cdot 2x - (x^2-3)\cdot 3x^2}{x^6} = 15 \cdot \frac{2x^4 - 3x^4 + 9x^2}{x^6} =$$

$$= 15 \cdot \frac{-x^4 + 9x^2}{x^6} = 15 \cdot \frac{x^2(-x^2+9)}{x^2 \cdot x^4} = 15 \cdot \frac{-x^2+9}{x^4} =$$

$$= -15 \cdot \frac{x^2-9}{x^4} = -15 \cdot \frac{(x-3)(x+3)}{x^4}, \quad D_{f'} = \mathbb{R}\setminus\{0\}$$

Die Ableitungsfunktion $f'(x)$ hat genau die Nullstellen $x = 3$ und $x = -3$. Die Definitionslücke $x = 0$ ist für $f'(x)$ jetzt eine Polstelle *gerader* Ordnung *ohne* Zeichenwechsel der Funktionswerte bei Durchgang durch die Stelle $x = 0$.

Durch die Nullstellen von $f'(x)$ und die Polstelle $x = 0$ wird die Definitionsmenge D_f in Teilintervalle so zerlegt, dass die Werte der Ableitungsfunktion $f'(x)$ in diesen *Teilintervallen* jeweils *einheitliches* Vorzeichen haben. Das heißt, es gilt in einem solchen offenen Teilintervall entweder $f'(x) > 0$ oder $f'(x) < 0$. Der Fall $f'(x) = 0$ kann nur an einer Stelle eintreten, die nicht zu einem solchen Teilintervall gehört.

Welches Vorzeichen nun $f'(x)$ in einem Teilintervall hat, können wir durch die Bestimmung des Vorzeichens von $f'(x)$ an nur einer Stelle des Teilintervalls ermitteln.

Dieses Vorgehen ist mathematisch korrekt, denn die Nullstellen der stetigen Ableitungsfunktion $f'(x)$ trennen die Teilintervalle so, dass in diesen *keine* Nullstellen von $f'(x)$ liegen können. Kurz gesagt: In jedem offenen Teilintervall hat $f'(x)$ *einheitliches* Vorzeichen, das wir an einer beliebigen Stelle dieses Intervalls ermitteln dürfen.

Damit erhalten wir die folgende **Monotonietabelle**:

Teilintervall bzw. Stelle	$x < -3$	$x = -3$	$-3 < x < 0$	$x = 0$
Vorzeichen von $f'(x)$	$f'(x) < 0$, da $x = -4$: $f'(-4) < 0$	$f'(-3) = 0$	$f'(x) > 0$, da $x = -2$: $f'(-2) > 0$	nicht erklärt
Monotonie von G_f	streng monoton fallend ↘	—	streng monoton steigend ↗	
	G_f hat in $T(-3; f(-3)) = T\left(-3; -\frac{10}{3}\right)$ einen lokalen Tiefpunkt mit waagrechter Tangente.			

(Fortsetzung der Tabelle):

Teilintervall bzw. Stelle	$0 < x < 3$	$x = 3$	$x > 3$
Vorzeichen von $f'(x)$	$f'(x) > 0$, da $x = 1$: $f'(1) > 0$	$f'(3) = 0$	$f'(x) < 0$, da $x = 5$: $f'(5) < 0$
Monotonie von G_f	streng monoton steigend ↗	—	streng monoton fallend ↘
	G_f hat in $H(3; f(3)) = H\left(3; \frac{10}{3}\right)$ einen lokalen Hochpunkt mit waagrechter Tangente.		

➜

Bemerkung:

Die Funktion f dieses Beispiels ist in den Teilintervallen $-3 < x < 0$ und $0 < x < 3$ jeweils streng monoton steigend, jedoch nicht in $]-3; 3[\setminus\{0\}$. Zum Beispiel ist $f(-\sqrt{3}) = 0$ und $f(1) = -30$.

Die Figur 19 zeigt den Verlauf des Graphen von f.

Figur 19

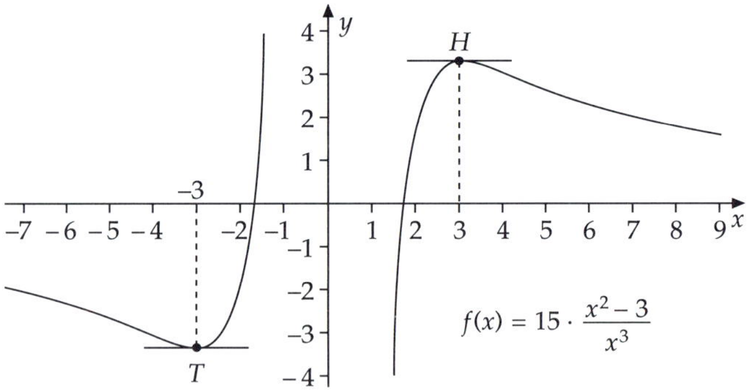

Nachweis lokaler Extrema durch Einschachteln der Nullstellen von $f'(x)$

Ein praktisches Beispiel dazu finden Sie auf bei der Logarithmusfunktion auf Seite 145.

Wendepunkte von Funktionsgraphen

5.

In Kapitel 3 hatten wir herausgefunden, dass die Krümmung des Graphen von f durch das Vorzeichen der Werte der 2. Ableitungsfunktion $f''(x)$ beschrieben werden kann. Für $f''(x) < 0$ liegt Rechtskrümmung und für $f''(x) > 0$ Linkskrümmung vor. Voraussetzung war natürlich, dass die 2. Ableitungsfunktion $f''(x)$ existiert.

Bewegen wir uns auf der x-Achse und stellen dabei fest, dass beim Überschreiten einer Stelle x_W der Graph von f von einer Linkskurve in eine Rechtskurve (oder umgekehrt) übergeht, dann haben wir eine so genannte **Wendestelle** x_W durchlaufen. Der Punkt $W(x_W; f(x_W))$ des Graphen heißt **Wendepunkt**.

Für Funktionen, die auf einem Intervall *zweimal* differenzierbar sind, legen wir fest:

> Eine innere Stelle x_W eines Intervalles heißt **Wendestelle**, wenn die Werte der 2. Ableitungsfunktion $f''(x)$ beim Überschreiten der Stelle x_W einen Zeichenwechsel haben.
>
> Der Punkt $W(x_W; f(x_W))$ des Graphen von f heißt **Wendepunkt**.
>
> Ein Wendepunkt mit waagrechter Wendetangente heißt **Terrassenpunkt** oder kurz **Terrasse**.

Nachweis eines Wendepunkts

5.1

Wenn die 2. Ableitungsfunktion auf dem Intervall stetig ist, erfolgt der Zeichenwechsel von $f''(x)$ beim Überschreiten der Stelle x_W mit $f''(x_W) = 0$. Damit haben wir eine einfache Möglichkeit, die Wendestellen einer Funktion zu berechnen:

Wir bilden $f''(x)$ und lösen die Gleichung $f''(x) = 0$. Alle Lösungen der Gleichung $f''(x) = 0$ sind „wendestellenverdächtig". Nun müssen wir an jeder einzelnen Nullstelle von $f''(x)$ noch untersuchen, ob sie eine Schnittstelle oder eine Berührstelle auf der x-Achse ist. Nur die Schnittstellen sind dann die Wendestellen der Funktion f, denn bei Berührstellen gibt es ja keinen Zeichenwechsel der 2. Ableitungsfunktion.

Wir fassen die Ergebnisse in einem Satz zusammen:

Ist die Funktion f in einem Intervall zweimal differenzierbar, dann sind alle Schnittstellen des Graphen von f'' mit der x-Achse die Wendestellen von f.

$$\left.\begin{array}{l} f'' \text{ existiert.} \\ f''(x_W) = 0 \quad \text{mit} \\ \text{Vorzeichenwechsel} \end{array}\right\} \Rightarrow \left\{\begin{array}{l} x_W \text{ ist Wendestelle von } f. \\ W(x_W;\, f(x_W)) \text{ ist Wendepunkt} \\ \text{des Graphen von } f. \end{array}\right.$$

Bemerkung:

Eine Wendestelle der Funktion f kann auch aus dem Verhalten der 1. Ableitungsfunktion in der Umgebung der Wendestelle x_W erschlossen werden.

Erinnern wir uns:
Mit dem Vorzeichen der Funktionswerte der 1. Ableitungsfunktion konnten wir die Monotonie der Funktion f beschreiben.

$f'(x) > 0 \;\Rightarrow\; f$ streng monoton zunehmend
$f'(x) < 0 \;\Rightarrow\; f$ streng monoton abnehmend

Da in anderer Betrachtungsweise $(f')' = f''$ ist, können wir die Funktion f'' als Ableitungsfunktion der Funktion f' auffassen. Jetzt beschreiben die Vorzeichen der Funktionswerte $f''(x)$ das Monotonieverhalten der Funktion f'.

Aus $(f'')' = f'''$ folgern wir, dass wir die Funktion f''' auch als 2. Ableitungsfunktion der Funktion f' auffassen können. Mit anderen Worten: Die Vorzeichen der Funktionswerte von $f'''(x)$ beschreiben das Krümmungsverhalten des Graphen der Funktion f'.

Diskutieren wir nun das Monotonieverhalten der Funktion f' in der Umgebung einer Wendestelle x_W:

Aus $f''(x_W) = 0$ folgern wir für den Graphen von f' an der Stelle x_W eine waagrechte Tangente.
Aus dem Vorzeichenwechsel von $f''(x)$ beim Überschreiten der Stelle x_W folgern wir jetzt ein lokales Extremum für die Funktion f'.

Wir fassen die Ergebnisse zusammen:

Hat die Funktion f bei x_W eine Wendestelle, so hat die 1. Ableitungsfunktion f' an der Stelle x_W eine lokale Extremstelle und umgekehrt.

Bemerkung 1:

Eine differenzierbare Funktion f hat an der Stelle x_W eine Wendestelle, wenn $f''(x)$ in der Umgebung von x_W erklärt ist und beim Überschreiten der Stelle x_W das Vorzeichen wechselt. Auch wenn f'' an der Stelle x_W selbst nicht erklärt ist, dann genügt der Zeichenwechsel von $f''(x)$ für die Existenz der Wendestelle x_W. Die Funktion f' hat in solchen Fällen eine (strenge) Knickstelle, die ja auch eine lokale Extremstelle ist.

Bemerkung 2:

Wir haben oben gesehen, dass das Aufsuchen von Wendestellen von f dasselbe ist wie das Aufsuchen von Extremstellen der 1. Ableitungsfunktion f': Die Kurvendiskussion von f' wird unter Verwendung von f'' (für die Monotonie von f') und f''' (für die Krümmung des Graphen von f') durchgeführt. Analog wie im Abschnitt 4.2 hat jetzt die Funktion f' eine lokale Extremstelle, wenn die folgende hinreichende Bedingung erfüllt ist:

Ist die Funktion f dreimal differenzierbar und gilt an einer inneren Stelle x_W eines Intervalls: $f''(x_W) = 0$ *und* $f'''(x_W) \neq 0$, dann ist x_W eine Wendestelle von f.

Bei ganzrationalen Funktionen (Polynomfunktionen) kann man schnell die benötigten Ableitungen bereitstellen und wird bei dem Nachweis einer Wendestelle zunächst dieses hinreichende Kriterium anwenden. In den meisten Fällen klappt es auch!

➤ ➤ ➤ ➤ ➤ ➤ ➤ ➤ ➤ ➤ ➤ ➤

Gegeben ist die in $\mathbb{R}$ erklärte Funktion f mit $f(x) = x^5$.

$f'(x) = 5x^4; \quad f''(x) = 20x^3; \quad f'''(x) = 60x^2$

$f''(x) = 0 \;\Rightarrow\; 20x^3 = 0 \;\Rightarrow\; x = 0$

Also mögliche Wendestelle: $x = 0$
Aber wegen $f'''(0) = 60 \cdot 0^2 = 0$ liefert der Satz keine Entscheidung!

Wir müssen in diesem Beispiel auf den Zeichenwechsel von $f''(x)$ bei Durchgang durch die Stelle $x = 0$ zurückgreifen:

$f''(0 - h) = 20(0 - h)^3 = -20h^3 < 0$
$\Rightarrow$ G_f hat also links von $x = 0$ *Rechtskrümmung*.

$f''(0 + h) = 20(0 + h)^3 = 20h^3 > 0$
$\Rightarrow$ G_f hat also rechts von $x = 0$ *Linkskrümmung*.

Die Funktion f mit $f(x) = x^5$ hat in $x = 0$ eine Wendestelle mit Übergang von Rechts- in Linkskrümmung. Wegen $f'(0) = 0$ ist diese Wendestelle sogar eine *Terrasse*.

⮜ ⮜ ⮜ ⮜ ⮜ ⮜ ⮜ ⮜ ⮜ ⮜ ⮜ ⮜

6. Merkregeln für die Kurvendiskussion

Die Funktionen f, f' und f'' sind in einem Intervall definiert und stetig.

Graph G_f der Funktion f	$f(x) < 0$ G_f liegt unterhalb der x-Achse.	$f(x) > 0$ G_f liegt oberhalb der x-Achse.	$f(x_0) = 0$ x_0 ist Nullstelle von f (Schnittstelle oder Berührstelle).
1. Ableitung $f'(x)$	$f'(x) < 0$ G_f ist streng monoton fallend.	$f'(x) > 0$ G_f ist streng monoton steigend.	$f'(x_0) = 0$ G_f hat im Punkt $P(x_0; f(x_0))$ eine waagrechte Tangente. $f'(x_0) = 0$ mit Vorzeichenwechsel von „+" nach „–". G_f hat lokalen Hochpunkt $H(x_0; f(x_0))$ mit waagrechter Tangente. $f'(x_0) = 0$ mit Vorzeichenwechsel von „–" nach „+". G_f hat lokalen Tiefpunkt $T(x_0; f(x_0))$ mit waagrechter Tangente.
2. Ableitung $f''(x)$	$f''(x) < 0$ G_f hat Rechtskrümmung.	$f''(x) > 0$ G_f hat Linkskrümmung.	$f''(x_0) = 0$ mit Vorzeichenwechsel. G_f hat Wendepunkt $W(x_0; f(x_0))$ mit $f'(x_0)$ als Steigung der Wendetangente. $f''(x_0) = 0$ mit Vorzeichenwechsel und $f'(x_0) = 0$. G_f hat Wendepunkt $W(x_0; f(x_0))$ mit waagrechter Wendetangente (Terrasse).

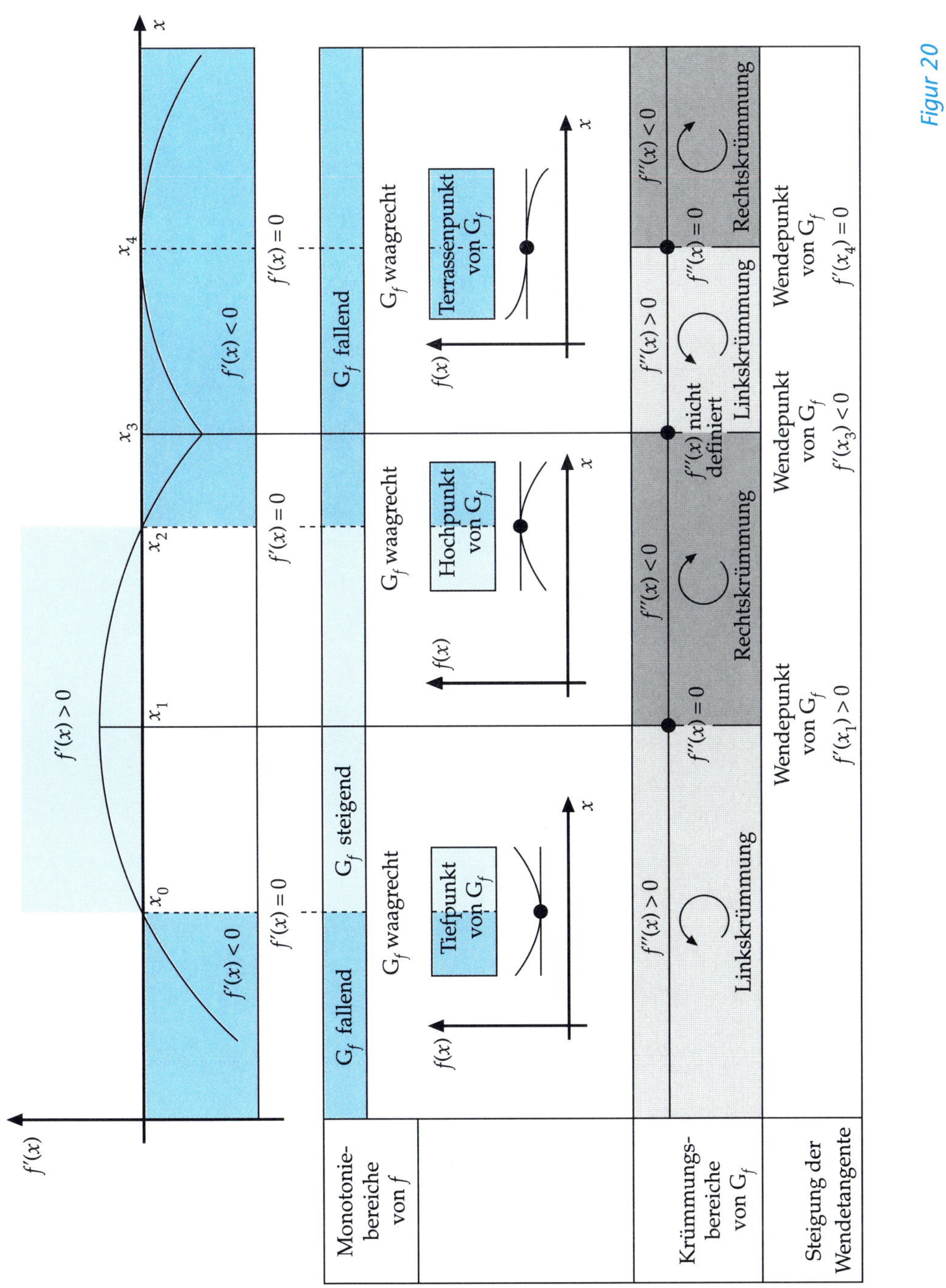

f'(x)
x
x_0
x_1
x_2
x_3
x_4
f'(x) < 0
f'(x) > 0
f'(x) < 0
f'(x) = 0
f'(x) = 0
f'(x) = 0
Monotoniebereiche von f
G_f fallend
G_f steigend
G_f fallend
G_f waagrecht
G_f waagrecht
G_f waagrecht
Tiefpunkt von G_f
Hochpunkt von G_f
Terrassenpunkt von G_f
f(x)
x
Krümmungsbereiche von G_f
f''(x) > 0
f''(x) < 0
f''(x) > 0
f''(x) < 0
f''(x) = 0
f''(x) nicht definiert
f''(x) = 0
Linkskrümmung
Rechtskrümmung
Linkskrümmung
Rechtskrümmung
Steigung der Wendetangente
Wendepunkt von G_f
f'(x_1) > 0
Wendepunkt von G_f
f'(x_3) < 0
Wendepunkt von G_f
f'(x_4) = 0

Figur 20

Aufgabe 10 Untersuchen Sie die folgenden in $\mathbb{R}$ erklärten Funktionen jeweils auf lokale Extrempunkte und geben Sie deren Art an:

10.1 $f(x) = \frac{1}{3}x^3 + 2x^2 + 3x$

10.2 $f(x) = x^4 - 6x^3 + 12x^2 - 8x$

10.3 $f(x) = (2x - 6)^2$

10.4 $f(x) = -\frac{1}{4}x^3 + \frac{3}{2}x^2$

Aufgabe 11 Gegeben ist die in $\mathbb{R}$ definierte Funktionenschar g_k durch:

$g_k(x) = x^3 - 3kx^2 + 3x \quad \text{mit } k \in \mathbb{R}$

Für welche Werte von k hat der Graph der zugehörigen Funktion g_k

- lokale Extrempunkte
- Terrassenpunkte
- weder Extrem- noch Terrassenpunkte?

Verwenden Sie zur Untersuchung nur die 1. Ableitung.

Aufgabe 12 Im Folgenden ist jeweils eine ganzrationale Funktion f durch den in $\mathbb{R}$ erklärten Funktionsterm $f(x)$ gegeben.

Untersuchen Sie den Graphen von f auf einfache Symmetrie und bestimmen Sie die Nullstellen von f.
Untersuchen Sie mithilfe der Ableitungen die Funktionen auf lokale Extrempunkte (Art) und Wendepunkte.

12.1 $f(x) = -\frac{1}{6}x^3 + x^2 - 5$

12.2 $f(x) = x^3 + 6x^2 + 12x + 10$

12.3 $f(x) = x^3 - 12x^2 + 48x - 64$

12.4 $f(x) = \frac{1}{2}x^4 - 9x^2 + 1$

12.5 $f(x) = x^4 - \frac{8}{3}x^3 + 2x^2$

12.6 $f(x) = \frac{1}{12}x^3 - 2x^2 + 16x - 42$

Gegeben ist die Funktion f durch:

Aufgabe 13

$$f(x) = \begin{cases} (x+5)^2 + 1 & \text{für } x \leqq -4 \\ \frac{1}{2} \cdot |x| & \text{für } x > -4 \end{cases}$$

13.1 Stellen Sie den Term $f(x)$ ohne Betragszeichen dar.

13.2 Zeigen Sie, dass f in ganz $\mathbb{R}$ stetig ist.

13.3 Untersuchen Sie f auf Differenzierbarkeit.

13.4 Begründen Sie aus dem Verlauf des Graphen der Ableitungsfunktion f', dass der Graph von f genau drei lokale Extrempunkte hat. Bestimmen Sie die Art und die Koordinaten dieser Extrempunkte und zeichnen Sie den Graphen von f.

Gegeben ist die in $\mathbb{R}$ erklärte Funktion f durch: $f(x) = x^2 - 4 \cdot |x|$

Aufgabe 14

14.1 Geben Sie $f(x)$ ohne Betragszeichen an und zeigen Sie, dass f in $\mathbb{R}$ stetig ist. Bestimmen Sie auch die Nullstellen.

14.2 Bilden Sie $f'(x)$ und geben Sie $D_{f'}$ an.

14.3 Zeichnen Sie den Verlauf des Graphen von f' und begründen Sie damit, dass der Graph von f genau drei lokale Extrempunkte (welcher Art?), aber keinen Wendepunkt hat.

14.4 Zeichnen Sie den Graphen der Funktion f.

7. Musteraufgaben zur Kurvendiskussion

Auf den folgenden Seiten werden in zwei Musteraufgaben charakteristische Änderungen im Verlauf der Graphen von gebrochenrationalen Funktionen untersucht.

Die Hilfsmittel für die Kurvendiskussion sind bereitgestellt: Wir haben gesehen, dass die 1. Ableitung $f'(x)$ das Monotonieverhalten von f und die 2. Ableitung $f''(x)$ das Krümmungsverhalten des Graphen von f beschreiben.

Die Kenntnis der in Analysis 1 behandelten Begriffe, wie Faktorzerlegung, Restglieddarstellung von $f(x)$, Asymptote, Polstelle und stetig behebbare Definitionslücke, wird im Folgenden vorausgesetzt.

Musteraufgabe 1

Gegeben ist die Funktion f durch: $f(x) = \dfrac{-x^3 + 3x^2}{x^2 - 4x + 4}$ mit $D_f = D_{f(x)}$

Der Zusatz $D_f = D_{f(x)}$ besagt, dass als Definitionsmenge D_f für die Funktion f die in $\mathbb{R}$ maximal mögliche Definitionsmenge $D_{f(x)}$ des Terms $f(x)$ genommen werden soll. Und diese lautet bekanntlich:

$D_{f(x)} = \mathbb{R} \setminus \{\text{Nullstellen des Nenners}\}$

Wir betrachten dazu das Nennerpolynom $N(x) = x^2 - 4x + 4$ in $\mathbb{R}$ und berechnen seine Nullstellen:

$$N(x) = 0 \;\Rightarrow\; x^2 - 4x + 4 = 0 \;\Rightarrow\; (x-2)^2 = 0 \;\Rightarrow\; x = 2$$

Damit erhalten wir $D_f = \mathbb{R} \setminus \{2\}$.

Faktorzerlegung

Der Funktionsterm $f(x)$ lautet in der **Faktorzerlegung**:

$$f(x) = \frac{-x^2\,(x-3)}{(x-2)^2} \quad \text{mit } D_f = \mathbb{R} \setminus \{2\}$$

Aus dieser Darstellung von $f(x)$ folgt:

1. Die Stelle $x = 0$ ist eine Nullstelle von f *ohne* Zeichenwechsel der Funktionswerte, also eine Nullstelle *gerader* Ordnung. Da der Graph von f die x-Achse bei $x = 0$ berührt, muss $x = 0$ eine lokale Extremstelle mit waagrechter Tangente sein.
2. Die Stelle $x = 3$ ist eine Nullstelle von f mit Zeichenwechsel der Funktionswerte. Der Graph von f schneidet also die x-Achse an der Stelle $x = 3$.

3. Die Stelle $x = 2$ (Definitionslücke) ist eine Polstelle von f *ohne* Zeichenwechsel der Funktionswerte. (Polstelle *gerader* Ordnung). Die Polasymptote hat die Gleichung $x = 2$.

4. Der Graph von f besitzt eine **schiefe Asymptote**, da der Grad des Zählerpolynoms $Z(x)$ um *genau 1* größer ist als der Grad des Nennerpolynoms. Mit der Abkürzung **deg** für das englische Wort *degree* (= Grad) gilt im Beispiel: $\deg Z = 3$ und $\deg N = 2$

Restglied-darstellung

Die **Restglieddarstellung** von $f(x)$ erhalten wir aus dem Quotienten $Z(x) : N(x)$ (Polynomdivision):

$$f(x) = Z(x) : N(x) = -x - 1 + \frac{4}{(x-2)^2}$$

Die schiefe Asymptote des Graphen von f hat daher die Gleichung:

$y = -x - 1$

1. Ableitung

Zur Berechnung von $f'(x)$ gehen wir aus von der Darstellung

$$f(x) = \frac{-x^3 + 3x^2}{(x-2)^2} = \frac{Z}{N}$$

und verwenden die Regel: $f(x) = \dfrac{Z}{N} \quad \Rightarrow \quad f'(x) = \dfrac{N \cdot AZ - Z \cdot AN}{N^2}$

Wir bilden nun in einer Nebenrechnung die Ableitung AZ des Zählers und die Ableitung AN des Nenners und setzen erst danach in die obige Formel ein:

$$Z = -x^3 + 3x^2 \qquad N = (x-2)^2$$

$$AZ = -3x^2 + 6x \qquad AN = 2(x-2)^1 \cdot 1 = 2(x-2)$$

$$f'(x) = \frac{(x-2)^2 \cdot (-3x^2 + 6x) - (-x^3 + 3x^2) \cdot 2 \cdot (x-2)}{(x-2)^4}$$

Jetzt $(x-2)$ im Zähler und im Nenner ausklammern und kürzen!

$$f'(x) = \frac{(x-2) \cdot [(x-2)(-3x^2 + 6x) + 2x^3 - 6x^2]}{(x-2) \cdot (x-2)^3}$$

$$f'(x) = \frac{-3x^3 + 6x^2 + 6x^2 - 12x + 2x^3 - 6x^2}{(x-2)^3}$$

$$f'(x) = \frac{-x^3 + 6x^2 - 12x}{(x-2)^3} = \frac{-x(x^2 - 6x + 12)}{(x-2)^3}$$

Wegen $x^2 - 6x + 12 = x^2 - 6x + 9 + 3 = (x-3)^2 + 3 \geqq 3$ hat der Nenner keine Zerlegung in Linearfaktoren und die obige Darstellung ist bereits die vollständige Zerlegung von $f'(x)$.

→

Extremstellen? Die Frage nach der Anzahl und der Art der lokalen Extremstellen der Funktion f können wir aus dem Verlauf des Graphen der Ableitungsfunktion f' beantworten.

Fassen wir f' als eine gebrochenrationale Funktion auf, deren Term $f'(x)$ in der Faktorzerlegung vorliegt, dann können wir die folgenden Aussagen über f' machen:

1. Die Stelle $x = 0$ ist eine *einfache Nullstelle* von f' und der Graph von f' *schneidet* an der Stelle $x = 0$ die x-Achse.
2. Die Stelle $x = 2$ (Definitionslücke von f') ist eine Polstelle von f' *mit Zeichenwechsel*. (**Pol ungerader Ordnung**)
3. Die Gerade $y = -1$ ist eine waagrechte Asymptote des Graphen von f', da $\lim\limits_{x \to \pm\infty} f'(x) = -1$ gilt.

Figur 21

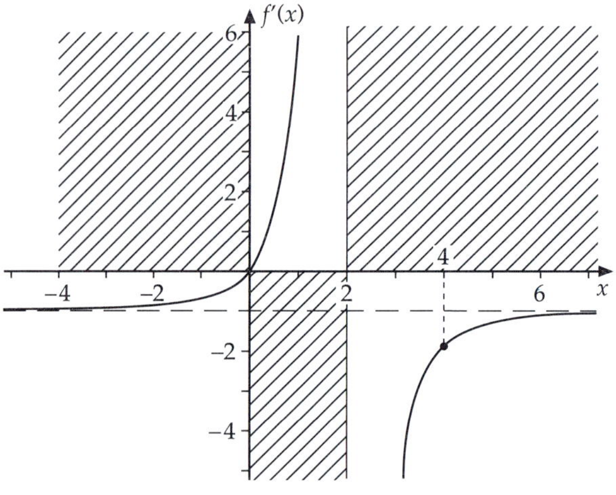

Den ungefähren Verlauf des Graphen von f' können wir durch Felderabstreichen festlegen. Dabei haben wir die Teststelle $x = 4$ mit $f'(4) = -2 < 0$ verwendet.

Der Verlauf des Graphen von f' ist in der Figur 21 eingetragen.

Auswertung der 1. Ableitung:

- Da die Funktion f' genau einen Zeichenwechsel hat, hat der Graph von f genau einen lokalen Extrempunkt.
- Der Zeichenwechsel von f' bei Durchgang durch die Polstelle $x = 2$ *führt nicht zu einem Extremum von f*, da die Funktion f an der Stelle $x = 2$ (Definitionslücke) *nicht erklärt* ist!
- Da der Graph von f' keinen lokalen Extrempunkt hat, kann der Graph von f auch keinen Wendepunkt haben.
- Mithilfe der Figur 21 begründen wir:

$$\left.\begin{array}{lll} f'(0-h) < 0 & \Rightarrow & G_f \text{ fallend} \\ f'(0) = 0 & \Rightarrow & G_f \text{ waagrecht} \\ f'(0+h) > 0 & \Rightarrow & G_f \text{ steigend} \end{array}\right\} \Rightarrow \left\{\begin{array}{l} \text{Der Graph von } f \text{ hat im} \\ \text{Punkt } T(0;0) \text{ einen lokalen} \\ \text{Tiefpunkt mit waagrechter} \\ \text{Tangente} \end{array}\right.$$

Berechnung der 2. Ableitung:

2. Ableitung

$$f'(x) = \frac{-x^3 + 6x^2 - 12x}{(x-2)^3} = \frac{Z}{N} \quad \Rightarrow \quad f''(x) = \frac{N \cdot AZ - Z \cdot AN}{N^2}$$

Nebenrechnungen: $Z = -x^3 + 6x^2 - 12x$ $\qquad N = (x-2)^3$

$AZ = -3x^2 + 12x - 12 \qquad AN = 3(x-2)^2$

$$f''(x) = \frac{(x-2)^3 \cdot (-3x^2 + 12x - 12) - (-x^3 + 6x^2 - 12x) \cdot 3 \cdot (x-2)^2}{(x-2)^6}$$

Nach Ausklammern von $(x-2)^2$ im Zähler und im Nenner, Kürzen und Zusammenfassen erhalten wir:

$$f''(x) = \frac{24}{(x-2)^4} \quad \text{mit } D_{f''} = \mathbb{R} \setminus \{2\}$$

Auswertung der 2. Ableitung:

Krümmung?
Wendepunkte?

Wegen $f''(x) > 0$ für $x \in D_{f''}$ hat der Graph von f in den Teilbereichen $x < 2$ und $x > 2$ jeweils Linkskrümmung.

Da $f''(x) = 0$ nicht erfüllbar ist, kann der Graph von f auch keinen Wendepunkt haben.

Der Verlauf des Graphen der Funktion f ist in der Figur 22 eingetragen.

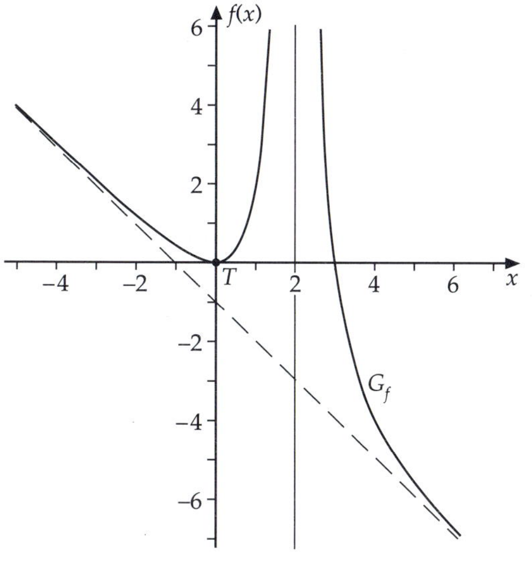

Figur 22

Musteraufgabe 2

Gegeben ist die Funktion f durch: $f(x) = \dfrac{x^3 - x^2}{x^2 - 1}$ mit $D_f = \mathbb{R}\setminus\{-1; 1\}$

Die Faktorzerlegung von $f(x)$ lautet: $f(x) = \dfrac{x^2 \cdot (x-1)}{(x-1)\,(x+1)}$

Faktorzerlegung

Gekürzte Darstellung: $f(x) = \dfrac{x^2}{x+1}$ mit $D_f = \mathbb{R}\setminus\{-1; 1\}$

Bemerkung:

Beachten Sie beim Kürzen im Funktionsterm, dass dies nur unter Beibehaltung der Definitionsmenge D_f durchgeführt werden darf! Das Kürzen selbst ist erlaubt, da für $x_0 \neq 1$ im Zähler und im Nenner derselbe von 0 verschiedene Faktor $(x_0 - 1)$ steht.

Aus der Faktorzerlegung von $f(x)$ begründen wir für die Funktion f:

1. Die Stelle $x = 0$ ist eine Nullstelle gerader Ordnung (Berührstelle) von f.
2. Die Stelle $x = -1$ ist eine Polstelle ungerader Ordnung der Funktion f. (Pol mit Zeichenwechsel)
3. Die Stelle $x = 1$ ist eine **stetig behebbare** Definitionslücke der Funktion f, das heißt, wir könnten eine neue Funktion g erklären, die für $x \neq 1$ mit der Funktion f übereinstimmt, aber an der Stelle $x = 1$ stetig ist:

   $g(x) = \dfrac{x^2}{x+1}$ mit $D_g = \mathbb{R}\setminus\{-1\}$, also $g(1) = \dfrac{1}{2}$

   Der Graph von f enthält natürlich den Punkt $\left(1; \dfrac{1}{2}\right)$ *nicht*.

   (Zum Begriff der stetigen Fortsetzung einer Funktion vergleichen Sie bitte das Kapitel 9.3 in Analysis 1.)

Restglieddarstellung

Die Restglieddarstellung von $f(x)$ erhalten wir aus der Polynomdivision, die wir der Rechenvorteile wegen nur in der gekürzten Darstellung von $f(x)$ durchführen:

$$f(x) = (x^2) : (x+1) = x - 1 + \frac{1}{x+1} \quad \text{mit } D_f = \mathbb{R}\setminus\{-1; 1\}$$

Der Graph der Funktion f hat daher die schiefe Asymptote $y = x - 1$.

An der Definitionslücke $x = -1$ (Pol mit Zeichenwechsel) steht die Polasymptote senkrecht auf der x-Achse und hat die Gleichung: $x = -1$

Zur Berechnung der Ableitung $f'(x)$ von gebrochenrationalen Funktionen geht man immer von der gekürzten Darstellung von $f(x)$ aus!

$$f(x) = \frac{x^2}{x+1} \quad \text{mit } D_f = \mathbb{R} \setminus \{-1; 1\}$$

$$f'(x) = \frac{(x+1) \cdot 2x - x^2 \cdot 1}{(x+1)^2} = \frac{2x^2 + 2x - x^2}{(x+1)^2} = \frac{x(x+2)}{(x+1)^2} \quad \text{mit } D_{f'} = D_f$$

Die Ableitungsfunktion f' ist eine gebrochenrationale Funktion, aus deren Faktorzerlegung wir schließen:

$x = 0$: Nullstelle *ungerader* Ordnung, also *Schnittstelle* von f'.
$x = -2$: Nullstelle *ungerader* Ordnung, also *Schnittstelle* von f'.
$x = -1$: Polstelle von f' mit *gerader* Ordnung, also *ohne Zeichenwechsel* der Funktionswerte von f'.

Aus der Darstellung $f'(x) = \dfrac{x^2 + 2x}{x^2 + 2x + 1}$ erhalten wir durch Polynomdivision die Restglieddarstellung von $f'(x)$:

$$f'(x) = 1 - \frac{1}{(x+1)^2} \quad \text{mit } D_{f'} = \mathbb{R} \setminus \{-1; 1\}$$

Der Graph der Ableitungsfunktion f' hat daher die waagrechte Asymptote $y = 1$.

Mithilfe eines einzigen Funktionswertes von f', zum Beispiel $f'(2) = \frac{8}{9} > 0$ können wir eine Gebietseinteilung vornehmen, indem wir diejenigen Felder im Koordinatensystem streichen, in denen der Graph von f' *nicht* verlaufen kann. Wir erhalten so den in der Figur 23 dargestellten Verlauf des Graphen von f'.

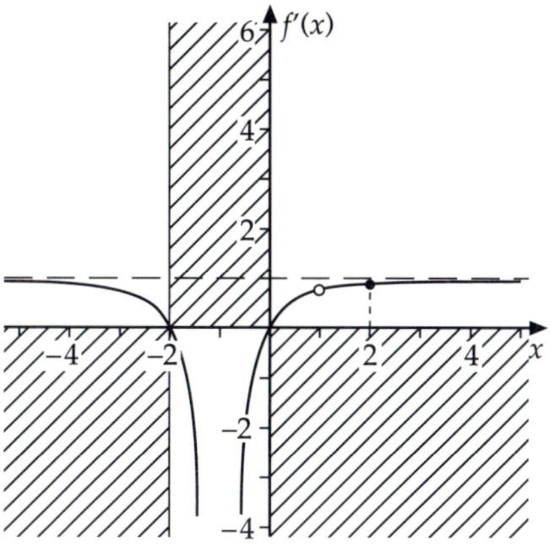

Figur 23

Extremstellen? Auswertung der 1. Ableitung:

$$\left.\begin{array}{lll} f'(-2-h) > 0 & \Rightarrow & G_f \text{ steigend} \\ f'(-2) = 0 & \Rightarrow & G_f \text{ waagrecht} \\ f'(-2+h) < 0 & \Rightarrow & G_f \text{ fallend} \end{array}\right\} \Rightarrow \left\{\begin{array}{l} \text{Der Graph von } f \text{ hat in} \\ H(-2;-4) \text{ einen lokalen} \\ \text{Hochpunkt mit waagrechter} \\ \text{Tangente} \end{array}\right.$$

$$\left.\begin{array}{lll} f'(0-h) < 0 & \Rightarrow & G_f \text{ fallend} \\ f'(0) = 0 & \Rightarrow & G_f \text{ waagrecht} \\ f'(0+h) > 0 & \Rightarrow & G_f \text{ steigend} \end{array}\right\} \Rightarrow \left\{\begin{array}{l} \text{Der Graph von } f \text{ hat in} \\ T(0;0) \text{ einen lokalen} \\ \text{Tiefpunkt mit waagrechter} \\ \text{Tangente.} \end{array}\right.$$

Monotonie? Aus dem Verlauf des in Figur 23 gezeichneten Graphen der Ableitungsfunktion f' können wir auch das Monotonieverhalten der Funktion f erschließen:

In den Intervallen $x \leqq -2$, $0 \leqq x < 1$ und $x > 1$ ist $f'(x) \geqq 0$. Die Funktion f ist in diesen *Intervallen* daher jeweils *streng monoton zunehmend*.

In den Intervallen $-2 \leqq x < -1$ und $-1 < x \leqq 0$ ist $f'(x) \leqq 0$. Die Funktion f ist in diesen *Intervallen* daher jeweils *streng monoton abnehmend*.

Krümmung? Aus dem Verlauf der 1. Ableitungsfunktion können wir auch die Krümmung des Graphen von f ablesen:

Für $x < -1$ ist f' streng monoton abnehmend, also $f''(x) < 0$ für $x < -1$ und der Graph von f ist dort rechtsgekrümmt.

Für $x > -1$ und $x \neq 1$ ist f' streng monoton zunehmend, also $f''(x) > 0$ und der Graph von f ist in diesen Intervallen linksgekrümmt.

Wendepunkte? Da der Graph der 1. Ableitung f' *keine lokalen Extrempunkte* hat, kann der Graph der Funktion f auch *keine Wendepunkte* haben.

Aus der waagrechten Asymptote $y = 1$ des Graphen von f' können wir auf die Steigung $m = 1$ der schiefen Asymptote des Graphen der Funktion f schließen. (In Kapitel 18 werden wir zeigen, dass die Steigung m einer schiefen oder waagrechten Asymptote des Graphen von f über $\lim\limits_{x \to \pm\infty} f'(x) = m$ berechnet werden kann.)

2. Ableitung *Berechnung der 2. Ableitung $f''(x)$:*

$$f'(x) = \frac{x^2 + 2x}{(x+1)^2} \quad \text{mit } D_{f'} = \mathbb{R}\setminus\{-1; 1\}$$

Wir verwenden die Quotientenregel in der Form

$$f'(x) = \frac{Z}{N} \quad \Rightarrow \quad f''(x) = \frac{N \cdot AZ - Z \cdot AN}{N^2}$$ und schreiben die Nebenrechnungen ausführlich an:

$N = (x+1)^2$ $\qquad$ $Z = x^2 + 2x$

$AN = 2(x+1)^1 \cdot 1$ $\qquad$ $AZ = 2x + 2 = 2(x+1)$

$$f''(x) = \frac{(x+1)^2 \cdot 2(x+1) - (x^2+2x) \cdot 2(x+1)}{(x+1)^4}$$

Im Zähler klammern wir $2(x+1)$ und im Nenner $(x+1)$ aus und kürzen anschließend:

$$f''(x) = \frac{2(x+1) \cdot [(x+1)^2 - (x^2+2x)]}{(x+1)(x+1)^3} = \frac{2(x^2+2x+1-x^2-2x)}{(x+1)^3}$$

$$f''(x) = \frac{2}{(x+1)^3} \quad \text{mit } D_{f''} = \mathbb{R}\setminus\{-1; 1\}$$

Auswertung der 2. Ableitung $f''(x)$:

Krümmung?

Für $x < -1$ ist $f''(x) < 0 \Rightarrow$ Der Graph von f ist für $x < -1$ rechtsgekrümmt.

Für $x > -1$ und $x \neq 1$ ist $f''(x) > 0 \Rightarrow$ Der Graph von f ist in diesen Intervallen linksgekrümmt.

Der Verlauf des Graphen der Funktion f ist in Figur 24 eingetragen.

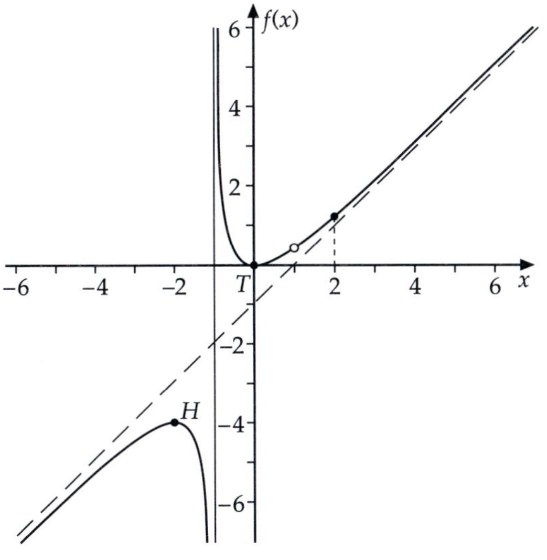

Figur 24

Zusatzaufgabe

In Prüfungen ist manchmal das folgende Problem zu lösen:

„Für welche Werte von x ist der Abstand zwischen dem Graphen von f und der schiefen Asymptote kleiner als eine vorgegebene positive Zahl?"

Abstand G_f/Asymptote

Unter dem „Abstand" ist dabei die Differenz aus den Funktionswerten $f(x)$ und den Funktionswerten der schiefen Asymptote $y(x)$ zu verstehen.

Wählen wir zum Beispiel für den Abstand 10^{-2}, dann ist die Betragsungleichung

$$|f(x) - y| < 10^{-2}$$

zu lösen, da wir die Fälle $f(x) > y$ und $f(x) < y$ beachten müssen.

Aus Analysis 1, Abschnitt 9.5.1, wissen wir:

Hat die gebrochenrationale Funktion f die Restglieddarstellung

$$f(x) = ax + b + r(x),$$

dann ist $y = ax + b$ die Gleichung der schiefen ($a \neq 0$) oder der waagrechten ($a = 0$) Asymptote des Graphen von f. Es gilt dann:

$$f(x) = y + r(x) \quad \text{bzw.:} \quad f(x) - y = r(x)$$

und die obige Betragsungleichung lautet:

$$|f(x) - y| = |r(x)| < 10^{-2}$$

In unserem Beispiel war: $f(x) = \dfrac{x^2}{x+1} = x - 1 + \dfrac{1}{x+1}$, also $r(x) = \dfrac{1}{x+1}$

$$\left|\frac{1}{x+1}\right| < 10^{-2} \qquad \left(\text{Muster: } \left|\frac{a}{b}\right| = \frac{|a|}{|b|}\right)$$

$$\frac{1}{|x+1|} < 10^{-2} \qquad \Big| \cdot 10^2 \cdot |x+1| > 0$$

$$10^2 < |x+1| \quad \text{bzw.:} \quad |x+1| > 100$$

Unter Verwendung des Musters

$$|A| > 3 \iff A > 3 \text{ oder } A < -3$$

gilt dann:

$$x + 1 > 100 \quad \text{oder} \quad x + 1 < -100$$
$$x > 99 \quad \text{oder} \quad x < -101$$

Für $x > 99$ oder $x < -101$ ist der Abstand zwischen G_f und der schiefen Asymptote kleiner als 10^{-2}.

Aufgabe 15

Gegeben ist die Funktion f durch $f(x) = \dfrac{x\,(x^2 - x - 2)}{x^2 - 4}$ mit $D_f = \mathbb{R}\setminus\{-2; 2\}$.

15.1 Untersuchen Sie die Funktion f auf
- Nullstellen (Art)
- Polstellen (Art)
- behebbare Definitionslücken (Lückenwert berechnen)

15.2 Bilden Sie $f'(x)$ und $f''(x)$ und untersuchen Sie damit den Graphen von f auf Extrempunkte und Wendepunkte.

15.3 Begründen Sie, dass der Graph von f eine *schiefe* Asymptote hat, und geben Sie deren Gleichung an.

15.4 Für welche Werte von x ist die Differenz aus $f(x)$ und den Funktionswerten der schiefen Asymptote *größer* als 2?

Aufgabe 16

Gegeben ist die Funktion f durch $f(x) = \dfrac{-x^3 + 4x^2}{(x-2)^2}$ mit $D_f = \mathbb{R}\setminus\{2\}$.

16.1 Untersuchen Sie die Funktion f auf Nullstellen, Polstellen und stetig behebbare Definitionslücken.

16.2 Begründen Sie, warum G_f eine schiefe Asymptote hat, und geben Sie deren Gleichung an.

16.3 Bilden Sie die Ableitungen $f'(x)$, $f''(x)$ und $f'''(x)$ und untersuchen Sie damit die Funktion f auf Extremstellen und Wendestellen. Geben Sie die Koordinaten der zugehörigen Punkte an.

16.4 Skizzieren Sie unter Verwendung der obigen Ergebnisse den Verlauf von G_f in $-6 < x < 6$.

8. Extremwertaufgaben

8.1 Historische Einordnung

Es liegt in der Natur der meisten Menschen, dass sie bei ihrem Handeln ein Prinzip verfolgen: In der Regel wird eine Größe minimiert, um gleichzeitig eine andere Größe zu maximieren.

Ein Unternehmer wird die Fixkosten, Lagerkosten und Herstellungskosten möglichst niedrig halten, um dadurch den Gewinn zu maximieren. Wenn einer seine Freizeit maximieren möchte, dann wird er vermutlich beim Einkaufen Laufereien und Wartezeiten minimieren. In der Schule wird durch Fleiß und gute Mitarbeit die Gefahr der Wiederholung einer Klasse vermindert.

Auch Tiere folgen instinktiv Extremalprinzipien. Zum Beispiel lösen die Bienen offensichtlich ein Minimumproblem, indem sie über einem regelmäßigen Sechseck ein Prisma errichten und am hinteren Ende durch drei Rauten so abschließen, dass bei vorgegebenem Volumen möglichst wenig Wachs verbraucht wird.

Selbst in der unbelebten Natur scheint das Extremalprinzip fest verankert zu sein. Bereits im ersten Jahrhundert nach Christus entdeckte HERON in Alexandria, dass ein Lichtstrahl zwischen zwei Punkten stets den kürzesten Weg wählt, auch wenn er auf seinem Weg an einem Spiegel reflektiert wird. Dabei wird auch die Zeit minimiert, um von einem Punkt zu einem anderen zu gelangen.

Das älteste Extremwertproblem ist die im 6. Buch von EUKLID gestellte Aufgabe, bei vorgegebenem Umfang ein Rechteck mit maximalem Flächeninhalt zu *konstruieren*.

Im 17. Jahrhundert löste der französische Mathematiker PIERRE DE FERMAT (1601 – 1665) ein anderes Extremwertproblem auf seine Weise, womit er sich einigen Ärger mit RENÉ DESCARTES (1596–1650), dem anderen großen Mathematiker dieser Zeit, einhandelte:

Eine Strecke der Länge a soll so in zwei Teilstrecken zerlegt werden, dass das Produkt dieser Teilstrecken maximal wird. Nennen wir die Länge der einen Teilstrecke x, dann ist $a - x$ die Länge der zweiten Teilstrecke und das Produkt $x(a - x) = ax - x^2$ soll maximal werden.

FERMAT vergrößert nun die Strecke x ein wenig, indem er x durch $x + e$ ersetzt und die Näherungsgleichung wie folgt umformt:

$$ax - x^2 \approx a(x + e) - (x + e)^2$$
$$ax - x^2 \approx ax + ae - x^2 - 2ex - e^2 \qquad | -ax + x^2$$
$$0 \approx ae - 2ex - e^2$$

Da die Größe e sehr klein ist, setzt er $e^2 = 0$ und löst die „Gleichung":

$$0 = e(a - 2x) \Rightarrow x = \frac{a}{2}$$

Mit der Erfindung der Differenzialrechnung ist das Problem der Extremwertbestimmung für differenzierbare Funktionen prinzipiell gelöst.

FERMAT *würde heute so rechnen:*

An welcher Stelle nimmt die Funktion f mit $f(x) = x(a - x) = ax - x^2$ und $0 \leqq x \leqq a$ ein Extremum an?

$$f'(x) = a - 2x; \quad f''(x) = -2$$

$$f'(x) = 0 \Rightarrow a - 2x = 0 \Rightarrow x = \frac{a}{2}$$

Wegen $f''\left(\frac{a}{2}\right) = -2 < 0$ liegt ein lokales Maximum vor. Die Randstellen $x = 0$ und $x = a$ scheiden wegen $f(0) = f(a) = 0$ aus.

Beispiele zu Extremwertproblemen 8.2

Bei allen Extremwertaufgaben muss vor der Anwendung der Differenzialrechnung diejenige Größe, die extremal (maximal oder minimal) werden soll, als Funktion einer Variablen (man nennt sie auch die **erzeugende Variable**) dargestellt werden. Ist die zu extremierende Größe von zwei Variablen abhängig, dann müssen diese beiden Variablen einer **Nebenbedingung** genügen. Mithilfe dieser Nebenbedingung kann dann die zu extremierende Größe als Funktion in *einer* (erzeugenden) Variablen dargestellt werden. Erst jetzt können wir die Ableitungen bilden und auf lokale Extrema untersuchen.

Beim Bilden der Ableitung tritt oft der Fall ein, dass nicht nach x, sondern nach der erzeugenden Variablen a, b, h usw. differenziert wird. Dies ist zunächst ungewohnt, bereitet aber nach einigen Übungen keine Schwierigkeiten.

Da die Differenzialrechnung *nur innere* Extremstellen liefert, müssen auch Randextrema beachtet werden!

Beim Lösen von Extremwertproblemen stoßen Sie oft auf den Fall, dass sich der Funktionsterm der zu extremierenden Größe als Verkettung von zwei Funktionen darstellt.

Ist dabei die äußere Funktion streng monoton zunehmend, wie etwa die Wurzelfunktion (zum Beispiel $\sqrt{3} < \sqrt{5}$), dann sparen Sie viel Rechenarbeit ein, wenn Sie *nur die innere Funktion* auf Extremwerte untersuchen! Der Vorteil besteht im Wesentlichen darin, dass Sie bei der Ableitung die Kettenregel *nicht* anwenden müssen.

Nützliche Regeln bei Extremwertaufgaben:

Die Funktionswerte $f(x)$ mit den Gleichungen

$f(x) = \sqrt{g(x)}$ mit $g(x) \geqq 0$ bzw. $f(x) = [g(x)]^2$

sind maximal (minimal), wenn $g(x)$ maximal (minimal) ist.

Die Funktionswerte $f(x)$ mit den Gleichungen

$f(x) = \dfrac{1}{\sqrt{g(x)}}$ bzw. $f(x) = \dfrac{1}{g(x)}$ und $g(x) > 0$

sind maximal (minimal), wenn $g(x)$ minimal (maximal) ist.

Beispiel 1

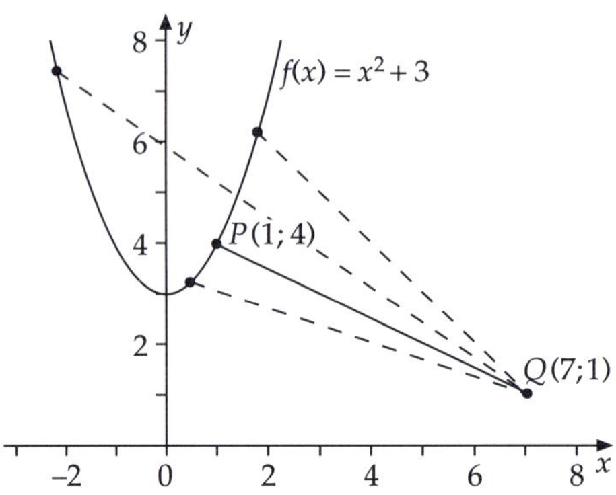

Figur 25

Welcher Punkt P des Graphen der Funktion f mit $f(x) = x^2 + 3$ hat vom Punkt $Q(7;1)$ den kleinsten Abstand?

Ist $P(t;\, t^2 + 3)$ mit t aus $\mathbb{R}$ ein beliebiger Punkt des Graphen von f, dann gilt für die Strecke PQ:

$$\overline{PQ} = \sqrt{(t-7)^2 + (t^2+3-1)^2} = \sqrt{(t-7)^2 + (t^2+2)^2}$$

Die Strecke $\overline{PQ}$ wird extremal, wenn der Radikand $g(t)$ (= Ausdruck unter dem Wurzelzeichen) extremal wird:

$g(t) = (t-7)^2 + (t^2+2)^2$
$g'(t) = 2(t-7)^1 \cdot 1 + 2(t^2+2)^1 \cdot 2t$ (Kettenregel!)
$g'(t) = 2t - 14 + 4t^3 + 8t$
$g'(t) = 4t^3 + 10t - 14$

$g''(t) = 12t^2 + 10$

$g'(t) = 0 \;\Rightarrow\; 4t^3 + 10t - 14 = 0 \;\Rightarrow\; t = 1$ (Durch Probieren!)

Polynomdivision oder HORNER-Schema liefern dann:

$g'(t) = (t - 1)\,(4t^2 + 4t + 14)$

$g'(t) = 0$ wird nur von $t = 1$ erfüllt, da der zweite Faktor keine Nullstellen hat:

$g''(1) = 12 \cdot 1^2 + 10 = 12 + 10 = 22 > 0$, also lokales Minimum.

Mit $t = 1$ erhalten wir dann $P(t;\, t^2 + 3) = P(1;\, 4)$.

Randextrema beachten: $g(t)$ besitzt in $\mathbb{R}$ keine (eigentlichen) Randextrema.

Beispiel 2

Welcher Punkt der Parabel $y = \frac{1}{2}x^2$ hat von der Geraden $y = 2x - 3$ den kleinsten Abstand?

Die Abstände (mit Vorzeichen!) erhalten wir aus der HESSE-Form der Geradengleichung, wenn wir den Punkt dort einsetzen.
Dabei ist besonders zu beachten: Wenn die Gerade g nicht durch den Koordinatenursprung geht, dann zerlegt sie die ganze Ebene in zwei Halbebenen, wovon eine den Koordinatenursprung O enthält; diese wird mit H^-, die andere mit H^+ bezeichnet. Alle Punkte in H^- haben von der Geraden g einen negativen Abstand, die Punkte in H^+ haben von der Geraden g einen positiven Abstand.

Aus einer Skizze der obigen Parabel und der Geraden folgt sofort, dass alle Parabelpunkt und der Koordinatenursprung O auf derselben Seite der Geraden g liegen, das heißt aber, dass alle Parabelpunkte von der Geraden g einen negativen Abstand haben.

Die HESSE-Form der Geraden $n_1 x_1 + n_2 x_2 + d = 0$ lautet:

HESSE-Form: $$\frac{n_1 x_1 + n_2 x_2 + d}{(-\operatorname{sgn} d) \cdot \sqrt{n_1^2 + n_2^2}} = 0$$

$(-\operatorname{sgn} d)$ bedeutet in der obigen Formel einfach, dass vor der Wurzel im Nenner ein „+“ steht, wenn $d < 0$.
Für $d > 0$ steht vor der Wurzel ein „–“.

Umformung der Geraden $y = 2x - 3$ in die HESSE-Form:

HNF (g): $$\frac{2x - y - 3}{\sqrt{2^2 + 1^2}} = 0$$ (Konstante d ist negativ, also „+“ vor der Wurzel)

$$\frac{2x - y - 3}{\sqrt{5}} = 0$$

→

Wir setzen nun den variablen Punkt $P\left(t; \frac{1}{2}t^2\right)$ mit $t \in \mathbb{R}$ in die HNF(g) ein und erhalten den Abstand $d_{P;g}(t)$ des Punktes P von der Geraden g, der nach den vorhergehenden Überlegungen *negativ* ist:

$$d_{P;g}(t) = \frac{2t - \frac{1}{2}t^2 - 3}{\sqrt{5}} < 0; \quad d'_{P;g}(t) = \frac{2-t}{\sqrt{5}}; \quad d''_{P;g}(t) = \frac{-1}{\sqrt{5}} < 0$$

$d'_{P;g}(t) = 0 \;\Rightarrow\; t = 2;\;\; d''_{P;g}(2) < 0$, also *Maximum*.

Für $t \in \mathbb{R}$ hat $d_{P;g}(t)$ keine Randextrema.

Wir erinnern uns, dass in diesem Beispiel $d_{P;g} < 0$ gilt. Aus dem Maximum der negativen Größe $d_{P;g}$ folgt aber, dass $|d_{P;g}|$ (also die Anzahl der Längeneinheiten) dann ein Minimum ist.
Betrachten Sie zum Beispiel einen Punkt, der eine negative Zahl auf der Zahlengeraden vertritt: Je weiter dieser Punkt gegen 0 rückt, desto größer wird diese negative Zahl; der Abstand zu 0 wird dabei aber immer kleiner.

Mit $t = 2$ erhalten wir dann den Punkt $P(2; 2)$ auf der Parabel.

Anderer Lösungsweg:

Beachten wir, dass bei dieser Aufgabenstellung die Tangente im gesuchten Parabelpunkt P parallel zur Geraden g liegt, also dieselbe Steigung haben muss, dann erhalten wir die Lösung in gerade mal zwei Zeilen:

$$y'_{\text{Parabel}} = \left(\frac{1}{2}x^2\right)' = x = y'_{\text{Gerade}} = (2x+3)' = 2$$
$$\Rightarrow\; x = 2 \;\Rightarrow\; P(2; 2)$$

Beispiel 3 Welche Punkte des Graphen von $y = \sqrt{10x - x^2}$ haben vom Punkt $Q(5; 0)$ einen extremalen Abstand?

D_y bestimmen: $10x - x^2 = x(10 - x) \geqq 0 \;\Rightarrow\; 0 \leqq x \leqq 10$

Mit $P(t; \sqrt{10t - t^2})$ berechnen wir die Strecke $\overline{PQ}$:

$$\overline{PQ} = \sqrt{(t-5)^2 + (\sqrt{10t - t^2} - 0)^2} = \sqrt{(t-5)^2 + 10t - t^2} =$$
$$= \sqrt{t^2 - 10t + 25 + 10t - t^2} = \sqrt{25} = 5$$

Jeder Punkt von G_y hat von Q immer denselben Abstand!

Dies ist nicht verwunderlich, denn G_y ist der im 1. Quadranten liegende Halbkreis um den Punkt $Q\,(5;0)$ mit dem Radius 5.

Kreisgleichung: $(x-5)^2 + (y-0)^2 = 25$

$$y^2 = 25 - (x-5)^2$$
$$y^2 = 25 - x^2 + 10x - 25$$
$$y^2 = 10x - x^2$$

Oberer Halbkreis: $y = \sqrt{10x - x^2}$

Ein eigener Zweig der Mathematik befasst sich nur mit der Anwendung der Mathematik auf Probleme der Betriebswirtschaft und Volkswirtschaft. Allein die Erstellung der Kostenfunktion $K(x)$, welche die Fixkosten, die Herstellungskosten, die Lagerhaltung u.a. berücksichtigt, ist ziemlich schwierig.

Im folgenden Beispiel 4 wird der Einfachheit halber eine Kostenfunktion 2. Grades verwendet. Meist treten aber Kostenfunktionen 3. Grades auf.

Beispiel 4

Ein Betrieb stellt einen bestimmten Artikel her, der für 200 DM verkauft wird. In der Produktion kommt dieser Artikel auf 120 DM. Nehmen wir noch einen Betrag von 14 000 DM als Fixkosten an, dann ergibt sich die Kostenfunktion für die Menge x zu:

$K(x) = 14\,000 + 120x + \text{Lagerhaltung}$

Die Lagerhaltung wird mit $\frac{1}{20}x^2$ in $K(x)$ aufgenommen:

$K(x) = 14\,000 + 120x + \frac{1}{20}x^2$ (Rechnung in DM)

Beim Verkauf von x Stück dieses Artikels haben wir den Erlös: $E(x) = 200x$

Die Gewinnfunktion G stellt sich dann dar als:

$$G(x) = E(x) - K(x)$$
$$G(x) = 200x - (14\,000 + 120x + \frac{1}{20}x^2)$$
$$G(x) = -\frac{1}{20}x^2 + 80x - 14\,000$$

Wir fragen jetzt, bei welcher Stückzahl x der Betrieb mit maximalem Gewinn arbeitet:

$$G'(x) = -\frac{1}{10}x + 80; \quad G''(x) = -\frac{1}{10} = -0{,}1 < 0$$

$$G'(x) = 0 \;\Rightarrow\; -\frac{1}{10}x + 80 = 0 \;\Rightarrow\; \frac{1}{10}x = 80 \;\Rightarrow\; x = 800$$

Wegen $G''(800) = -0{,}1 < 0$ erzielt der Betrieb bei einer Produktion von 800 Stück den *maximalen* Gewinn.

Beispiel 5 Bevor das Essen im China-Restaurant aufgetragen wird, lösen wir noch schnell die folgende Aufgabe:

Aus zwei Stäbchen der Länge a soll ein Dreieck mit maximalem Flächeninhalt gebildet werden.
Die Figur 26 zeigt einige Vorschläge für die Lösung des Problems.

Figur 26

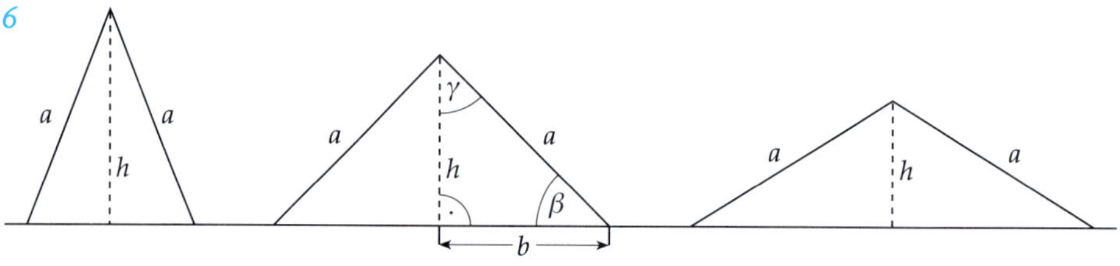

Mit den eingetragenen Bezeichnungen können wir die Fläche des Dreiecks aus der Grundlinie $2b$ und der zugehörigen Höhe h nach folgender Formel berechnen:

$$F = \frac{1}{2} \cdot 2b \cdot h = bh$$

Die Größen b und h sind über den Lehrsatz des PYTHAGORAS durch $b^2 + h^2 = a^2$ miteinander verknüpft. Wir können wahlweise b oder h als „erzeugende Variable" nehmen. Entscheiden wir uns für h, dann müssen wir die Größe b durch die Nebenbedingung darstellen:

$$b^2 + h^2 = a^2$$
$$b^2 = a^2 - h^2$$
$$b = \sqrt{a^2 - h^2}, \quad \text{da } b \geqq 0 \text{ ist.}$$

Damit die Wurzel erklärt ist, muss $a \geqq h$ erfüllt sein. Für h gilt also: $0 \leqq h \leqq a$. Vergleichen Sie in der Figur 26.

Für die zu extremierende Größe F gilt dann:

$$F = bh = \sqrt{a^2 - h^2} \cdot h = \sqrt{(a^2 - h^2) \cdot h^2}$$

Die Größe F wird aber genau dann maximal, wenn der Inhalt $f(h)$ der Wurzel maximal wird:

$$f(h) = (a^2 - h^2) \cdot h^2 = a^2 h^2 - h^4$$

$$f'(h) = a^2 \cdot 2h - 4h^3 = 2h(a^2 - 2h^2) = -4h\left(h^2 - \frac{a^2}{2}\right) =$$
$$= -4h\left(h - \frac{a}{\sqrt{2}}\right)\left(h + \frac{a}{\sqrt{2}}\right)$$

$$f''(h) = 2a^2 - 12h^2 \quad (\text{aus } f'(h) = a^2 \cdot 2h - 4h^3)$$

$$f'(h) = 0 \quad \Rightarrow \quad h = \frac{a}{\sqrt{2}} \quad \left(h = -\frac{a}{\sqrt{2}} \text{ ist keine Lösung!}\right)$$

Wegen $f''\left(\frac{a}{\sqrt{2}}\right) = 2a^2 - 12 \cdot \frac{a^2}{2} = 2a^2 - 6a^2 = -4a^2 < 0$: $f\left(\frac{a}{\sqrt{2}}\right)$ ist Maximum.

Aus $b = \sqrt{a^2 - h^2}$ folgt dann: $b = \sqrt{a^2 - \frac{a^2}{2}} = \sqrt{\frac{a^2}{2}} = \frac{a}{\sqrt{2}}$

Mit $b = h$ gilt $\tan\beta = 1$ und damit $\beta = 45°$.

$\Rightarrow$ Die beiden Stäbchen müssen an der oberen Ecke einen Winkel von 90° bilden.

Randextrema: Für $h = 0$ oder $h = a$ entsteht jeweils ein Dreieck mit dem Flächeninhalt 0.

Beispiel 6

Für ein Stadion, das aus einem Rechteck mit zwei aufgesetzten Halbkreisen besteht, ist der Umfang von 600 m fest vorgegeben.
Wie müssen a und b gewählt werden, damit das Rechteck A möglichst groß wird?
Vergleiche Figur 27.

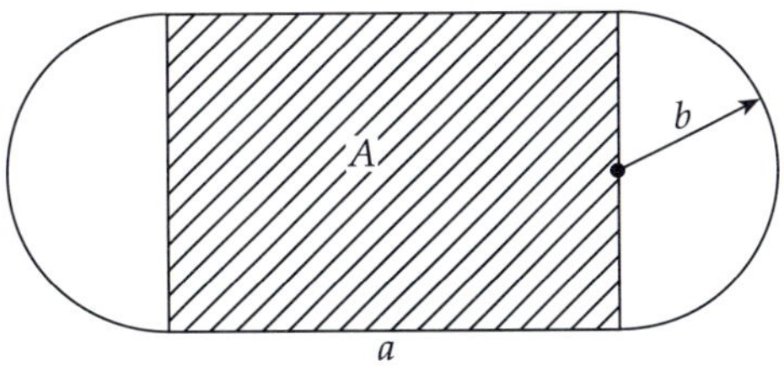

Figur 27

$A = a \cdot 2b = 2ab$ Nebenbedingung:

$$\text{Umfang} = 2a + 2b \cdot \pi = 600 \text{ (Rechnung in Meter)}$$
$$a + b \cdot \pi = 300$$
$$b = \frac{300 - a}{\pi} \quad (0 \leqq a \leqq 300)$$

$$A = 2a \cdot \frac{300 - a}{\pi} = \frac{2}{\pi} \cdot (300a - a^2)$$

$$A'(a) = \frac{2}{\pi} \cdot (300 - 2a); \quad A''(a) = \frac{2}{\pi} \cdot (-2) = \frac{-4}{\pi} < 0$$

Untersuchung auf Extrema: $A'(a) = 0 \Rightarrow 300 - 2a = 0 \Rightarrow a = 150$

$$A''(150) = \frac{-4}{\pi} < 0: \text{ Maximum}$$

Mit $a = 150$ erhalten wir $b = \frac{300 - a}{\pi} = \frac{300 - 150}{\pi} = \frac{150}{\pi}$ bei maximaler Rechtecksfläche.

Randextrema: Für $a = 0$ oder $a = 300$ entartet das Rechteck in eine doppeltüberdeckte Strecke mit dem Flächeninhalt 0.

Aufgabe 17 Welches Rechteck hat bei gegebenem Umfang $u = 64$ LE einen maximalen Flächeninhalt?

Aufgabe 18 Die Zahl 32 soll so in zwei Summanden zerlegt werden, dass das Produkt aus dem zweiten Summanden und der 3. Potenz des ersten Summanden möglichst groß wird.

Aufgabe 19 Aus einem Draht mit der Länge 108 L.E. soll das Kantenmodell eines Quaders mit quadratischer Grundfläche und möglichst großem Volumen hergestellt werden.

Aufgabe 20 Aus einem quadratischen Stück Blech mit der Seite a wird eine offene Schachtel hergestellt, indem man an den Ecken gleiche Quadrate herausschneidet und dann den Rand nach oben biegt. Wie erhält man eine Schachtel mit größtem Volumen?

Aufgabe 21 Einem Dreieck mit der Höhe h und der zugehörigen Grundlinie b soll ein Parallelogramm, dessen eine Seite auf der Grundlinie b liegt, so einbeschrieben werden, dass die Parallelogrammfläche möglichst groß wird. Wie muss die Parallelogrammhöhe gewählt werden?

Ganzrationale Funktion mit vorgegebenen Eigenschaften

9.

Die Graphen von ganzrationalen Funktionen (Polynomfunktionen) können wir auf Symmetrie, Steigung, Hoch-, Tief- und Wendepunkte untersuchen. Wir drehen nun die Fragestellung um und suchen den Funktionsterm einer ganzrationalen Funktion f, wenn Eigenschaften des Graphen von f bekannt sind.

➢ ➢ ➢ ➢ ➢ ➢ ➢ ➢ ➢ ➢ ➢ ➢

Beispiel 1

Gesucht ist der Funktionsterm einer Funktion f vom 3. Grade, deren Graph in $P(4; 8)$ einen lokalen Hochpunkt hat und die x-Achse im Koordinatenursprung berührt.

Für den Funktionsterm machen wir den Ansatz: $f(x) = ax^3 + bx^2 + cx + d$

Aus dem Text der Aufgabe müssen nun vier Gleichungen zur Bestimmung der unbekannten Koeffizienten a, b, c und d aufgestellt werden:

- Der Punkt $P(4; 8)$ ist ein Kurvenpunkt, das heißt, seine Koordinaten erfüllen die Funktionsgleichung.

  Mit $x = 4$ und $f(4) = 8$ erhalten wir: $8 = 64a + 16b + 4c + d$ **I**

- Der Punkt $P(4; 8)$ ist ein lokaler Hochpunkt des Graphen der differenzierbaren Funktion f. Wegen der waagrechten Tangente in P muss $f'(4) = 0$ gelten.

  Nullsetzen von $f'(x) = 3ax^2 + 2bx + c$: $0 = 48a + 8b + c$ **II**

- Der Koordinatenursprung $O(0; 0)$ ist ein Kurvenpunkt:

  $0 = d$ **III**

- Der Graph von f berührt in $O(0; 0)$ die x-Achse.
  Aus $f'(x) = 3ax^2 + 2bx + c$ erhalten wir mit $x = 0$ und $f'(0) = 0$ dann die letzte der vier benötigten Gleichungen:

  $0 = c$ **IV**

Damit haben wir insgesamt vier Gleichungen zur Bestimmung der vier Unbekannten a, b, c und d:

I	$64a + 16b + 4c + d = 8$
II	$48a + 8b + c = 0$
III	$d = 0$
IV	$c = 0$

➜

Mit $d = 0$ und $c = 0$ bleiben noch die zwei Gleichungen:

$$\begin{array}{lll} \textbf{I} & 64a + 16b = 8 \;\mid : 8 & \Rightarrow \quad 8a + 2b = 1 \\ \textbf{II} & 48a + 8b = 0 \;\mid : (-4) & \Rightarrow \quad -12a - 2b = 0 \\ \hline & & \quad -4a = 1 \;\Rightarrow\; a = -\frac{1}{4} \end{array}$$

eingesetzt in **II**: $-12\left(-\frac{1}{4}\right) - 2b = 0 \;\Rightarrow\; 3 - 2b = 0 \;\Rightarrow\; b = \frac{3}{2}$

Der gesuchte Funktionsterm $f(x)$ lautet: $f(x) = -\frac{1}{4}x^3 + \frac{3}{2}x^2$

Beispiel 2 Gesucht ist der Funktionsterm $f(x)$ der in $\mathbb{R}$ erklärten ganzrationalen Funktion f dritten Grades mit den Eigenschaften:

- G_f schneidet die x-Achse im Punkt $P(3; 0)$ unter einem Winkel β mit $\tan\beta = 7$.
- G_f hat an der Stelle $x = 2$ einen lokalen Extrempunkt.
- Es gilt: $f''(0) = -8$

Für den gesuchten Funktionsterm machen wir den Ansatz

$f(x) = ax^3 + bx^2 + cx + d$ und bilden die Ableitungen:

$f'(x) = 3ax^2 + 2bx + c; \quad f''(x) = 6ax + 2b$

- Da $P(3; 0)$ ein Kurvenpunkt ist, gilt:

  $0 = 27a + 9b + 3c + d$ **I**

- Mit $\tan\beta = 7$ ist die Steigung von G_f an der Stelle $x = 3$ bekannt: $f'(3) = 7$ bzw.:

  $7 = 27a + 6b + c$ **II**

- An der Stelle $x = 2$ hat G_f einen lokalen Extrempunkt. Daraus folgt: $f'(2) = 0$

  $0 = 12a + 4b + c$ **III**

- Die Bedingung $f''(0) = -8$ liefert schließlich die Gleichung:

  $-8 = 2b$ bzw. $b = -4$ **IV**

Wir setzen $b = -4$ in die restlichen Gleichungen ein:

$$\begin{array}{lll} \textbf{I} & 27a + 3c + d & = 36 \\ \textbf{II} & 27a + c & = 31 \\ \textbf{III} & 12a + c & = 16 \end{array}$$

Aus **III**: $c = 16 - 12a$ in **I** und **II** einsetzen:

$$\begin{array}{llcl} \textbf{I} & 27a + 48 - 36a + d = 36 & & -9a + d = -12 \\ & & \text{bzw.:} & \\ \textbf{II} & 27a + 16 - 12a \quad = 31 & & 15a \quad = 15 \Rightarrow a = 1 \end{array}$$

Mit $a = 1$ folgt aus **I**: $-9 + d = -12 \Rightarrow d = -3$

III: $c = 16 - 12a = 16 - 12 = 4$

Mit $a = 1, b = -4, c = 4$ und $d = -3$ lautet der gesuchte Funktionsterm:

$f(x) = x^3 - 4x^2 + 4x - 3$

Beispiel 3

Gesucht ist der Funktionsterm einer in $\mathbb{R}$ definierten ganzrationalen Funktion f vierten Grades mit folgenden Eigenschaften:

- Der Graph von f liegt achsensymmetrisch zur $f(x)$-Achse und hat im Punkt $P(2;\,0)$ ein lokales Extremum.
- An der Stelle $x = 1$ hat der Graph von f die Steigung $m = -\frac{3}{2}$.

Ansatz: $f(x) = ax^4 + bx^3 + cx^2 + dx + e$

- Wegen der Achsensymmetrie muss $f(-x) = f(x)$ gelten und daher können nur gerade Hochzahlen bei den Potenzen von x und eine additive Konstante (absolutes Glied) auftreten:

  $f(x) = ax^4 + cx^2 + e; \quad f'(x) = 4ax^3 + 2cx$

- Der Punkt $P(2;\,0)$ ist Kurvenpunkt, das heißt: $f(2) = 0$

  $0 = 16a + 4c + e$ **I**

- In $P(2;\,0)$ hat G_f eine waagrechte Tangente: $f'(2) = 0$

  $0 = 32a + 4c$ bzw. $0 = 8a + c$ **II**

- An der Stelle $x = 1$ gilt: $f'(1) = -\frac{3}{2}$

  $-\frac{3}{2} = 4a + 2c$ bzw. $-3 = 8a + 4c$ **III**

Zu lösen ist das Gleichungssystem:

$$\begin{array}{lll} \textbf{I} & 16a + 4c + e & = 0 \\ \textbf{II} & 8a + c & = 0 \\ \textbf{III} & 8a + 4c & = -3 \end{array}$$

Die Subtraktion **III** – **II** liefert: $3c = -3$ bzw.: $c = -1$

Mit $c = -1$ folgt aus **II** $a = \frac{1}{8}$. Aus **I** erhalten wir dann $e = 2$.

Der gesuchte Funktionsterm lautet: $f(x) = \frac{1}{8}x^4 - x^2 + 2$

Beispiel 4 Gesucht ist der Funktionsterm $f(x)$ einer in $\mathbb{R}$ erklärten ganzrationalen Funktion f fünften Grades mit den folgenden Eigenschaften:

- Der Graph von f liegt punktsymmetrisch zum Koordinatenursprung $O(0; 0)$ und hat dort einen Terrassenpunkt.
- An der Stelle $x = 1$ hat G_f einen Wendepunkt, dessen Wendetangente die Steigung $m = 5$ hat.

Ansatz: $f(x) = ax^5 + bx^4 + cx^3 + dx^2 + ex + f$

- Da der Graph von f punktsymmetrisch zu O liegt, können nur ungerade Hochzahlen bei den Potenzen von x auftreten. Das absolute Glied f muss 0 sein, da sonst keine Punktsymmetrie zu O vorhanden wäre.

  Neuer Ansatz: $f(x) = ax^5 + cx^3 + ex$

  $$f'(x) = 5ax^4 + 3cx^2 + e; \quad f''(x) = 20ax^3 + 6cx$$

- Die Tatsache, dass $O(0; 0)$ ein Kurvenpunkt ist, steckt schon im Ansatz für die Punktsymmetrie. Das Einsetzen der Koordinaten von $O(0; 0)$ liefert daher auch keine Gleichung zur Bestimmung der unbekannten Koeffizienten, sondern nur die wahre Aussage $0 = 0$.

- Der Graph von f hat aber in $O(0; 0)$ eine Terrasse, also einen Wendepunkt mit waagrechter Wendetangente: $f'(0) = 0$ und $f''(0) = 0$

  $f'(0) = 0$ liefert die Gleichung $0 = e$. **I**

  Die Bedingung $f''(0) = 0$ liefert $0 = 0$ und damit keine brauchbare Gleichung zur Bestimmung der Koeffizienten.

- Die Wendestelle $x = 1$ und die Steigung $m = 5$ der Wendetangente entsprechen den Bedingungen: $f''(1) = 0$ und $f'(1) = 5$

  $0 = 20a + 6c$ **II**
  $5 = 5a + 3c + e$ **III**

Mit $e = 0$ aus der Gleichung **I** bleibt noch das System

II $10a + 3c = 0$

III $5a + 3c = 5$

mit der Lösung $a = -1$ und $c = \frac{10}{3}$.

Der gesuchte Funktionsterm lautet: $f(x) = -x^5 + \frac{10}{3}x^3$

Beispiel 5 Gesucht ist der Funktionsterm $f(x)$ einer in $\mathbb{R}$ erklärten ganzrationalen Funktion f, deren Graph im Punkt $P(-2; 10)$ eine waagrechte Tangente hat und für deren zweite Ableitung $f''(x) = -3x - 4$ gilt.

Wegen $f''(x) = -3x - 4$ muss für $f'(x)$ gelten:

$$f'(x) = -\frac{3}{2}x^2 - 4x + a \quad \text{mit } a \in \mathbb{R}. \text{ (Probe durch Differenzieren!)}$$

Für $f(x)$ erhalten wir dann:

$$f(x) = -\frac{1}{2}x^3 - 2x^2 + ax + b \quad \text{mit } b \in \mathbb{R}. \text{ (Probe durch Differenzieren!)}$$

- Der Punkt $P(-2; 10)$ ist Kurvenpunkt. Mit $x = -2$ und $f(-2) = 10$ folgt:

  $10 = 4 - 8 - 2a + b$ bzw.: $-2a + b = 14$ **I**

- Da in $P(-2; 10)$ eine waagrechte Tangente ist, gilt: $f'(-2) = 0$. Dies liefert die Gleichung:

  $0 = -6 + 8 + a$ bzw.: $a = -2$ **II**

Mit $a = -2$ gilt aber für **I**: $4 + b = 14 \;\Rightarrow\; b = 10$

Die gesuchte Funktionsgleichung $f(x)$ lautet damit:

$$f(x) = -\frac{1}{2}x^3 - 2x^2 - 2x + 10$$

Bei der Bestimmung des Funktionsterms $f(x)$ ganzrationaler Funktionen mit vorgegebenen Eigenschaften sind Ihnen die folgenden typischen Redewendungen und die zugehörigen Gleichungen sicher von Nutzen:

Der Graph von f liegt *achsen*-*symmetrisch* zur $f(x)$-Achse:	Im Term $f(x)$ treten nur *gerade* Hochzahlen bei den Potenzen von x sowie eine additive Konstante auf.
Der Graph von f liegt *punkt*-*symmetrisch* zu $O(0; 0)$:	Im Term $f(x)$ treten nur *ungerade* Hochzahlen bei den Potenzen von x auf. (*Keine* additive Konstante!)
$P(x_0; y_0)$ ist Kurvenpunkt:	$f(x_0) = y_0$
Der Graph von f hat in $E(x_1; y_1)$ ein lokales Extremum:	$f(x_1) = y_1$ und $f'(x_1) = 0$
Der Graph von f hat in $Q(x_2; y_2)$ die Steigung m:	$f(x_2) = y_2$ und $f'(x_2) = m$
Der Graph von f hat in $W(x_3; y_3)$ einen Wendepunkt:	$f(x_3) = y_3$ und $f''(x_3) = 0$
Hat die Wendetangente die Steigung m, dann gilt zusätzlich:	$f'(x_3) = m$
Der Graph von f hat in $T(x_4; y_4)$ eine Terrasse:	$f(x_4) = y_4$ und $f''(x_4) = 0$ und $f'(x_4) = 0$

Aufgabe 22 Bestimmen Sie die Zuordnungsvorschrift $f(x)$ einer ganzrationalen Funktion f fünften Grades mit folgenden Eigenschaften:

G_f liegt punktsymmetrisch zu $O(0; 0)$ und hat in $P\left(1; \frac{4}{5}\right)$ einen lokalen Tiefpunkt. Für die 2. Ableitung gilt: $f''(1) = 4$

Aufgabe 23 Der Graph G_f einer ganzrationalen Funktion 3. Grades enthält den Koordinatenursprung. Die Wendetangente im Wendepunkt $W(1; -2)$ schneidet die x-Achse an der Stelle $x = 2$.
Wie lautet der Funktionsterm $f(x)$?

Aufgabe 24 Bestimmen Sie den Funktionsterm $f(x)$ einer ganzrationalen Funktion 5. Grades mit folgenden Eigenschaften:

- Der Graph G_f geht durch den Koordinatenursprung.
- Die 2., 3. und 4. Ableitung hat für $x = 0$ jeweils den Wert 0.
- Der Graph G_f enthält den Punkt $P(1; 4)$ und hat dort eine waagrechte Tangente.

Aufgabe 25 Gesucht ist der Term $f(x)$ einer ganzrationalen Funktion 4. Grades mit den Eigenschaften:

Der Graph der Funktion f liegt symmetrisch zur Ordinatenachse und enthält den Punkt $P(0; -4)$. Im Punkt $T(-1; -8)$ hat der Graph eine waagrechte Tangente.

Aufgabe 26 Von einer in $\mathbb{R}$ erklärten Funktion g ist die 1. Ableitung $g'(x) = 3x^2 - 6x + 2$ bekannt.

Begründen Sie, dass der Graph von g genau einen Wendepunkt W hat, und berechnen Sie die Wendestelle x_W.
Wie lautet die Gleichung der Wendetangente, wenn für W gilt: $W(x_W; 5)$?
Wie lautet der Funktionsterm $g(x)$?

Schnittwinkel zweier Graphen

10.

Festlegung des Schnittwinkels zweier Graphen

10.1

Unter dem Schnittwinkel γ zweier Graphen versteht man denjenigen Winkel γ mit $0° \leqq \gamma < 180°$, den die Tangenten der beiden Graphen in ihrem Schnittpunkt bilden.

Vergleichen Sie dazu die Figur 28.

Figur 28

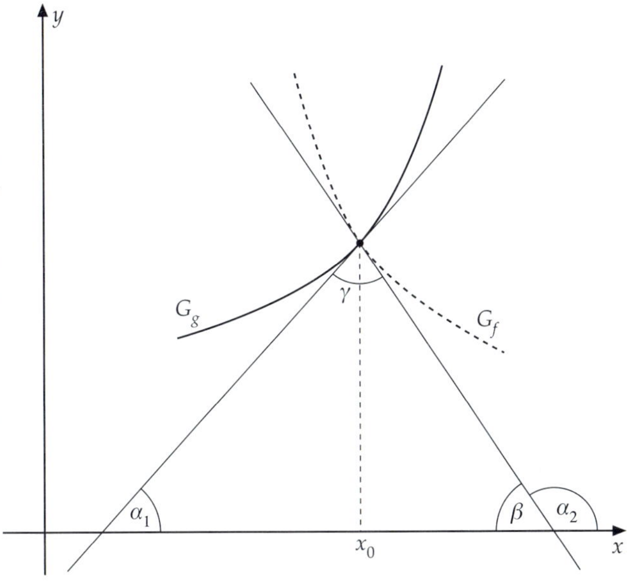

Mithilfe der Figur 28 begründen wir nun eine einfache Regel zur Berechnung des Schnittwinkels γ:

Winkelsumme im Dreieck: $\alpha_1 + \gamma + \beta = 180°$
Gestreckter Winkel: $\beta + \alpha_2 = 180°$

Durch Gleichsetzen folgt:

$$\alpha_1 + \gamma + \beta = \beta + \alpha_2 \quad | -\beta$$
$$\alpha_1 + \gamma = \alpha_2$$
$$\gamma = \alpha_2 - \alpha_1 \quad \text{mit } \alpha_2 \geqq \alpha_1$$

Schnittwinkel der Graphen von f und g berechnen:

- Ermitteln Sie zuerst durch Lösen der Gleichung $f(x_0) = g(x_0)$ die Schnittstelle x_0.
- Berechnen Sie die Ableitungswerte $f'(x_0)$ und $g'(x_0)$.
  Aus $g'(x_0) = \tan \alpha_1$ ermitteln Sie den Winkel α_1.
  Aus $f'(x_0) = \tan \alpha_2$ erhalten Sie α_2.
- Sie erhalten nun den gesuchten Schnittwinkel γ, wenn Sie den kleineren der beiden Winkel vom größeren abziehen.

Gegeben sind die beiden in $\mathbb{R}^+$ definierten Funktionen f und g durch $f(x) = \frac{1}{x}$ und $g(x) = x^2$.
Gesucht ist der Schnittwinkel der beiden Graphen.

Aus $f(x_0) = g(x_0)$ berechnen wir zuerst die Schnittstelle x_0:

$$\frac{1}{x_0} = x_0^2 \quad \Rightarrow \quad x_0^3 = 1 \quad \Rightarrow \quad x_0 = 1$$

Aus $f'(x) = \frac{-1}{x^2}$ folgt: $f'(1) = -1 = \tan \alpha_1 \quad \Rightarrow \quad \alpha_1 = 135°$

Aus $g'(x) = 2x$ folgt: $g'(1) = 2 = \tan \alpha_2 \quad \Rightarrow \quad \alpha_2 = 63{,}43°$

$$\gamma = 135° - 63{,}43° = 71{,}57°$$

10.2 Orthogonaler Schnitt zweier Graphen

Die Graphen der Funktionen f und g schneiden sich **orthogonal** (= rechtwinklig), wenn die Tangenten im Schnittpunkt der Kurven aufeinander senkrecht stehen. Damit der Schnittwinkel veränderlich ist, muss mindestens in einer der beiden Funktionsgleichungen ein Parameter auftreten.

Wir erhalten die Schnittstelle x_0 in Abhängigkeit vom Parameter als Lösung der Gleichung

$$f'(x_0) \cdot g'(x_0) = -1,$$

da das Produkt der Steigungen bei senkrechtem Schnitt immer den Wert -1 hat.
Aus der Gleichung $f(x_0) = g(x_0)$ kann dann der Parameterwert berechnet werden.

Gegeben sind die beiden in $\mathbb{R}^+$ erklärten Funktionen f und g durch $f(x) = ax^2$ mit $a > 0$ und $g(x) = -x^2 + 4$.

Für welche Wahl von a schneiden sich die Graphen der beiden Funktionen orthogonal? Welche Koordinaten hat der Schnittpunkt S?

Wir bilden die Ableitungen $f'(x_0) = 2ax_0$ und $g'(x_0) = -2x_0$ und lösen die Gleichung $f'(x_0) \cdot g'(x_0) = -1$:

$$\begin{aligned} 2ax_0 \cdot (-2x_0) &= -1 \\ -4ax_0^2 &= -1 \end{aligned}$$

$$x_0^2 = \frac{1}{4a} \quad \Rightarrow \quad x_0 = \frac{1}{2 \cdot \sqrt{a}}, \quad \text{da } x_0 > 0$$

Aus $f(x_0) = g(x_0)$ berechnen wir jetzt den Wert des Parameters a:

$$a \cdot \frac{1}{4a} = -\frac{1}{4a} + 4 \qquad | \cdot 4a$$

$$a = -1 + 16a \quad \Rightarrow \quad 15a = 1 \quad \Rightarrow \quad a = \frac{1}{15}$$

Mit $a = \frac{1}{15}$ folgt $x_0 = \frac{\sqrt{15}}{2}$ und $y_0 = f(x_0) = g(x_0) = \frac{1}{4}$.

Ergebnis: Die beiden Graphen schneiden sich für $a = \frac{1}{15}$ im Punkt $S\left(\frac{\sqrt{15}}{2}; \frac{1}{4}\right)$ orthogonal.

11. Potenzen und Logarithmen

11.1 Potenzen mit reellen Hochzahlen, Rechengesetze

Hinweise zum Inhalt des Kapitels:

Damit bei den späteren Ausführungen weniger Schwierigkeiten auftreten, beschäftigen wir uns in diesem Kapitel mit den Potenzen und ihren Rechengesetzen.
Wir wiederholen dazu in kleineren Abschnitten die einzelnen Schritte der Erklärung der Potenz a^x, wie dies meist in der Mittelstufe durchgeführt wird.

Zur Vereinfachung der Darstellung wählen wir außerdem noch in den Formeln anstelle der allgemeinen Variablen a eine konkrete Zahl, in der Regel die Zahl 3: $a = 3$. Anstelle der 3 können Sie sich auch jede andere Zahl $a \in \mathbb{R}^+$ eingesetzt denken. Diese Einschränkung auf positive Zahlen ist völlig ausreichend und hat zudem noch den praktischen Vorteil, dass wir später (zum Beispiel bei den Wurzeln) keine Fallunterscheidungen treffen müssen.

Potenzen mit natürlichen Hochzahlen

Für Produkte aus mehreren gleichen Faktoren wurde eine neue und vor allem kürzere Schreibweise eingeführt:

$3 \cdot 3 = 3^2$; $\quad 3 \cdot 3 \cdot 3 \cdot 3 = 3^4$; $\quad \underbrace{3 \cdot 3 \cdot 3 \cdot \ldots \cdot 3}_{n \text{ Faktoren } 3} = 3^n$

Der Term 3^n heißt **Potenz** mit der **Basis** 3 und der **Hochzahl** (**Exponent**) n.

Für $n = 1$ wird $3^1 = 3$ festgesetzt.

Für natürliche Hochzahlen n, m lassen sich durch ausführliches Anschreiben die folgenden Rechengesetze für Potenzen bestätigen:

Produkte: $3^n \cdot 3^m = 3^{n+m}$ $\qquad 3^n \cdot 5^n = (3 \cdot 5)^n$

Quotienten: $\dfrac{3^n}{3^m} = 3^{n-m}$ mit $n > m$ $\qquad \dfrac{3^n}{5^n} = \left(\dfrac{3}{5}\right)^n$

Potenz: $(3^n)^m = 3^{n \cdot m}$

Potenzen mit ganzzahligen Hochzahlen

Wenn die obige Rechenregel $\frac{3^n}{3^m} = 3^{n-m}$ auch für den Fall $n \leqq m$ gelten soll, müssen wir zwei Festsetzungen treffen:

Fall $n = m$: $\frac{3^n}{3^n} = 3^{n-n} = 3^0$

Da andererseits $\frac{3^n}{3^n} = 1$ ist, vereinbaren wir: $3^0 = 1$

Fall $n < m$ (zum Beispiel: $4 < 9$): $\frac{3^4}{3^9} = 3^{4-9} = 3^{-5}$

Andererseits gilt aber: $\frac{3^4}{3^9} = \frac{3^4}{3^4 \cdot 3^5} = \frac{1}{3^5}$

Dies führt zur Festsetzung: $3^{-5} = \frac{1}{3^5}$

Man kann nachweisen, dass mit den beiden obigen Festsetzungen die angegebenen Rechenregeln für Potenzen nun auch für ganzzahlige Hochzahlen gelten.

Potenzen mit rationalen Hochzahlen

Unter den rationalen Zahlen versteht man die Menge der Bruchzahlen. In dieser Menge liegen auch die Stammbrüche, die durch $\frac{1}{2}$; $\frac{1}{3}$; $\frac{1}{4}$; ...; $\frac{1}{n}$ gegeben sind.

Um zu klären, was wir unter $3^{\frac{1}{2}}$ zu verstehen haben, verlangen wir diesmal die Gültigkeit des Rechengesetzes $(3^n)^m = 3^{n \cdot m}$. (Wir legen also $3^{\frac{1}{2}}$ so fest, dass dieses Rechengesetz weiterhin gültig ist.)

Für $n = \frac{1}{2}$ und $m = 2$ liefert dann das Rechengesetz: $(3^{\frac{1}{2}})^2 = 3^{\frac{1}{2} \cdot 2} = 3^1 = 3$

Die Potenz $3^{\frac{1}{2}}$ wäre demnach eine Zahl, deren Quadrat die Zahl 3 ergibt. Infrage kommen also die Zahlen $\sqrt{3}$ und $-\sqrt{3}$. Aus Gründen der Eindeutigkeit entscheidet man sich für die

Festlegung: $3^{\frac{1}{2}} = \sqrt{3}$

Im Band Analysis 1 (Mentor Abiturhilfe 645) konnten wir im Abschnitt 1.3.1 zeigen, dass es solche Wurzeln in $\mathbb{R}^+$ auch tatsächlich gibt.

Für beliebige Stammbrüche $\frac{1}{n}$ mit $n \in \mathbb{N} \setminus \{1\}$ erklären wir: $3^{\frac{1}{n}} = \sqrt[n]{3}$

Damit schließlich die Potenz auch für beliebige Brüche $\frac{m}{n}$ als Hochzahlen einen Sinn bekommt, müssen wir noch eine letzte Festsetzung treffen:

Für beliebige Brüche $\frac{m}{n}$ $(n \in \mathbb{N}, m \in \mathbb{Z})$ gilt: $3^{\frac{m}{n}} = (3^{\frac{1}{n}})^m$

Damit haben wir unser Ziel fast erreicht, denn die Potenz 3^x ist jetzt für alle rationalen Hochzahlen x erklärt, wobei die angeführten Rechengesetze gelten.

Potenzen mit rellen Hochzahlen

Nun geht uns kurz vor dem Ziel die Puste aus, denn im Schulunterricht können wir keine präzise mathematische Begründung für $3^{\sqrt{2}}$ oder 3^x mit $x \in \mathbb{R}$ erbringen. Sie können aufschnaufen und brauchen nur noch die folgende Mitteilung zur Kenntnis zu nehmen: An der Universität wird zum Beispiel durch Zahlenfolgen mit dem Grenzwert x oder durch Intervallschachtelungen mit dem Zentrum x bewiesen, dass der Term 3^x auch für beliebige reelle Hochzahlen x erklärt ist.

Den Potenzwert von $3^{\sqrt{2}}$ können *wir* aber mit dem Taschenrechner zu 4,72880438… berechnen.

Rechengesetze für Potenzen

Für $a, b \in \mathbb{R}^+$ und $x, z \in \mathbb{R}$ gilt:

Produkte: $a^x \cdot a^z = a^{x+z}$ $\qquad a^x \cdot b^x = (a \cdot b)^x$

Quotienten: $\frac{a^x}{a^z} = a^{x-z}$ $\qquad \frac{a^x}{b^x} = \left(\frac{a}{b}\right)^x$

Potenz: $(a^x)^z = a^{x \cdot z}$

Beim Vergleich von zwei Potenzwerten mit verschiedener oder gleicher Basis sind die folgenden Monotoniegesetze zu beachten:

Monotoniegesetze für Potenzen

1. Monotoniegesetz:

Aus $0 < a < b$ und $x > 0$ folgt $0 < a^x < b^x$.

2. Monotoniegesetz:

Aus $a > 1$ und $x < z$ folgt $a^x < a^z$.
Aus $0 < a < 1$ und $x < z$ folgt $a^x > a^z$.

Welche Potenz- bzw. Monotoniegesetze sind in den folgenden Beispielen enthalten?

$3^{\sqrt{2}} \cdot 3^{\sqrt{5}} = 3^{\sqrt{2}+\sqrt{5}}$; $5^{\pi} \cdot 2^{\pi} = (5 \cdot 2)^{\pi} = 10^{\pi}$

$(7^{\sqrt{2}})^{\sqrt{3}} = 7^{\sqrt{2} \cdot \sqrt{3}} = 7^{\sqrt{6}}$

$2^{\sqrt{3}} < 4^{\sqrt{3}}$; $4^{\sqrt{3}} < 4^{\sqrt{5}}$; $(0{,}5)^{\sqrt{2}} > (0{,}5)^{\sqrt{3}}$; $(0{,}3)^{-\sqrt{3}} > (0{,}3)^{\sqrt{5}}$

Logarithmen 11.2

Logarithmus als Exponent

Aus dem Existenz- und Eindeutigkeitssatz für Exponenten (vergleiche später in Abschnitt 12.1.2) folgt, dass die Gleichung $a^x = r$ mit $a \in \mathbb{R}^+ \setminus \{1\}$ und $r \in \mathbb{R}^+$ *genau* eine Lösung $x \in \mathbb{R}$ hat.

In vielen Fällen können wir den gesuchten Exponenten x sofort angeben:

Beispiel 1

$2^x = 8 \;\Rightarrow\; 2^x = 2^3 \;\Rightarrow\; x = 3$

In Worten: Die Zahl $x = 3$ ist derjenige Exponent, mit dem man die Basis 2 potenzieren muss, um 8 zu erhalten.

Beispiel 2

$3^x = \frac{1}{81} \;\Rightarrow\; 3^x = \frac{1}{3^4} \;\Rightarrow\; 3^x = 3^{-4} \;\Rightarrow\; x = -4$

In Worten: Die Zahl $x = -4$ ist derjenige Exponent, mit dem man die Basis 3 potenzieren muss, um $\frac{1}{81}$ zu erhalten.

Beispiel 3 $5^x = \sqrt{5} \;\Rightarrow\; 5^x = 5^{\frac{1}{2}} \;\Rightarrow\; x = \frac{1}{2}$

In Worten: Die Zahl $x = \frac{1}{2}$ ist derjenige Exponent, mit dem man die Basis 5 potenzieren muss, um $\sqrt{5}$ zu erhalten.

Beispiel 4 Die Gleichung $5^x = 7$ soll gelöst werden.

Die Lösung x der Gleichung $5^x = 7$ lässt sich in Worten so formulieren:
„Die reelle Zahl x ist der Exponent, mit dem man die Basis 5 potenzieren muss, um die Zahl 7 zu erhalten".

Diese gesuchte Hochzahl x in der Gleichung $5^x = 7$ bekommt nun einen eigenen Namen:
Wir bezeichnen x als den *Logarithmus von 7 zur Basis 5* und schreiben:
$x = \log_5 7$

Die Gleichung $5^x = 7$ wird als **Exponentialgleichung** bezeichnet, da die gesuchte Größe x im Exponenten auftritt. Solche Gleichungen können wir nicht durch Anwendung von Grundrechenarten nach x auflösen, sondern nur in Worten beschreiben, was die Zahl x bewirkt, wenn man die Basis 5 damit potenziert: Es soll der Potenzwert 7 herauskommen.

In unserem letzten Beispiel hat die Exponentialgleichung $5^x = 7$ den Logarithmus $x = \log_5 7$ als Lösung. Umgekehrt gehört zu $x = \log_5 7$ natürlich die Exponentialgleichung $5^x = 7$.

Die Beispiele geben Anlass zu folgender Definition des Logarithmus:

Der Exponent x in der Gleichung $a^x = r$ mit $a \in \mathbb{R}^+ \setminus \{1\}$ und $r \in \mathbb{R}^+$ heißt der **Logarithmus von r zur Basis a**. In mathematischer Schreibweise:

$x = \log_a r$

$a^x = r \;\Leftrightarrow\; x = \log_a r$

Die Gleichung $a^1 = a$ besagt, dass der Exponent 1 der Logarithmus von a (rechte Seite) ist, und zwar zur Basis a (linke Seite). Das heißt: $1 = \log_a a$

Für jede zulässige Basis a gilt: $\log_a a = 1$

Ebenso folgt aus der Gleichung $a^x = a^x$, dass die Hochzahl x auf der linken Gleichungsseite der Logarithmus von a^x (rechte Gleichungsseite) ist, wenn die Basis a der linken Gleichungsseite damit potenziert wird. Es gilt also:

In jeder zulässigen Basis a gilt: $\log_a(a^x) = x$

In Worten: Wird eine zulässige Basis a mit x potenziert, und bildet man anschließend von dieser Potenz a^x den Logarithmus zur Basis a, so erhält man wieder die Zahl x.

Potenzieren und Logarithmieren sind zueinander entgegengesetzte Rechenarten, wenn die verwendete Basis in $\mathbb{R}^+ \setminus \{1\}$ liegt.

Die Gleichung $a^0 = 1$ mit $a \in \mathbb{R}^+$ hat nach der Definition des Logarithmus als Hochzahl die Lösung $0 = \log_a 1$.

Der Logarithmus von 1 ist für jede Basis $a > 0$ immer die Zahl Null: $\log_a 1 = 0$

Besondere Logarithmen

Für Logarithmen zur Basis 10 (Zehner-Logarithmen) wurde statt $\log_{10}$ die kürzere Schreibweise lg vereinbart.

Die Gleichung $10^x = 5$ hat demnach die Lösung $x = \lg 5$.

Wird die EULER'sche Zahl $e = 2{,}71828...$ (vgl. Analysis 1, Abschnitt 6.5.1) als Basis verwendet, dann schreibt man statt $\log_e$ das Zeichen ln. Das Zeichen ln entstand als Abkürzung aus „logarithmus naturalis" (= natürlicher Logarithmus) und wird „ell-enn" ausgesprochen.

Die Gleichung $e^x = 3$ hat demnach die Lösung $x = \ln 3$.

Logarithmengesetze

Für die Logarithmen, die ja nichts anderes als Exponenten oder Hochzahlen sind, gelten eigene Rechengesetze, die wir im Folgenden aus den Potenzgesetzen herleiten werden.

Zunächst aber wollen wir klarlegen, worin eigentlich der Vorteil des Rechnens mit Logarithmen liegt. Dazu betrachten wir einen festen Wert a aus $\mathbb{R}^+ \setminus \{1\}$ und für beliebige $x \in \mathbb{R}$ die Zuordnung $x \to y = a^x$.

Die Menge der Exponenten x ist durch die Menge $\mathbb{R}$ und die Menge der Potenzwerte a^x ist durch die Menge $\mathbb{R}^+$ gegeben. Nach Vorgabe von x ist der Potenzwert a^x eindeutig bestimmt. Umgekehrt ist aber auch einem Potenzwert a^x eindeutig eine reelle Zahl x zugeordnet. Für die Zuordnung zwischen den Exponenten x und den Potenzwerten a^x gilt daher der Satz:

Durch die Vorschrift $x \rightarrow y = a^x$ mit $a \in \mathbb{R}^+ \setminus \{1\}$ und $x \in \mathbb{R}$ ist eine umkehrbar eindeutige (= eineindeutige) Abbildung der Menge $\mathbb{R}$ der Exponenten auf die Menge $\mathbb{R}^+$ der Potenzwerte gegeben: $x \leftrightarrow a^x$

In diesen scheinbar dürren Worten stecken Saft und Kraft: Sind x und z reelle Zahlen, dann ist auch die Summe $x + z$ eine reelle Zahl und es gilt wie oben die umkehrbar eindeutige Abbildung:

$x + z \quad \leftrightarrow \quad a^{x+z} = a^x \cdot a^z$ (1. Potenzgesetz)

Die Abbildung $x + z \leftrightarrow a^x \cdot a^z$ besagt aber, dass der Addition $x + z$ von Exponenten in $\mathbb{R}$ *umkehrbar eindeutig* die Multiplikation $a^x \cdot a^z$ der Potenzwerte zugeordnet ist.

Genau dieser Sachverhalt hat für das praktische Rechnen große Bedeutung:

Liegen für die Exponenten x von a^x mit einer festen Basis a Tabellen vor (Logarithmentafeln), in denen man zu jedem Exponenten x den zugehörigen Potenzwert und umgekehrt ablesen kann, dann braucht man bei der Multiplikation $a^x \cdot a^z = a^{x+z}$ nur die Summe $x + z$ zu bilden und in der Tabelle den zugehörigen Potenzwert abzulesen.
Diese Tatsache ist die Grundlage der früher üblichen Rechenschieber.

Herleitung der logarithmischen Rechengesetze

Nach Vorgabe einer festen Basis $a \in \mathbb{R}^+ \setminus \{1\}$ können wir beliebige positive Zahlen u und v als Potenzwerte mit der Basis a angeben:

$u = a^x$ bzw. $v = a^z$ mit $x, z \in \mathbb{R}$.

Nach der Definition des Logarithmus als Exponent ist:

$x = \log_a u$ bzw. $z = \log_a v$

Logarithmus eines Produkts

Das 1. Potenzgesetz liefert hier: $u \cdot v = a^x \cdot a^z = a^{x+z}$

Aus $a^{x+z} = u \cdot v$ erhalten wir für den Exponenten $x + z$ nach Definition des Logarithmus:

$$x + z = \log_a (u \cdot v)$$

Mit $x = \log_a u$ und $z = \log_a v$ lautet diese Gleichung:

$$\log_a u + \log_a v = \log_a (u \cdot v)$$

Durch Umstellen der Gleichungsseiten gewinnen wir die Rechenregel, wie der Logarithmus eines Produkts gebildet wird:

$$\log_a (u \cdot v) = \log_a u + \log_a v$$

Bezüglich einer festen Basis a ist der Logarithmus eines Produkts gleich der Summe der Logarithmen der einzelnen Faktoren.

Diese Regel gilt auch für ein Produkt aus mehr als zwei Faktoren:

$$\log_a (uvw) = \log_a u + \log_a v + \log_a w$$

Logarithmus eines Quotienten

Es gilt unter Verwendung des 2. Potenzgesetzes: $\frac{u}{v} = \frac{a^x}{a^z} = a^{x-z}$

Aus $a^{x-z} = \frac{u}{v}$ erhalten wir für den Exponenten $x - z$ nach Definition des Logarithmus:

$$x - z = \log_a \frac{u}{v}$$

Mit $x = \log_a u$ und $z = \log_a v$ lautet die letzte Gleichung:

$$\log_a u - \log_a v = \log_a \left(\frac{u}{v}\right)$$

Durch Umstellen der Gleichungsseiten gewinnen wir die Rechenregel, wie der Logarithmus eines Quotienten gebildet wird:

Bezüglich einer festen Basis a ist der Logarithmus eines Quotienten gleich der Differenz aus dem Logarithmus des Zählers und dem Logarithmus des Nenners.

$$\log_a \left(\frac{u}{v}\right) = \log_a u - \log_a v$$

Logarithmus einer Potenz

Wir potenzieren die Gleichung $u = a^x$ mit $r \notin \mathbb{R}$ nach dem 5. Potenzgesetz:

$$u^r = (a^x)^r = a^{x \cdot r} = a^{r \cdot x}$$

Aus der Gleichung $a^{rx} = u^r$ folgt nun für den Exponenten rx nach der Definition des Logarithmus:

$$rx = \log_a (u^r)$$

Mit $x = \log_a u$ erhalten wir aus dieser Gleichung: $r \cdot \log_a u = \log_a (u^r)$

Durch Umstellen der Gleichungsseiten gewinnen wir diesmal die Regel, wie der Logarithmus einer Potenz gebildet wird:

Bezüglich einer festen Basis a wird der Logarithmus einer Potenz gebildet, indem man den Exponenten mit dem Logarithmus der Basis der Potenz multipliziert.

$$\log_a (u^r) = r \cdot \log_a u$$

Basiswechsel

Für das praktische Rechnen ist es sehr günstig, wenn man die Logarithmen bezüglich einer Basis in die entsprechenden Logarithmen zu einer anderen Basis umrechnen kann. Wie dies geschieht, sehen wir uns in zwei Beispielen an.

➢ ➢ ➢ ➢ ➢ ➢ ➢ ➢ ➢ ➢ ➢ ➢

Beispiel 1 Wie lautet der Logarithmus von 5 zur Basis 3 in der neuen Basis 7?

Wir setzen $\log_3 5 = y$ und erhalten daraus die zugehörige Exponentialgleichung $3^y = 5$.
Erinnern Sie sich: $y = \log_3 5$ ist diejenige Hochzahl, mit der man die Basis 3 potenzieren muss, um die Zahl 5 zu erhalten. Da nun in der Gleichung $3^y = 5$ beide Seiten positiv sind, dürfen wir von beiden Seiten den Logarithmus zur Basis 7 bilden:

$$3^y = 5 \quad | \ \log_7 \text{ von beiden Gleichungsseiten bilden}$$

$$\log_7 (3^y) = \log_7 5 \quad | \ \log_7 (3^y) = y \cdot \log_7 3 \ \text{ setzen}$$

$$y \cdot \log_7 3 = \log_7 5 \quad | \ \text{Nach } y \text{ auflösen}$$

$$y = \frac{\log_7 5}{\log_7 3} \quad | \ y = \log_3 5 \ \text{ wieder einsetzen}$$

$$\log_3 5 = \frac{\log_7 5}{\log_7 3}$$

Beispiel 2

Der Logarithmus einer positiven Zahl x bezüglich der Basis a soll durch Logarithmen mit der Basis 10 ($\log_{10} = \lg$) ausgedrückt werden.

Zu $y = \log_a x$ gehört die Exponentialgleichung $a^y = x$.
Wir bilden nun von beiden positiven Gleichungsseiten den Logarithmus lg zur Basis 10:

$$\begin{aligned} a^y &= x \\ \lg(a^y) &= \lg x && \mid \lg(a^y) = y \cdot \lg a \text{ setzen} \\ y \cdot \lg a &= \lg x && \mid \text{Nach } y \text{ auflösen} \\ y &= \frac{\lg x}{\lg a} && \mid y = \log_a x \text{ wieder einsetzen} \\ \log_a x &= \frac{\lg x}{\lg a} \end{aligned}$$

Mithilfe der letzten Gleichung kann $\log_a x$ durch Zehnerlogarithmen ausgedrückt werden. Es genügt also für das praktische Rechnen, wenn nur Tafeln für die Zehnerlogarithmen vorliegen.
Statt der Tafeln wird heute der Taschenrechner benutzt. Beachten Sie aber, dass auf Taschenrechnern $\log_{10}$ mit log und nicht mit lg angegeben ist.

Bemerkung:

Setzen wir in der Formel $\log_a x = \frac{\lg x}{\lg a}$ für die Basis a die EULER'sche Zahl $e = 2{,}71828\ldots$ ein, dann erhalten wir mit der Schreibweise $\log_e x = \ln x$ und wegen $\lg e \approx 0{,}434$ die folgende einfache Beziehung zwischen dem natürlichen Logarithmus und dem Zehnerlogarithmus einer positiven Zahl x:

$$\ln x \approx \frac{1}{0{,}434} \cdot \lg x \quad \text{bzw.:} \quad \ln x \approx 2{,}303 \cdot \lg x$$

Die natürlichen Logarithmen von positiven Zahlen x sind rund 2,3-mal so groß wie die zugehörigen Zehnerlogarithmen.

Allgemeiner Basiswechsel

Der Logarithmus einer positiven Zahl x bezüglich der Basis $a \in \mathbb{R}^+ \setminus \{1\}$ soll durch Logarithmen in der neuen Basis $c \in \mathbb{R}^+ \setminus \{1\}$ ausgedrückt werden.

Zu $y = \log_a x$ gehört die Exponentialgleichung $a^y = x$, denn $y = \log_a x$ ist diejenige Hochzahl, mit der man die Basis a potenzieren muss, um x zu erhalten.

$$\begin{aligned} a^y &= x \\ \log_c (a^y) &= \log_c x \\ y \cdot \log_c a &= \log_c x \\ y &= \frac{\log_c x}{\log_c a} \\ \log_a x &= \frac{\log_c x}{\log_c a} \end{aligned}$$

Basiswechsel: $\log_a x = \dfrac{\log_c x}{\log_c a}$

Wählen wir in der letzten Formel für c die EULER'sche Zahl $e = 2{,}71828\ldots$, dann erhalten wir die später benötigte Umrechnungsformel:

$$\log_a x = \frac{\ln x}{\ln a} = \frac{1}{\ln a} \cdot \ln x$$

Exponentialfunktionen 12.

Allgemeine Exponentialfunktion 12.1

Im Abschnitt 11.1 haben wir erfahren, dass für $a \in \mathbb{R}^+$ die Potenz a^x für beliebige reelle Zahlen erklärt werden kann. Damit ergibt sich jetzt die Möglichkeit, jeder reellen Zahl x den eindeutig bestimmten Potenzwert a^x zuzuordnen. Durch diese Zuordnung entsteht eine reelle Funktion $x \to a^x$, die wir im Folgenden genauer untersuchen wollen.

Die Funktion f, die durch die Zuordnung $x \to a^x$ mit $a \in \mathbb{R}^+$ und $x \in \mathbb{R}$ festgelegt ist, heißt **allgemeine Exponentialfunktion** oder Exponentialfunktion zur Basis a.

Der Graph einer Exponentialfunktion heißt Exponentialkurve.

Bei der Vorgabe von Funktionen verwenden wir neben $f: x \to f(x) = a^x$ die oft bequemere Schreibweise $y = a^x$.

Aus der Definition der Exponentialfunktion können schon wichtige Eigenschaften dieser Funktion gefolgert werden:

Da die Funktionsgleichung $y = a^x$ für jede reelle Zahl x definiert ist, ergibt sich für die (maximale) Definitionsmenge D_y jeder Exponentialfunktion: $D_y = \mathbb{R}$

Verlauf der Exponentialkurven 12.1.1

Wir berechnen mit dem Taschenrechner im Intervall $-3 \leqq x \leqq 3$ einige Funktionswerte der Exponentialfunktionen, die durch die Gleichungen

$$y = 1^x, \quad y = 2^x, \quad y = \left(\frac{1}{2}\right)^x \quad \text{sowie} \quad y = 4^x, \quad y = \left(\frac{1}{4}\right)^x$$

gegeben sind. Tragen wir die berechneten Funktionswerte in ein Koordinatensystem ein, so erhalten wir den in der Figur 29 bzw. Figur 30 gezeichneten Verlauf der zugehörigen Exponentialkurven.

Figur 29

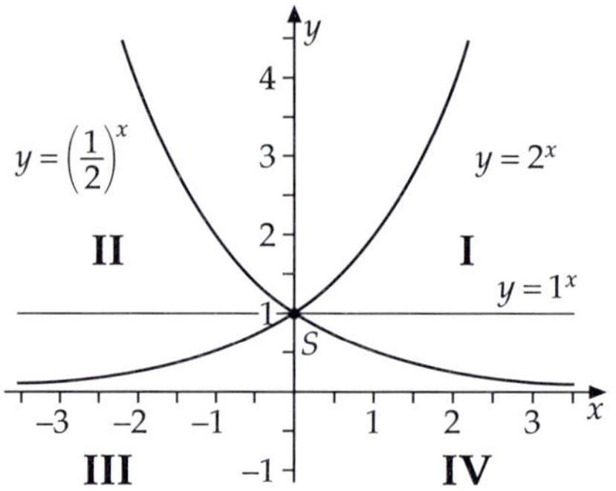

Figur 30

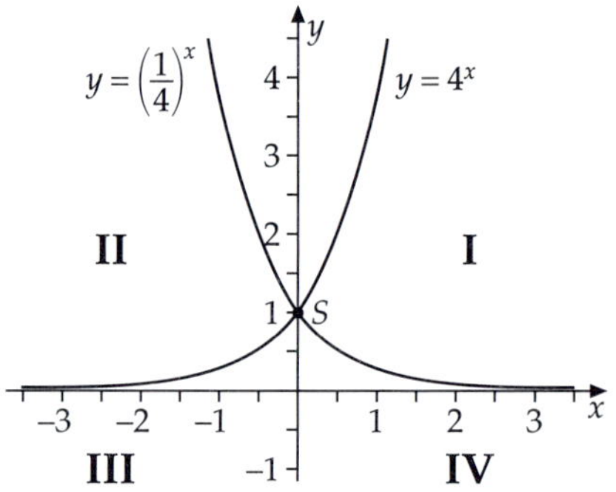

Beim Betrachten der in den Figuren 29 und 30 gezeichneten speziellen Exponentialkurven drängen sich Vermutungen und mögliche Zusammenhänge auf, die wir im Folgenden genauer untersuchen werden.

Hinweis 1 aus den Figuren:

Alle eingetragenen speziellen Exponentialkurven verlaufen im I. und II. Quadranten. (Der I. Quadrant wird von der positiven x-Achse und der positiven y-Achse begrenzt; die Zählung der Quadranten erfolgt gegen den Uhrzeigersinn.)
Diese Exponentialkurven haben *keine* Nullstellen und nehmen *keine* negativen Funktionswerte an.

Beweis für alle Exponentialkuven:

Alle Exponentialkurven mit den Gleichungen $y = a^x$ und $a > 0$ müssen im I. und II. Quadranten verlaufen, da der Potenzwert a^x für alle reellen Zahlen x stets einen positiven Wert hat. Die allgemeine Exponentialfunktion hat daher *keine* Nullstelle und *keine* negativen Funktionswerte.

Hinweis 2 aus den Figuren:

Die eingezeichneten Exponentialkurven schneiden die y-Achse jeweils im Punkt $S(0; 1)$

Beweis für alle Exponentialkurven:

Alle Exponentialkurven mit den Gleichungen $y = a^x$ und $a > 0$ müssen die y-Achse im Punkt $S(0; 1)$ schneiden, da für $x = 0$ gilt: $y(0) = a^0 = 1$

Hinweis 3 aus den Figuren:

Durchlaufen wir die x-Achse in Richtung zunehmender x-Werte (in den Figuren also nach rechts), dann sind die Exponentialkurven mit den

Gleichungen $y = 2^x$ und $y = 4^x$ streng monoton steigend, die Exponentialkurven mit den Gleichungen $y = \left(\frac{1}{2}\right)^x$ und $y = \left(\frac{1}{4}\right)^x$ dagegen streng monoton fallend.
Die Exponentialkurve zu $y = 1^x$ ist eine Parallele zur x-Achse im Abstand 1.

Beweis:

Wir wiederholen zunächst die Definition der strengen Monotonie von Funktionen. Vergleichen Sie dazu Analysis 1, Abschnitt 7.5: Der Graph einer Funktion f heißt in D_f *streng* monoton steigend, wenn für alle $x_1, x_2 \in D_f$ gilt: $x_1 < x_2 \Rightarrow f(x_1) < f(x_2)$

Gilt dagegen $x_1 < x_2 \Rightarrow f(x_1) > f(x_2)$ für alle $x_1, x_2 \in D_f$, dann ist der Graph von f in D_f *streng* monoton fallend.

Mithilfe des 2. Monotoniegesetzes für Potenzen (vergleiche Abschnitt 11.1) gilt:

- $x_1 < x_2 \Rightarrow a^{x_1} < a^{x_2}$, wenn $a > 1$

  Mit anderen Worten: Ist $a > 1$, so nimmt mit zunehmendem Exponenten x auch der Potenzwert a^x zu.
  Damit ist aber bewiesen, dass alle Exponentialkurven mit den Gleichungen $y = a^x$ für $a > 1$ in $\mathbb{R}$ streng monoton steigend sind.

- Für $0 < a < 1$ lautet das 2. Monotoniegesetz für Potenzen:

  $x_1 < x_2 \Rightarrow a^{x_1} > a^{x_2}$, wenn $0 < a < 1$

  Das heißt aber, dass alle Exponentialkurven mit den Gleichungen $y = a^x$ und $0 < a < 1$ in $\mathbb{R}$ streng monoton fallend sind, da jetzt mit zunehmendem Exponenten x der Potenzwert a^x abnimmt.

- Die zu $y = 1^x$ gehörende Kurve muss wegen $1^x = 1$ für $x \in \mathbb{R}$ eine Parallele zur x-Achse sein.

Hinweis 4 aus den Figuren:

Wir vermuten, dass die Exponentialkurven mit den Gleichungen

$$y = 2^x \text{ und } y = \left(\frac{1}{2}\right)^x \text{ bzw. } y = 4^x \text{ und } y = \left(\frac{1}{4}\right)^x$$

durch Spiegelung an der y-Achse ineinander übergeführt werden können.

Figur 31

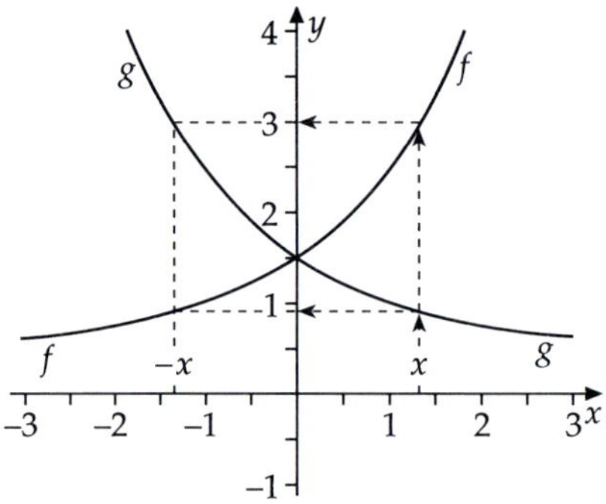

In Figur 31 liegen die Graphen der Funktionen f und g spiegelbildlich zur y-Achse. Der Graph von g geht durch Spiegelung an der y-Achse aus dem Graphen von f hervor, wenn $g(x) = f(-x)$ für alle $x \in \mathbb{R}$ gilt.

Für die Spiegelung eines Graphen an der y-Achse gilt die folgende einfache Regel:

Ersetzt man im Funktionsterm einer in $\mathbb{R}$ erklärten Funktion f die Variable x durch $-x$, so erhält man eine neue Funktion g, deren Graph aus dem Graphen der gegebenen Funktion durch Spiegelung an der y-Achse hervorgeht.

Wir wenden die obige Regel nun auf die Exponentialfunktion $y = a^x$ mit $a > 0$ und $D_y = \mathbb{R}$ an:

Ersetzen wir x durch $-x$, so erhalten wir aus $y = a^x$ die neue Funktionsgleichung $y = a^{-x}$, die wir mithilfe der Potenzgesetze weiter umformen:

$$y = a^{-x} = \frac{1}{a^x} = \left(\frac{1}{a}\right)^x, \quad \text{also:} \quad y = \left(\frac{1}{a}\right)^x$$

Das heißt: Wird $f(x) = a^x$ an der y-Achse gespiegelt, dann erhält man als gespiegelte Funktion $g(x) = \left(\frac{1}{a}\right)^x$, denn $f(-x) = a^{-x} = \left(\frac{1}{a}\right)^x = g(x)$.

Hinweis 5 aus den Figuren:

Außer der konstanten Funktion $y = 1^x = 1$ haben alle eingezeichneten Exponentialkurven die x-Achse als waagrechte Asymptote.

Beweis für alle Exponentialkurven mit $a \in \mathbb{R}^+ \setminus \{1\}$

- *Fall $a > 1$:*

  Für $a > 1$ haben die Potenzwerte a^x für $x \to \infty$ keinen Grenzwert.

  Für $x \to -\infty$ formen wir wie folgt um: $\lim\limits_{x \to -\infty} a^x = \lim\limits_{x \to \infty} a^{-x} = \lim\limits_{x \to \infty} \left(\frac{1}{a}\right)^x = 0$

  Beachten Sie im letzten Schritt: Aus $a > 1$ folgt $0 < \frac{1}{a} < 1$.

  Die negative x-Achse ist also Asymptote der Exponentialkurven mit der Gleichung $y = a^x$, wenn $a > 1$ erfüllt ist.

- *Fall $0 < a < 1$:*

  $\lim\limits_{x \to \infty} a^x = 0$, da $0 < a < 1$ ist.

Hinweis 6 aus den Figuren:

Die Wertemenge der Exponentialfunktionen ist die Menge $\mathbb{R}^+$.

Beweis für alle Exponentialkurven mit $a \in \mathbb{R}^+ \setminus \{1\}$

- *Fall $a > 1$:*

  Im Beweis zu Hinweis 5 haben wir gezeigt: $a^x \to \infty$ für $x \to \infty$ und
  $a^x \to 0$ für $x \to -\infty$
  Daraus folgt aber sofort die Wertemenge $\mathbb{R}^+$ der Funktion $y = a^x$.

- *Fall $0 < a < 1$:*

  Ebenfalls aus dem Beweis in Hinweis 5 wissen wir: $a^x \to 0$ für $x \to \infty$

  Für $x \to -\infty$ formen wir wie folgt um: $\lim\limits_{x \to -\infty} a^x = \lim\limits_{x \to \infty} a^{-x} = \lim\limits_{x \to \infty} \left(\frac{1}{a}\right)^x$

  Da nun $\frac{1}{a} > 1$ ist, existiert dieser Grenzwert nicht, da alle positiven Zahlen übertroffen werden. Es gilt: $a^x \to \infty$ für $x \to -\infty$

  Auch jetzt erhalten wir wieder die Wertemenge $\mathbb{R}^+$ für die Funktion $y = a^x$.

Existenz- und Eindeutigkeitssatz für Exponenten 12.1.2

Eben haben wir gezeigt, dass die in $\mathbb{R}$ definierte Exponentialfunktion $y = a^x$ mit $a \in \mathbb{R} \setminus \{1\}$ die Wertemenge $\mathbb{R}^+$ hat.

Mit anderen Worten heißt dies:
In der Definitionsmenge $\mathbb{R}$ kann der Potenzwert a^x jede positive reelle Zahl *mindestens* einmal annehmen.
Da nun die Exponentialkurven für $a > 1$ in $\mathbb{R}$ streng monoton steigend und für $0 < a < 1$ streng monoton fallend sind, folgt zusammen mit der obigen Feststellung, dass der Potenzwert von a^x mit einer vorgegebenen reellen Zahl $r \in \mathbb{R}^+$ *genau einmal* übereinstimmt. Der Exponent x in der Gleichung $a^x = r$ ist also eindeutig bestimmt.
Damit haben wir aber den folgenden Satz bewiesen:

Existenz- und Eindeutigkeitssatz für Exponenten

Für $a \in \mathbb{R}^+ \setminus \{1\}$ hat nach Vorgabe einer Zahl $r \in \mathbb{R}^+$ die Gleichung $a^x = r$ genau eine Lösung $x \in \mathbb{R}$.

Aus diesem Satz folgt aber die für das Lösen von Exponentialgleichungen wichtige Regel:

Zwei Potenzen mit *gleicher* Basis $a \in \mathbb{R}^+ \setminus \{1\}$ haben genau dann denselben Potenzwert, wenn auch die Exponenten gleich sind.

$a^x = a^z \iff x = z$

Beispiel 1 Gesucht ist die Lösung der Exponentialgleichung:

$2^{2x} - 18 \cdot 2^x + 32 = 0$ mit $D = \mathbb{R}$

Auf den ersten Blick scheint diese Gleichung überhaupt nicht lösbar zu sein. Nach längerem Probieren finden wir vermutlich noch heraus, dass $x = 1$ die Gleichung erfüllt, da $2^{2 \cdot 1} - 18 \cdot 2^1 + 32 = 2^2 - 18 \cdot 2 + 32 = 4 - 36 + 32 = 0$ ist. Damit ist aber die Frage, ob wir bereits alle Lösungen gefunden haben, nicht beantwortet.

Nur wenn Sie niemals gleich aufgeben, sondern sich weiter mit der Aufgabe beschäftigen (wir wollen ja keine unlösbaren Aufgaben stellen), kann plötzlich die alles entscheidende Idee aufblitzen:

Die Potenz 2^{2x} kann man auch anders darstellen: $2^{2x} = 2^{x \cdot 2} = (2^x)^2$. Erinnern Sie sich an die Potenzgesetze!

Die obige Gleichung lautet damit: $(2^x)^2 - 18 \cdot 2^x + 32 = 0$

Jetzt fehlt nur noch ein kleiner Schritt um diese Gleichung zu lösen. Ersetzen wir den Term 2^x durch die Variable u, dann steht plötzlich eine quadratische Gleichung in der Variablen u da:

$u^2 - 18u + 32 = 0$

Der Mathematiker sagt, dass er die **Substitution** (Ersetzung) $2^x = u$ ausgeführt hat.

Die Lösungen der quadratischen Gleichung lauten $u = 16$ oder $u = 2$.

Wir kennen nun zwar die Lösungen für u, wollen aber die x-Werte wissen. Dazu müssen wir die Substitution $2^x = u$ wieder rückgängig machen:

$$\left.\begin{array}{lllll} 2^x = 16 & \Rightarrow & 2^x = 2^4 & \Rightarrow & x = 4 \\ 2^x = 2 & \Rightarrow & 2^x = 2^1 & \Rightarrow & x = 1 \end{array}\right\} \Rightarrow L = \{1; 4\}$$

Beispiel 2

Gesucht ist die Lösung der Exponentialgleichung:

$5^{2x-4} - 20 \cdot 5^{x-2} - 125 = 0$ mit $D = \mathbb{R}$

Wir sind durch das Beispiel 1 schon schlauer geworden und erkennen jetzt wegen $5^{2x-4} = 5^{(x-2)\cdot 2} = (5^{x-2})^2$, dass die Substitution $5^{x-2} = u$ die obige Gleichung in eine quadratische Gleichung in der Variablen u überführt.

$u^2 - 20u - 125 = 0 \;\Rightarrow\; u = 25$ oder $u = -5$

Auch hier müssen wir die Substitution $5^{x-2} = u$ wieder rückgängig machen, um die zugehörigen x-Werte zu erhalten:

$$\left.\begin{array}{l} 5^{x-2} = 25 \;\Rightarrow\; 5^{x-2} = 5^2 \;\Rightarrow\; x - 2 = 2 \;\Rightarrow\; x = 4 \\ 5^{x-2} = -5 \text{ ist nicht definiert, da eine Potenz mit} \\ \text{der Basis 5 keinen negativen Wert haben kann.} \end{array}\right\} \Rightarrow L = \{4\}$$

Beispiel 3

Gesucht ist die Lösung der Exponentialgleichung:

$3^{6x+1} - 27^{2x+1} + 9^{3x+2} = 4617$ mit $D = \mathbb{R}$

Zunächst werden Sie wahrscheinlich nachprüfen, ob die Zahl 4617 eine Potenz der Form 3^n ist. Dies ist aber nicht der Fall.

Alle auftretenden Potenzen können aber mithilfe der Basis 3 dargestellt werden:

$$\begin{aligned} 3^{6x+1} - (3^3)^{2x+1} + (3^2)^{3x+2} &= 4617 \quad | \; (a^n)^m = a^{nm} \text{ anwenden} \\ 3^{6x+1} - 3^{6x+3} + 3^{6x+4} &= 4617 \quad | \; a^{n+m} = a^n \cdot a^m \text{ anwenden} \\ 3^{6x} \cdot 3^1 - 3^{6x} \cdot 3^3 + 3^{6x} \cdot 3^4 &= 4617 \quad | \; 3^{6x} \text{ ausklammern} \\ 3^{6x}(3 - 27 + 81) &= 4617 \\ 3^{6x} \cdot 57 &= 4617 \quad | \; \text{durch 57 dividieren} \\ 3^{6x} &= 81 \\ 3^{6x} = 3^4 \;\Rightarrow\; 6x = 4 \;\Rightarrow\; x &= \frac{4}{6} = \frac{2}{3} \end{aligned}$$

Lösungsmenge: $L = \left\{\frac{2}{3}\right\}$

12.2 Ableitung der Exponentialfunktion

Die allgemeine Exponentialfunktion lautet $y = a^x$ mit $a \in \mathbb{R}^+\setminus\{1\}$ und $D_y = \mathbb{R}$.

Um die Ableitung y' zu berechnen, bilden wir mit $h > 0$ an einer beliebigen Stelle x den rechtsseitigen Differenzenquotienten und versuchen dann seinen Grenzwert zu bestimmen:

$$y' = \lim_{h \to 0} \frac{a^{x+h} - a^x}{h} = \lim_{h \to 0} \frac{a^x \cdot a^h - a^x}{h} = \lim_{h \to 0} \frac{a^x \cdot (a^h - 1)}{h}$$

Da der Term a^x beim Grenzübergang $h \to 0$ eine feste Zahl ist, dürfen wir a^x vor das Limeszeichen schreiben:

$$y' = a^x \cdot \lim_{h \to 0} \frac{a^h - 1}{h}$$

Der Grenzwert $\lim\limits_{h \to 0} \frac{a^h - 1}{h}$ nimmt die unbestimmte Form $\frac{0}{0}$ an und wird im Unterricht meist „experimentell" bestimmt, indem man mit dem Taschenrechner immer kleiner werdende Zahlen für h einsetzt und damit eine Vermutung bestätigt.

Wir wählen einen anderen Weg: Für positive Zahlen a ist nach Definition des Logarithmus als Hochzahl der $\ln a$ diejenige Hochzahl, mit der man die Basis e (EULER'sche Zahl) potenzieren muss, um a zu erhalten. Mit $a = e^{\ln a}$ können wir nun a^h darstellen:

$$a^h = (e^{\ln a})^h = e^{h \cdot \ln a}$$

Damit erhalten wir: $\frac{a^h - 1}{h} = \frac{e^{h \cdot \ln a} - 1}{h}$

Für $h \to 0$ entsteht wieder die unbestimmte Form $\frac{0}{0}$ und unsere Umformung scheint keinen Erfolg zu haben.

Es liegt in der Natur des Mathematikers, dass er ruhelos solange herumbastelt, bis er doch einen Weg gefunden hat, den Grenzwert für $h \to 0$ zu bestimmen. Irgendwann hat ein Mathematiker die folgende Substitution gefunden: Er hat $e^{h \cdot \ln a} - 1$ durch die neue Variable z ersetzt, also die Substitution $e^{h \cdot \ln a} - 1 = z$ betrachtet. Beim Grenzübergang $h \to 0$ muss $z \to 0$ erfüllt werden.

Wir müssen noch die Größe h mithilfe der Substitution darstellen, also die Substitution nach h auflösen:

$$e^{h \cdot \ln a} - 1 = z$$
$$e^{h \cdot \ln a} = 1 + z$$

Nach der Definition des Logarithmus als Hochzahl ist aber in der letzten Gleichung $h \cdot \ln a$ gerade die Hochzahl, mit der man die Basis e potenzieren muss, um $1 + z$ zu erhalten. Mit anderen Worten: $h \cdot \ln a$ ist der natürliche Logarithmus von $1 + z$ und es ist:

$$h \cdot \ln a = \ln(1 + z)$$
$$h = \frac{\ln(1 + z)}{\ln a}$$

Die Durchführung der Substitution sieht dann so aus:

$$\frac{e^{h \cdot \ln a} - 1}{h} = \frac{z}{\frac{\ln(1 + z)}{\ln a}} = \frac{(\ln a) \cdot z}{\ln(1 + z)} = \ln a \cdot \frac{1}{\frac{\ln(1 + z)}{z}}$$

Da $\ln a$ eine feste Zahl ist, erhalten wir durch Anwenden der Grenzwertsätze:

$$\lim_{h \to 0} \frac{e^{h \cdot \ln a} - 1}{h} = \ln a \cdot \frac{1}{\lim\limits_{z \to 0} \frac{\ln(1 + z)}{z}}$$

Zur Berechnung des Grenzwertes $\lim\limits_{z \to 0} \frac{\ln(1 + z)}{z}$ setzen wir nun $z = \frac{1}{n}$ $(n \in \mathbb{N})$. Für $z \to 0$ muss jetzt $n \to \infty$ erfüllt werden.

$$\lim_{z \to 0} \frac{\ln(1 + z)}{z} = \lim_{n \to \infty} \frac{\ln\left(1 + \frac{1}{n}\right)}{\frac{1}{n}} = \lim_{n \to \infty} n \cdot \ln\left(1 + \frac{1}{n}\right) = \lim_{n \to \infty} \ln\left(1 + \frac{1}{n}\right)^n$$

Nun sind wir endlich am Ziel, denn für $n \to \infty$ geht der Ausdruck $\left(1 + \frac{1}{n}\right)^n$ gegen die EULER'sche Zahl e, wie wir in Analysis 1 in Abschnitt 6.5.1 gezeigt haben:

Mit $\lim\limits_{z \to 0} \frac{\ln(1 + z)}{z} = \lim\limits_{n \to \infty} \ln\left(1 + \frac{1}{n}\right)^n = \ln e = 1$ erhalten wir dann:

$$\lim_{h \to 0} \frac{e^{h \cdot \ln a} - 1}{h} = \ln a \cdot \frac{1}{1} = \ln a \quad \text{oder} \quad \lim_{h \to 0} \frac{a^h - 1}{h} = \ln a$$

Kehren wir nun an den Anfang zurück und setzen den soeben berechneten Grenzwert ein, dann erhalten wir für die rechtsseitige Ableitung y' der Funktion $y = a^x$:

$$y' = a^x \cdot \lim_{h \to 0} \frac{a^h - 1}{h} = a^x \cdot \ln a$$

Für die linksseitige Ableitung liefern die analogen Rechnungen:

$$y' = \lim_{h \to 0} \frac{a^{x-h} - a^x}{-h} = a^x \cdot \lim_{h \to 0} \frac{a^{-h} - 1}{-h} = a^x \cdot \ln a$$

Die allgemeine Exponentialfunktion $y = a^x$ mit $a \in \mathbb{R}^+ \backslash \{1\}$ hat die Ableitungsfunktion $y' = a^x \cdot \ln a$. $D_y = D_{y'} = \mathbb{R}$

Ableitung der Funktion e^x

Ersetzen wir in der allgemeinen Exponentialfunktion $y = a^x$ die Basis a durch die EULER'sche Zahl e, so erhalten wir die natürliche Exponentialfunktion $y = e^x$ mit $D_y = \mathbb{R}$.

Für die Ableitung folgt aus dem Obigen sofort:

$y' = e^x \cdot \ln e = e^x$

Die Exponentialfunktion $y = e^x$ hat die Ableitungsfunktion $y' = e^x$. $D_y = D_{y'} = \mathbb{R}$

Bemerkung:

Die Exponentialfunktion e^x ist die einzige Funktion, deren Ableitungsfunktion gleich der Funktion selbst ist. Dies gilt auch für alle höheren Ableitungsfunktionen und für die Funktion $y = b \cdot e^x$ $(b \in \mathbb{R} \backslash \{0\})$

Für die Funktion $y = b \cdot e^{kx}$ berechnen wir die Ableitung mit der Kettenregel:

$y' = b \cdot e^{kx} \cdot k = k \cdot b \cdot e^{kx} = k \cdot y$

Die Gleichung $y' = k \cdot y$ besagt aber, dass in diesem Fall die Ableitung y' der Funktion y proportional ist. Wir werden beim stetigen Wachstum auf diese Gleichung zurückkommen.

➢ ➢ ➢ ➢ ➢ ➢ ➢ ➢ ➢ ➢ ➢ ➢

Beispiel 1 Gegeben ist die in $\mathbb{R}$ definierte Funktion f durch $f(x) = 2 \cdot \frac{x+1}{e^{2x}}$.

Gesucht sind das Monotonieverhalten von f sowie Art und Lage des Extrempunktes des Graphen von f.

Wir bilden die 1. Ableitung nach der Quotientenregel:

$$f'(x) = 2 \cdot \frac{e^{2x} \cdot 1 - (x+1)\, e^{2x} \cdot 2}{e^{2x} \cdot e^{2x}} = 2 \cdot \frac{e^{2x}(1 - 2x - 2)}{e^{2x} \cdot e^{2x}} = 2 \cdot \frac{(-2x-1)}{e^{2x}}$$

Für die weiteren Untersuchungen ist es vorteilhaft, wenn wir den *stets positiven* Faktor $\frac{2}{e^{2x}}$ durch (*pos*) ersetzen und für die Ableitung schreiben:

$f'(x) = (pos) \cdot (-2x - 1)$

Wir haben damit erreicht, dass das Vorzeichen von $f'(x)$ mit dem Vorzeichen von $(-2x - 1)$ immer übereinstimmt; damit stimmt der Zeichenwechsel von $f'(x)$ mit dem von $(-2x - 1)$ überein!

- $f'(x) \geqq 0$ für $-2x - 1 \geqq 0 \Rightarrow 2x \leqq -1 \Rightarrow x \leqq -\frac{1}{2}$

  Für $x \leqq -\frac{1}{2}$ ist G_f streng monoton steigend (vergleiche Abschnitt 2.3).

- $f'(x) \leqq 0$ für $-2x - 1 \leqq 0 \Rightarrow 2x \geqq -1 \Rightarrow x \geqq -\frac{1}{2}$

  Für $x \geqq -\frac{1}{2}$ ist G_f streng monoton fallend.

- $f'(x) = 0$ für $x = -\frac{1}{2}$

Die Funktion $f'(x)$ hat bei Durchgang durch die Stelle $x = -\frac{1}{2}$ einen Zeichenwechsel der Funktionswerte mit Übergang von *positiven zu negativen* Werten. Der Graph von f hat daher im Punkt $H\left(-\frac{1}{2}\,;\,e\right)$ einen *lokalen Hochpunkt* mit waagrechter Tangente. Die zweite Koordinate des Punktes H ergibt sich dabei als Funktionswert $f\left(-\frac{1}{2}\right) = e$.

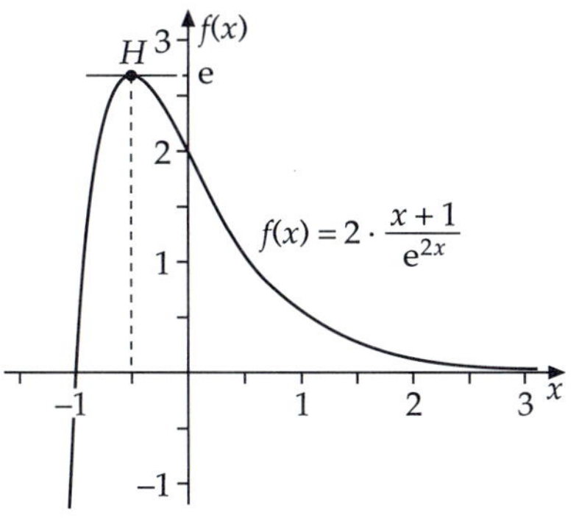

Figur 32

Beispiel 2

Gegeben ist die in ihrer maximalen Definitionsmenge $D_{f,\max}$ erklärte Funktion f durch $f(x) = \frac{e^x}{e^x - 1}$.

Bestimmen Sie $D_{f,\max}$ und das Monotonieverhalten von f.

Die Division durch 0 muss ausgeschlossen werden:

$e^x - 1 \neq 0 \Rightarrow e^x \neq 1 \Rightarrow x \neq 0$, also: $D_{f,\max} = \mathbb{R}\setminus\{0\}$

➜

Die 1. Ableitung wird nach der Quotientenregel gebildet:

$$f'(x) = \frac{(e^x - 1)e^x - e^x \cdot e^x}{(e^x - 1)^2} = \frac{e^x \cdot e^x - e^x - e^x \cdot e^x}{(e^x - 1)^2} = \frac{-e^x}{(e^x - 1)^2}$$

Wegen $e^x > 0$ und $(e^x - 1)^2 > 0$ für alle $x \in D_{f,\max}$ gilt:

$f'(x) < 0$ für alle $x \in D_{f,\max}$.

Figur 33

Da aber $D_{f,\max}$ *kein* Intervall ist, muss das Monotonieverhalten von f in den Teilintervallen $]-\infty; 0[$ und $]0; \infty[$ untersucht werden. Da $f'(x) < 0$ in den obigen Teilintervallen gilt, ist die Funktion in diesen Teilintervallen jeweils streng monoton abnehmend, jedoch nicht in $D_{f,\max}$!

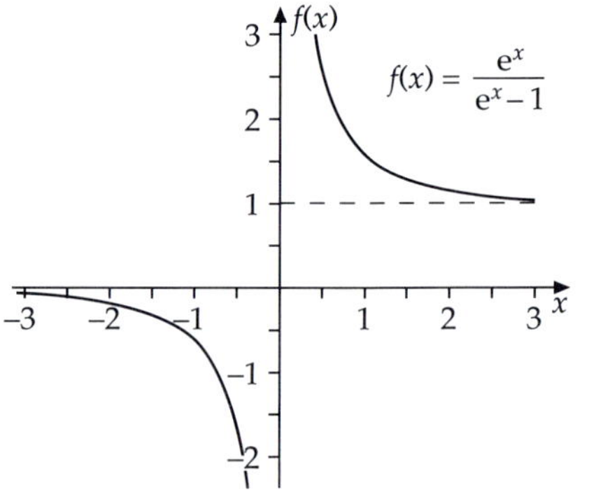

Beispiel 3 Gegeben ist die in $\mathbb{R}$ erklärte Funktionenschar f_a durch:

$$f_a(x) = \frac{a \cdot x}{e^{x-a}} \quad \text{mit } a \neq 0$$

Bestimmen Sie Art und Lage der lokalen Extrema von f_a.

Umformung des Terms $f_a(x)$ (konstante Faktoren zusammenfassen):

$$f_a(x) = \frac{a \cdot x}{e^x e^{-a}} = a \cdot e^a \cdot \frac{x}{e^x}$$

Die Ableitung bilden wir nach der Quotientenregel, wobei wir den konstanten Faktor ae^a beachten:

$$f_a'(x) = ae^a \cdot \frac{e^x \cdot 1 - x \cdot e^x}{e^x \cdot e^x} = ae^a \cdot \frac{e^x(1-x)}{e^x \cdot e^x} = \frac{ae^a}{e^x} \cdot (1-x)$$

Auch hier können wir im Term von $f_a'(x)$ einen positiven Faktor abspalten, nur müssen wir jetzt Fallunterscheidungen für $a > 0$ und $a < 0$ treffen.

Fall $a > 0$:

Mit $\frac{ae^a}{e^x} = (pos)$ gilt: $f_a'(x) = (pos) \cdot (1-x)$

$f_a'(x) = 0$ ist für $x = 1$ erfüllt.

$f_a'(x) > 0 \Rightarrow 1 - x > 0 \Rightarrow x < 1$

$f_a'(x) < 0 \Rightarrow 1 - x < 0 \Rightarrow x > 1$

Ergebnis: Ist $a > 0$, dann wechselt $f_a'(x)$ bei Durchgang durch die Stelle $x = 1$ von positiven zu negativen Werten. Der Graph von f_a hat daher im Punkt $H\left(1; \frac{ae^a}{e}\right)$ einen lokalen Hochpunkt mit waagrechter Tangente.

Die Figur 34 zeigt einige Scharkurven zu positiven Werten des Parameters a.

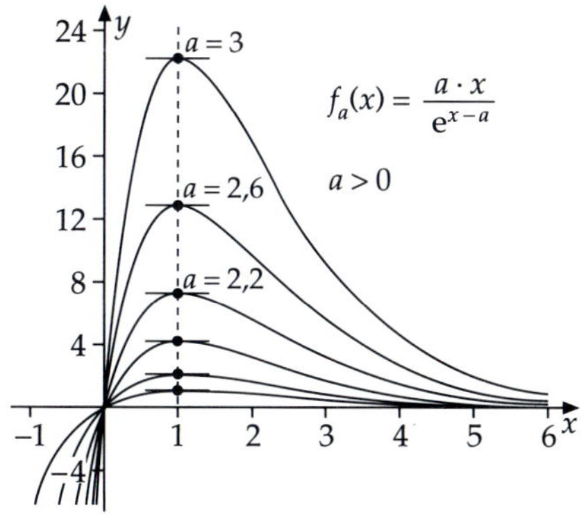

Figur 34

Fall a < 0:

Die Darstellung $f_a'(x) = \frac{ae^a}{e^x} \cdot (1 - x)$ ist für $a < 0$ unbequem, da jetzt der Faktor vor der Klammer negativ ist. Der zweite Faktor $(1 - x)$ wechselt bei Durchgang durch die Stelle $x = 1$ von positiven zu negativen Werten. Dieser Zeichenwechsel stimmt aber für $a < 0$ nicht mit dem Zeichenwechsel von $f_a'(x)$ bei Durchgang durch die Stelle $x = 1$ überein, da wir den negativen Faktor $\frac{ae^a}{e^x}$ noch berücksichtigen müssen.

Man macht schon aus Gewohnheit weniger Rechenfehler, wenn man solche „Stolperstellen" gleich beseitigt. Wir brauchen dazu nur aus der runden Klammer $(1 - x)$ ein Minuszeichen auszuklammern und die Schwierigkeiten sind gemildert:

$$f_a'(x) = \frac{-ae^a}{e^x} \cdot (x - 1) = (pos) \cdot (x - 1) \qquad \left(\text{Beachte: } \frac{-ae^a}{e^x} > 0 \text{ für } a < 0\right)$$

$$f_a'(x) = 0 \quad \text{ist für } x = 1 \text{ erfüllt.}$$

$$f_a'(x) > 0 \quad \Rightarrow \quad x - 1 > 0 \quad \Rightarrow \quad x > 1$$

$$f_a'(x) < 0 \quad \Rightarrow \quad x - 1 < 0 \quad \Rightarrow \quad x < 1$$

Ergebnis: Ist $a < 0$, dann wechselt $f_a'(x)$ bei Durchgang durch die Stelle $x = 1$ jetzt von negativen zu positiven Werten. Der Graph von f_a hat daher im Punkt $T\left(1; \frac{ae^a}{e}\right)$ einen lokalen Tiefpunkt mit waagrechter Tangente.

In der Figur 35 sehen Sie einige Scharkurven zu negativen Werten des Parameters a.

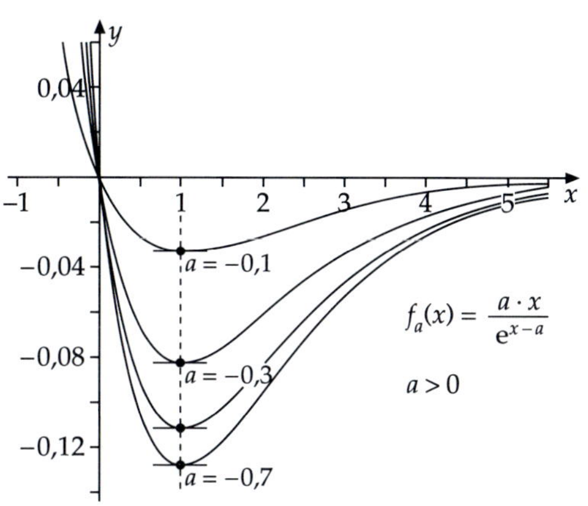

Figur 35

Aufgabe 27 Gegeben ist die Funktion f durch $f(x) = x \cdot e^{1-x}$ mit $D_f = \mathbb{R}$.

27.1 Zeigen Sie, dass $O(0; 0)$ der einzige Achsenschnittpunkt von G_f ist, und bestimmen Sie das Verhalten der Funktionswerte $f(x)$ für $x \to \infty$ und $x \to -\infty$.

Hinweis: Verwenden Sie $\lim\limits_{x \to \infty} \dfrac{x}{e^x} = 0$.

27.2 Bilden Sie $f'(x)$ und untersuchen Sie damit die Funktion f auf Monotonie und den Graphen von f auf lokale Extrempunkte.

27.3 Untersuchen Sie das Krümmungsverhalten des Graphen von f und ermitteln Sie die Lage des Wendepunktes sowie eine Gleichung der Wendetangente. Zeigen Sie, dass die Wendetangente auch den Punkt $P(4; 0)$ enthält.

27.4 Berechnen Sie die Funktionswerte $f(x)$ für die Stellen $\dfrac{-1}{2}$; $\dfrac{1}{2}$ und 4 und zeichnen Sie G_f samt Wendetangente in $-1 \leqq x \leqq 4$.

27.5 Gegeben ist die Funktion F durch $F(x) = -e^{1-x} - x \cdot e^{1-x}$ mit $D_F = \mathbb{R}$. Zeigen Sie, dass gilt: $F'(x) = f(x)$

Aufgabe 28 Gegeben ist die Funktion f durch $f(x) = \dfrac{2e^x - 1}{e^{2x}}$ mit $D_f = \mathbb{R}$.

28.1 Ermitteln Sie die Schnittpunkte von G_f mit den Koordinatenachsen sowie das Verhalten von $f(x)$ für $x \to \infty$ und $x \to -\infty$.

28.2 Bestimmen Sie das Monotonieverhalten von f sowie die Art und Lage des Extrempunktes des Graphen von f.

28.3 Untersuchen Sie das Krümmungsverhalten von G_f und bestimmen Sie den Wendepunkt. Zeigen Sie, dass die Wendetangente den y-Abschnitt $t = 0{,}75 + \ln\sqrt{2}$ besitzt.

28.4 Berechnen Sie die Funktionswerte $f(x)$ an den Stellen 3, $-\dfrac{1}{2}$ und $-\ln 3$ und zeichnen Sie den Graphen von f im Intervall $-\ln 3 \leqq x \leqq 3$ mit 1 L.E. = 2 cm.

28.5 Gegeben ist die Funktion F durch $F(x) = \dfrac{1 - 4e^x}{2e^{2x}}$ mit $D_F = \mathbb{R}$.

Zeigen Sie, dass gilt: $F'(x) = f(x)$

Umkehrung von Funktionen

13.

Wir wiederholen zunächst die wichtigsten Begriffe und Vereinbarungen, die bei der Erklärung des Funktionsbegriffes getroffen wurden. Dazu betrachten wir die Funktion f mit der Funktionsgleichung $y = f(x) = \frac{1}{2}x - \frac{1}{2}$ und der Definitionsmenge $D_f = [3; 6]$. Der Graph dieser Funktion f ist in der Figur 36 eingetragen.

Figur 36

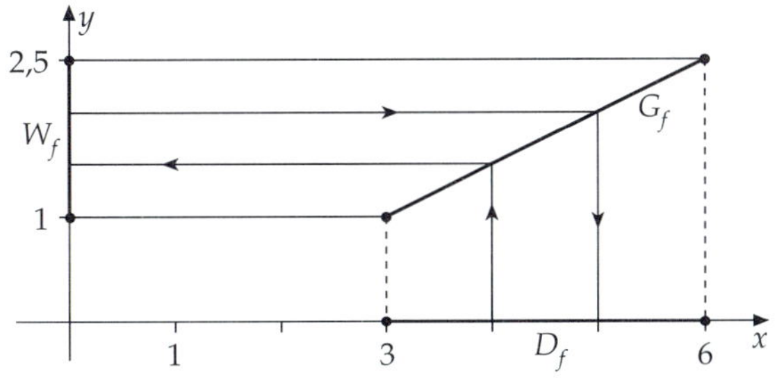

Durch die Funktion f mit der Abbildungsrichtung $x \to y$ wird jeder Zahl $x \in D_f$ mithilfe der Funktionsgleichung $y = f(x)$ genau eine Zahl y zugeordnet. Die Menge aller y-Werte ist die Wertemenge W_f der Funktion f. Die Zuordnung $x \to y$ gibt auch die **Abbildungsrichtung** an: Die Ausgangsmenge D_f wird auf die Bildmenge W_f abgebildet. Für diese Mengenabbildung schreibt man auch $D_f \to W_f$.

Wegen der geforderten Eindeutigkeit der Zuordnung $x \to y$ können einem bestimmten x-Wert *nicht* verschiedene y-Werte zugeordnet sein. Daher müssen gleichen x-Werten gleiche y-Werte entsprechen: $x_1 = x_2 \Rightarrow y_1 = y_2$

Funktionen werden oft in Koordinatensystemen grafisch dargestellt. Dabei sind folgende Vereinbarungen zu beachten: Werden die Zahlen der Definitionsmenge D_f durch die Variable x und die Zahlen der Wertmenge W_f durch die Variable y vertreten, dann ist durch die Zuordnung $x \to y$ auch festgelegt, dass zuerst $x \in D_f$ frei gewählt wird und dann $y \in W_f$ mithilfe der Funktionsgleichung $y = f(x)$ berechnet wird. Da der y-Wert von der Wahl der Zahl x abhängig ist, nennt man y die **abhängige** und x die **unabhängige Variable**.

In einem Koordinatensystem wird die Definitionsmenge D_f immer als Intervall (dies kann auch ganz $\mathbb{R}$ sein) auf der waagrecht liegenden Achse angegeben und diese Achse als x-Achse bezeichnet. Mit der Zuordnung $x \to y$ kann man nun geordnete Zahlenpaare $(x; y)$ bilden und die Zahlen x und y als Koordinaten von Punkten auffassen.

Tragen wir diese Punkte in das Koordinatensystem ein, so entsteht das Schaubild der Funktion f, das als Graph der Funktion f bezeichnet wird. Dazu erstellt man mit ausgewählten Werten von x eine **Funktionstabelle**, die in unserem Beispiel so aussehen kann:

$$f\colon\; x \rightarrow y = \frac{1}{2}x - \frac{1}{2}, \quad D_f = [3; 6]$$

x	3	4	5	6	x_1	x_2	x_3	x_4
y	1	1,5	2	2,5	y_1	y_2	y_3	y_4

13.1 Erklärung der Umkehrfunktion

Wir bleiben bei unserem Beispiel. Aus dem Verlauf des Graphen von f in der Figur 36 erkennen wir, dass auch zu jeder Zahl $y \in W_f$ wieder genau eine Zahl $x \in D_f$ gehört. Die Abbildung $y \rightarrow x$ ist in diesem Beispiel wegen der Eindeutigkeit der Zuordnung $y \rightarrow x$ also wieder eine *Funktion*, die die Wertemenge W_f auf die Definitionsmenge D_f abbildet. Da die Abbildungsrichtung von $f\colon D_f \rightarrow W_f$ jetzt zu $W_f \rightarrow D_f$ umgekehrt wurde, heißt die neue Funktion **Umkehrfunktion** von f und wird mit f^{-1} (lies: *f oben –1*) bezeichnet.
Die Funktionsgleichung der Umkehrfunktion f^{-1} erhalten wir, wenn wir die Funktionsgleichung $y = f(x)$ nach x auflösen:

$$f\colon \quad y = \frac{1}{2}x - \frac{1}{2} \quad | \cdot 2$$

$$2y = x - 1$$

$$x = 2y + 1$$

$$f^{-1}\colon \quad y \rightarrow x = 2y + 1 \quad \text{mit } y \in W_f = [1; 2{,}5]$$

Wir können auch von der Funktion f^{-1} sprechen, die durch die Funktionsgleichung $f^{-1}(y) = 2y + 1$ mit $y \in D_{f^{-1}} = [1; 2{,}5]$ gegeben ist.

Die Funktionstabelle für f^{-1} für ausgewählte Werte von y sieht dann so aus:

y	1	1,5	2	2,5	y_1	y_2	y_3	y_4
x	3	4	5	6	x_1	x_2	x_3	x_4

In der Darstellung $f^{-1}(y) = 2y + 1$ und $y \in D_{f^{-1}} = [1; 2{,}5]$ ist y die **unabhängige** Variable. Folgen wir der am Anfang des Kapitels getroffenen Vereinbarung, dass bei Funktionen die unabhängige Variable stets mit x bezeichnet wird, dann müssen wir die Namen der Variablen x und y in der obigen Darstellung vertauschen:

$f^{-1}(x) = 2x + 1 \quad \text{mit} \quad x \in D_{f-1} = [1; 2{,}5]$

Auch in der Funktionstabelle für f^{-1} werden nur die Namen getauscht, nicht die Werte in der Tabelle:

x	1	1,5	2	2,5	y_1	y_2	y_3	y_4
y	3	4	5	6	x_1	x_2	x_3	x_4

Jetzt ist D_{f-1} ein Intervall auf der waagrecht liegenden x-Achse und wir erhalten den in der Figur 37 eingetragenen Graphen der Umkehrfunktion f^{-1} der Funktion f.

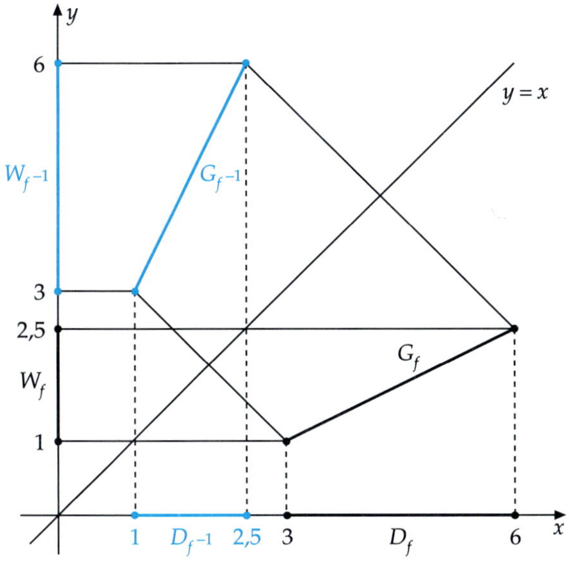

Figur 37

Zusammenfassung:

Für die Funktion f mit $\quad y = f(x) = \frac{1}{2}x - \frac{1}{2} \qquad D_f = [3; 6] \quad W_f = [1; 2{,}5]$

erhalten wir die Umkehrfunktion f^{-1} in zwei Schritten:

Schritt 1:

Für die Umkehrung der Zuordnungsrichtung von $x \to y$ in $y \to x$ lösen wir die Funktionsgleichung $y = \frac{1}{2}x - \frac{1}{2}$ nach x auf:

$x = 2y + 1 \qquad y \in W_f; \qquad x \in D_f$

Schritt 2:

Wir vertauschen die Namen der Variablen x und y in der Umkehrung der Zuordnung und erhalten damit die Umkehrfunktion f^{-1}:

$$f^{-1}:\ x \to y = 2x + 1 \qquad x \in D_{f^{-1}} = W_f = [1; 2{,}5]$$
$$y \in W_{f^{-1}} = D_f = [3; 6]$$

Zum Beispiel gehen die geordneten Zahlenpaare (3; 1), (4; 1,5) (5; 2) und (6; 2,5) der Funktion f über in die Zahlenpaare (1; 3), (1,5; 4), (2; 5) und (2,5; 6) der Funktion f^{-1}.
Vergleichen Sie dies in der Figur 37.

In unserem Beispiel konnten wir aus dem Verlauf des Graphen von f als Teil einer ansteigenden Geraden leicht erkennen, dass die Funktion umkehrbar ist.
Es ist nun leicht einzusehen, dass die Zuordnung $y \to x$ dann eindeutig ist, wenn der Graph von f mit jeder Parallelen zur x-Achse höchstens einen Punkt gemeinsam hat.
Mit anderen Worten: Zu verschiedenen x-Werten gehören stets verschiedene y-Werte. Damit ist auch der folgende Satz bewiesen:

Die Funktion f ist umkehrbar, wenn für alle $x_1; x_2 \in D_f$ gilt:

$x_1 \neq x_2 \quad \Rightarrow \quad f(x_1) \neq f(x_2)$

Wir zeigen nun, dass streng monotone Funktionen die Bedingung des Satzes erfüllen:

Ist zum Beispiel die Funktion f streng monoton zunehmend, dann ist für $x_1 \neq x_2$ ($x_1 < x_2$ oder $x_1 > x_2$) entweder $f(x_1) < f(x_2)$ oder $f(x_1) > f(x_2)$, also $f(x_1) \neq f(x_2)$ erfüllt. Analoger Beweis für eine streng monoton abnehmende Funktion f.

Damit ist der folgende Satz bewiesen:

Eine streng monotone Funktion ist umkehrbar.

Ist die Funktion f auf einem Intervall *differenzierbar*, dann können wir die strenge Monotonie von f über das Vorzeichen der 1. Ableitungsfunktion nachweisen (vergleiche Abschnitt 2.3.3):

Ist $f'(x) > 0$ ($f'(x) < 0$) für alle $x \in [a; b]$, dann ist die Funktion f in diesem Intervall umkehrbar.

Graph der Umkehrfunktion

In Abschnitt 13.1 hatten wir gesehen, dass im dortigen Beispiel die Punkte (3; 1) und (5; 2) des Graphen von f in die Punkte (1; 3) und (2; 5) des Graphen von f^{-1} übergehen. Allgemein geht ein Punkt $P(a; b)$ des Graphen von f über in den Punkt $P'(b; a)$ des Graphen von f^{-1}.
Wir behaupten nun, dass die Punkte $P(a; b)$ und $P'(b; a)$ durch Spiegelung an der Geraden $y = x$ (Winkelhalbierende des I. und III. Quadranten) ineinander übergehen.

In der Figur 38 ist das Viereck $SPQP'$ ein Quadrat mit der Seitenlänge $a - b$. Da sich aber in jedem Quadrat die Diagonalen gegenseitig halbieren und aufeinander senkrecht stehen, gilt $\overline{PM} = \overline{MP'}$ und die Gerade durch die Punkte P und P' steht senkrecht auf der Geraden $y = x$. Damit ist P das Spiegelbild von P' bezüglich der Geraden $y = x$ und umgekehrt.

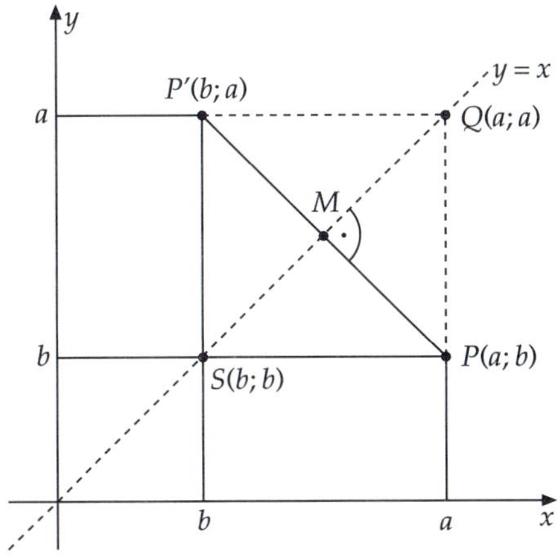

Figur 38

Der Graph der Umkehrfunktion f^{-1} entsteht aus dem Graphen der Funktion f durch Spiegelung an der Geraden $y = x$.

Die Funktion f mit $y = x^2$ und $D_f = \mathbb{R}_0^+$, $W_f = \mathbb{R}_0^+$ hat die Ableitung

$f'(x) = 2x > 0$ für alle $x \in \mathbb{R}^+$.

Die Funktion f ist in $\mathbb{R}_0^+$ streng monoton zunehmend und daher auch umkehrbar. Wir lösen die Funktionsgleichung $y = x^2$ nach x auf:

$$y = x^2 \;\Rightarrow\; x^2 = y$$

$$|x| = \sqrt{y} \;\Rightarrow\; x = \sqrt{y}, \quad \text{da } x \geqq 0 \text{ ist.}$$

$$f^{-1}\colon y \;\rightarrow\; x = \sqrt{y} \quad \text{mit } y \in W_f = \mathbb{R}_0^+$$

Nach dem Variablentausch erhalten wir die Umkehrfunktion f^{-1} mit x als unabhängige Variable:

$$f^{-1}\colon x \rightarrow y = \sqrt{x},\; x \in D_{f^{-1}} = W_f = \mathbb{R}_0^+$$

In der Figur 39 sind die Graphen der auf $\mathbb{R}_0^+$ eingeschränkten Quadratfunktion f und der Quadratwurzelfunktion $y = \sqrt{x}$ eingetragen. Sie sehen dort, dass f^{-1} nicht nur die Umkehrfunktion von f, sondern dass auch f die Umkehrfunktion von f^{-1} ist.

Figur 39

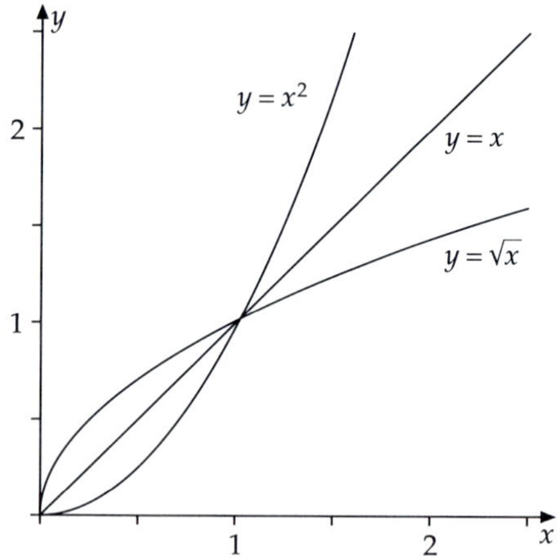

13.3 Monotonie der Umkehrfunktion

Der Verlauf der Graphen von f und f^{-1} (zum Beispiel in der Figur 39) legt die Vermutung nahe, dass sich die Art der Monotonie von f auf f^{-1} überträgt. Dies wird im folgenden Satz ausgesprochen:

Ist die Funktion f streng monoton zunehmend (abnehmend), dann ist auch ihre Umkehrfunktion f^{-1} wieder streng monoton zunehmend (abnehmend).

Beweis für eine streng monoton zunehmende Funktion f:

Für die Funktion $f: x \to y = f(x)$ lautet die Umkehrfunktion:

$f^{-1}: \; y \to x = f^{-1}(y)$

Zu beweisen ist die Implikation: $y_1 < y_2 \;\Rightarrow\; f^{-1}(y_1) < f^{-1}(y_2)$

Wir führen den **Beweis durch Widerspruch**, indem wir die Annahme
$y_1 < y_2 \;\Rightarrow\; f^{-1}(y_1) \geqq f^{-1}(y_2)$ als *falsch* nachweisen.

Aus der Umkehrung der Abbildungsrichtung erhalten wir:

$y_1 = f(x_1) \;\Rightarrow\; x_1 = f^{-1}(y_1)$

$y_2 = f(x_2) \;\Rightarrow\; x_2 = f^{-1}(y_2)$

Damit lautet unsere Annahme: $y_1 < y_2 \;\Rightarrow\; x_1 \geqq x_2$

Da die Funktion f nach Voraussetzung streng monoton zunehmend ist, gilt:

$x_1 < x_2 \;\Rightarrow\; y_1 < y_2$

Zusammen mit unserer Annahme erhalten wir die Schlusskette:

$x_1 < x_2 \;\Rightarrow\; y_1 < y_2 \;\Rightarrow\; x_1 \geqq x_2$

Damit hätten wir aus $x_1 < x_2$ die Ungleichung $x_1 \geqq x_2$ hergeleitet! Unsere Annahme führte zu einem Widerspruch und war daher falsch. Die Negation der Annahme ist wahr und diese heißt:

$y_1 < y_2 \;\Rightarrow\; f^{-1}(y_1) < f^{-1}(y_2)$

Der Beweis für eine streng monoton abnehmende Funktion f verläuft analog.

Verkettung von Funktion und Umkehrfunktion 13.4

Ist die Funktion f mit $y = f(x)$ und $x \in D_f$; $y \in W_f$ umkehrbar und können wir die Funktionsgleichung $y = f(x)$ nach x auflösen, so erhalten wir bei der Umkehrung der Abbildungsrichtung für die Umkehrfunktion f^{-1} die folgende Darstellung:

$f^{-1}\colon\; y \to x = f^{-1}(y)$ mit $y \in D_{f^{-1}} = W_f$

Wir wollen uns nun überlegen, welches Ergebnis wir erhalten, wenn wir die Umkehrfunktion f^{-1} mit der Funktion f verketten.

Bei der Verkettung $f \circ f^{-1}$ (lies: *f folgt auf* f^{-1}) wird zunächst eine Zahl $y \in D_{f^{-1}} = W_f$ auf $f^{-1}(y)$ abgebildet. Anschließend wird die Zahl $f^{-1}(y) = x$ durch die Funktion f auf $f(x)$ abgebildet.

Dies kann man so darstellen:

$$D_{f^{-1}} \longrightarrow D_{f^{-1}}$$

$$y \xrightarrow{f^{-1}} f^{-1}(y) = x \xrightarrow{f} f(x) = y$$

Es gilt also: $(f \circ f^{-1})(y) = y$ oder $f[f^{-1}(y)] = y$ für alle $y \in D_{f^{-1}} = W_f$.

Die Verkettung $f^{-1} \circ f$ (lies: f^{-1} *folgt auf f*) lässt sich ebenfalls darstellen:

$$D_f \longrightarrow D_f$$

$$x \xrightarrow{f} f(x) = y \xrightarrow{f^{-1}} f^{-1}(y) = x$$

Es ist also: $(f^{-1} \circ f)(x) = x$ oder $f^{-1}[f(x)] = x$ für alle $x \in D_f = W_{f^{-1}}$.

Aufgabe 29 Gegeben ist die Funktionenschar f_k durch

$f_k(x) = e - e^{k-\frac{x}{2}}$ mit $D_{f_k} = \mathbb{R}$ und $k \in \mathbb{R}$.

29.1 Ermitteln Sie die Schnittpunkte der Funktionsgraphen mit den Koordinatenachsen und das Verhalten der Funktionswerte für $x \to -\infty$.

29.2 Zeigen Sie, dass die Gerade h: $y = e$ eine waagrechte Asymptote der Graphen für $x \to \infty$ ist, und dass alle Graphen der Schar stets unterhalb von h verlaufen.

29.3 Untersuchen Sie das Monotonie- und Krümmungsverhalten der Scharkurven.

29.4 Für welche x-Werte unterscheidet sich $f_{-1}(x)$ von e weniger als 0,1?

29.5 Berechnen Sie die Funktionswerte $f_{-1}(-7)$, $f_2(-1)$ und $f_2(8)$ und zeichnen Sie die Graphen von f_{-1} und f_2 für $-7 \leqq x \leqq 8$. Tragen Sie auch die Asymptote h ein.

29.6 Die Funktionen f_k sind alle umkehrbar. Begründen Sie dies kurz, berechnen Sie den Funktionsterm der Umkehrfunktionen und geben Sie die Definitions- und die Wertemenge der Umkehrfunktionen an.

29.7 Gegeben ist die Funktion F durch $F(x) = ex + 2 \cdot e^{k-\frac{x}{2}}$ mit $D_f = \mathbb{R}$. Zeigen Sie, dass gilt: $F'(x) = f(x)$

Aufgabe 30 Gegeben ist die Funktionenschar f_c durch

$f_c(x) = 4e^{-x} \cdot (c - e^{-x})$ mit $D_f = \mathbb{R}$ und c aus $\mathbb{R} \setminus \{0\}$.

30.1 Bestimmen Sie die Nullstellen von f_c in Abhängigkeit von c.

30.2 Untersuchen Sie das Verhalten der Funktionswerte für $x \to \infty$ und $x \to -\infty$.

30.3 Bilden Sie die Ableitungen $f_c'(x)$ und $f_c''(x)$ und untersuchen Sie, für welche c die Funktion f_c Extrema (Art) und Wendepunkte besitzt. Berechnen Sie die Koordinaten dieser Punkte.

30.4 Bestimmen Sie die Ortskurve aller Extrema der Schar f_c.

30.5 Skizzieren Sie den Graphen der Funktion f_1 in $-0{,}5 \leqq x \leqq 4$.

30.6 Gegeben ist die Funktion F durch $F(x) = -4e^{-x} + 2e^{-2x}$ mit $D_F = \mathbb{R}$. Zeigen Sie, dass gilt: $F'(x) = f_1(x)$

Gegeben ist die Schar von Funktionen f_a durch **Aufgabe 31**

$$f_a(x) = \frac{4e^{ax}}{1+e^{ax}} \quad \text{mit } D_{f_a} = \mathbb{R} \text{ und } a > 0.$$

31.1 Untersuchen Sie f_a auf Nullstellen und das Verhalten der Funktionswerte an den Rändern von D_f.

31.2 Bilden Sie die Ableitungen $f_a'(x)$ und $f_a''(x)$ und untersuchen Sie damit die Graphen von f_a auf Monotonie, Extrempunkte und Wendepunkte.

31.3 Zeichnen Sie den Graphen der Funktion f_1 in $-4 \leqq x \leqq 4$.

31.4 Begründen Sie, dass alle Funktionen f_a umkehrbar sind. Bestimmen Sie den Term $f_a^{-1}(x)$ der Umkehrfunktion und geben Sie dessen Definitionsmenge an.

31.5 Gegeben ist nun die Funktion g durch $g(x) = f_1(x) - 2$ mit $D_g = \mathbb{R}$. Zeigen Sie durch Umformung des Terms $g(-x)$, dass der Graph der Funktion g punktsymmetrisch zum Koordinatenursprung liegt.

14. Logarithmusfunktionen

Hinweis:

Beginnen Sie das Studium der Logarithmusfunktionen *nicht* mit dem Einstieg an dieser Stelle. Sie müssen die im Kapitel 13 gegebene Definition der Umkehrfunktion und die dort besprochenen Eigenschaften und Zusammenhänge zwischen den Graphen einer Funktion und ihrer Umkehrfunktion kennen um das Folgende zu verstehen. Kurz gesagt: Alles, was wir im Abschnitt 13 für streng monotone Funktionen hergeleitet haben, werden wir nun auf einen bestimmten Funktionstyp anwenden.

14.1 Allgemeine Logarithmusfunktion

Im Kapitel 12.1 haben wir die allgemeine Exponentialfunktion $y = a^x$ mit $a \in \mathbb{R}^+ \setminus \{1\}$ und den Verlauf der zugehörigen Exponentialkurven untersucht.

Da alle Exponentialkurven streng monoton sind (für Basen mit $0 < a < 1$ fallend und für $a > 1$ steigend), besitzen sie auch eine Umkehrfunktion, die wir im Folgenden aufstellen werden. Dabei beachten wir immer $a \in \mathbb{R}^+ \setminus \{1\}$.

Funktion f: $\quad y = a^x, \quad D_f = \mathbb{R},\ W_f = \mathbb{R}^+$

Auflösen nach x: Nach der Definition der Hochzahl als Logarithmus ist in dieser Gleichung x der Logarithmus von y zur Basis a, kurz:

$$x = \log_a y$$

Nach dem Tausch der Variablennamen erhalten wir die

Umkehrfunktion f^{-1}: $\quad y = \log_a x, \quad D_{f^{-1}} = \mathbb{R}^+, \quad W_{f^{-1}} = \mathbb{R}$

> Für $a \in \mathbb{R}^+ \setminus \{1\}$ legen wir fest:
>
> Die allgemeine Logarithmusfunktion $y = \log_a x$ mit $D = \mathbb{R}^+$ und $W = \mathbb{R}$ ist die Umkehrfunktion der allgemeinen Exponentialfunktion $y = a^x$ mit der Definitionsmenge $\mathbb{R}$.

Verlauf der Logarithmuskurven 14.1.1

Wie bei allen Umkehrfunktionen entstehen jetzt auch die Logarithmuskurven durch Spiegelung der zugehörigen Exponentialkurven an der Geraden $y = x$. Vergleichen Sie dazu die Figur 40 und die Figur 41.

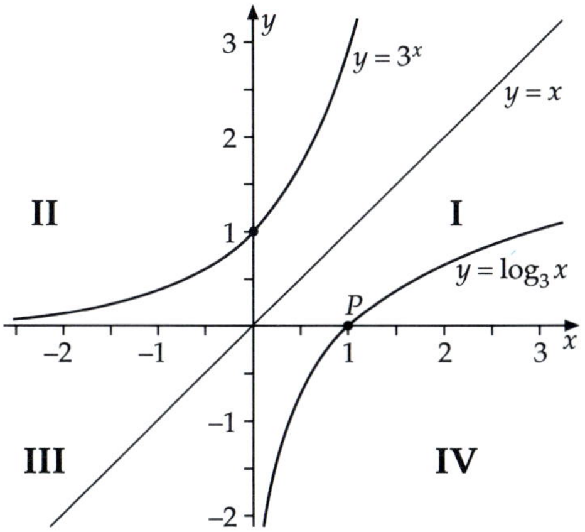

Figur 40

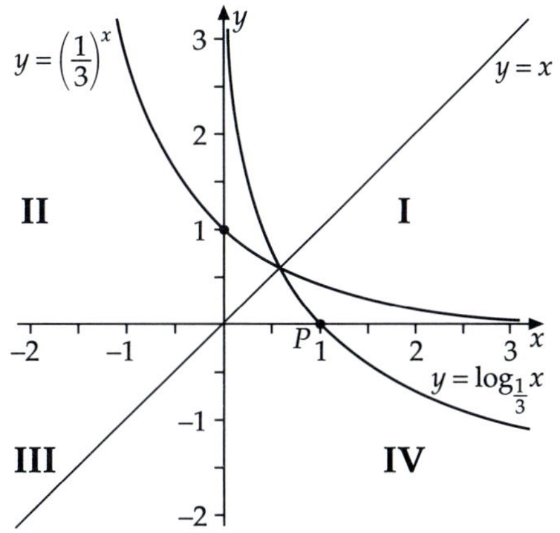

Figur 41

In der Figur 40 sind die Graphen der Funktionen $y = 3^x$ und $y = \log_3 x$ eingezeichnet. Die Figur 41 zeigt die Graphen der Funktionen $y = \left(\frac{1}{3}\right)^x$ und $y = \log_{\frac{1}{3}} x$. Studieren Sie in diesen beiden Figuren die in Abschnitt 13.1 besprochenen Zusammenhänge zwischen den Graphen einer Funktion und ihrer Umkehrfunktion. Beachten Sie dabei besonders den Rollentausch von Definitions- und Wertemenge, die Symmetrie der Graphen zur Geraden $y = x$ und die Erhaltung der strengen Monotonie.

Wir merken uns:

> Alle Logarithmuskurven verlaufen im I. und IV. Quadranten. Sie haben die y-Achse als Asymptote und schneiden die x-Achse im Punkt $P(1;0)$.
> Für Basen mit $a > 0$ sind die Logarithmuskurven streng monoton steigend, für $0 < a < 1$ dagegen streng monoton fallend.

Betrachten wir in Figur 42 auf der nächsten Seite die Logarithmuskurven zur Basis 2 bzw. zur Basis $\frac{1}{2}$, so vermuten wir dass die beiden Kurven spiegelbildlich zur x-Achse liegen.

Figur 42

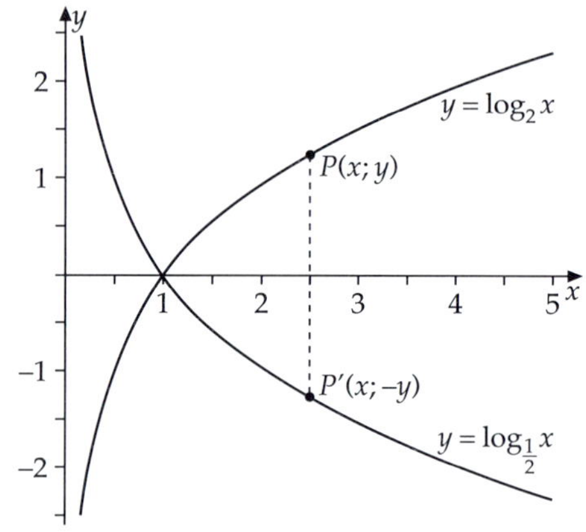

Wir beweisen nun *allgemein*, dass für $a \in \mathbb{R}^+ \setminus \{1\}$ die Logarithmuskurve mit der Gleichung $y = \log_a x$ durch Spiegelung an der x-Achse auf die Logarithmuskurve mit der Gleichung $y = \log_{\frac{1}{a}} x$ abgebildet wird.

Bei einer Spiegelung an der x-Achse werden alle Punkte $P(x; y)$ auf die Bildpunkte $P'(x; -y)$ abgebildet (vgl. Figur 42). Der Graph einer Funktion wird daher an der x-Achse gespiegelt, wenn wir in der Funktionsgleichung $y = f(x)$ die Variable y durch $-y$ ersetzen und die Variable x beibehalten!
Ersetzen wir also in $y = \log_a x$ die Variable y durch $-y$, so erhalten wir: $-y = \log_a x$

Nach der Definition des Logarithmus als Hochzahl gehört zu diesem Logarithmus die Exponentialgleichung $a^{-y} = x$, die wir schrittweise umformen:

$$a^{-y} = x \quad \Rightarrow \quad \frac{1}{a^y} = x \quad \Rightarrow \quad \left(\frac{1}{a}\right)^y = x$$

In der letzten Gleichung ist nun wieder nach der Definition des Logarithmus als Hochzahl die Zahl y gerade derjenige Exponent, mit dem man die Basis $\frac{1}{a}$ potenzieren muss um x zu erhalten; also: $y = \log_{\frac{1}{a}} x$ und unsere obige Vermutung ist allgemein als richtig nachgewiesen.

14.1.2 Die Funktionen ln und e

Bisher haben wir die allgemeine Exponentialfunktion mit der Gleichung $y = a^x$ für $a \in \mathbb{R}^+ \setminus \{1\}$ untersucht und dabei der Verlauf der allgemeinen Exponentialkurven kennen gelernt. Nach der Einführung des Logarithmus als Hochzahl (= Exponent) erhielten wir die allgemeine Logarithmusfunktion als Umkehrfunktion der allgemeinen Exponentialfunktion. Der Verlauf der Logarithmuskurven ergab sich dabei aus den Exponentialkurven durch eine Spiegelung an der Geraden $y = x$.

Setzen wir nun für die Basis a die EULER'sche Zahl e, so erhalten wir eine spezielle Exponentialfunktion mit der Gleichung $y = e^x$. Diese Funktion bekommt den Namen **e-Funktion**.

Die Umkehrfunktion der e-Funktion ist dann die spezielle Logarithmusfunktion mit der Gleichung $y = \log_e x = \ln x$. Diese Umkehrfunktion der e-Funktion wird als **ln-Funktion** bezeichnet. Der Verlauf der Graphen dieser Funktionen ist in Figur 43 eingetragen.

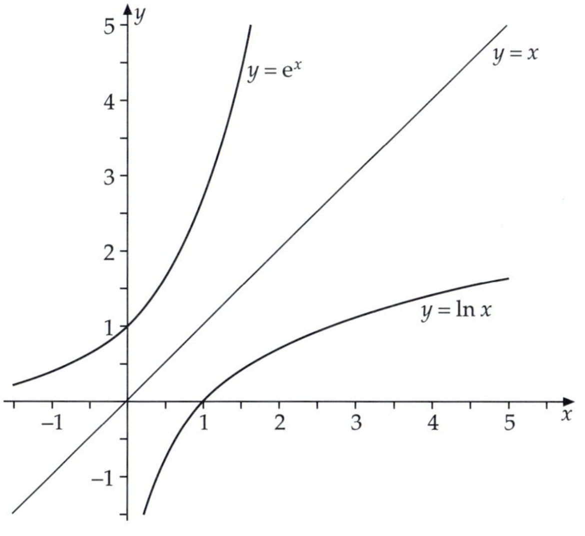

Figur 43

Sie fragen sich wahrscheinlich, warum wir unter den allgemeinen Exponentialfunktionen $y = a^x$ gerade die Funktion $y = e^x$ mit der kuriosen Basis $e = 2{,}71828\ldots$ und ihre Umkehrfunktion $y = \ln x$ wählen. Zum Beispiel wären die Funktionen $y = 3^x$ und $y = \log_3 x$ im Vergleich dazu viel einfacher und natürlicher. Die Frage wird in Abschnitt 16 beantwortet werden.

Die Funktionen ln und e haben aber auch für das praktische Rechnen eine Bedeutung, da wir jede allgemeine Logarithmusfunktion und jede allgemeine Exponentialfunktion mit ihnen umformen können.

Umformung der allgemeinen Logarithmusfunktion:

Nach Abschnitt 11.2 gilt:

$$\log_a x = \frac{\log_e x}{\log_e a} = \frac{\ln x}{\ln a} = \frac{1}{\ln a} \cdot \ln x$$

Umformung der allgemeinen Exponentialfunktion:

Unter Verwendung der für alle positiven Zahlen a gültigen Beziehung $a = e^{\ln a}$ können wir wie folgt umformen:

$a^x = (e^{\ln a})^x = e^{(\ln a) \cdot x} = e^{x \cdot \ln a}$

$$\log_a x = \frac{1}{\ln a} \cdot \ln x; \quad a^x = e^{x \cdot \ln a}$$

14.1.3 Logarithmische Gleichungen

Für Gleichungen, die auch Terme mit der ln-Funktion enthalten, muss zunächst die Definitionsmenge festgelegt werden. Außer den bisher bekannten Bedingungen (keine Division durch die Null, keine negativen Radikanden in Wurzeln) müssen wir nun beachten, dass ein Term der Form $\ln f(x)$ nur dann erklärt ist, wenn $f(x) > 0$ erfüllt ist.
Zur Lösung von Ungleichungen vergleichen Sie bitte das Kapitel 5 im Band Analysis 1.

➢ ➢ ➢ ➢ ➢ ➢ ➢ ➢ ➢ ➢ ➢ ➢

Gesucht ist die Lösungsmenge der Gleichung $5 - \ln(1 + x) = 0$.

Der Term $\ln(1 + x)$ ist nur dann definiert, wenn $1 + x > 0$, das heißt $x > -1$ erfüllt ist. Die obige Gleichung hat also die Definitionsmenge $D = \{x \mid x > -1\}$.

Stellen wir in der Gleichung noch um, dann lautet die Aufgabe:

Gesucht ist die Lösungsmenge L der Gleichung $\ln(1 + x) = 5$ mit der angegebenen Definitionsmenge D.

Zur Berechnung der Lösung stehen die folgenden Lösungswege zur Verfügung:

Lösungsweg 1:

Die Gleichung $\ln(1 + x) = 5$ besagt nichts anderes, als dass man die Basis e mit der Zahl 5 potenzieren muss, um $1 + x$ zu erhalten:

$\ln(1 + x) = 5 \quad \Leftrightarrow \quad 1 + x = e^5$

$$x = e^5 - 1 \in D \quad \Rightarrow \quad L = \{e^5 - 1\}$$

Lösungsweg 2:

In der Gleichung $\ln(1 + x) = 5$ versuchen wir, die rechte Gleichungsseite, also die Zahl 5, in einen Logarithmus mit der Basis e umzuformen.

Aus dem Ansatz $r = \ln z$, der äquivalent ist mit der Gleichung $e^r = z$, erhalten wir sofort: $r = \ln e^r$

Für jede reelle Zahl r gilt: $r = \ln e^r$

Aus $r = \ln e^r$ folgt für $r = 1$ die bekannte Gleichung $1 = \ln e$. Damit ergibt sich unter Verwendung des Gesetzes für den Logarithmus einer Potenz ($r \cdot \ln e = \ln e^r$) folgender einfache Weg für die Umformung der Zahl 5 in einen Logarithmus:

$5 = 5 \cdot 1 = 5 \cdot \ln e = \ln e^5$

Diese Umformung wird nach kurzer Übung zur Routine und hat den Vorteil, dass man nicht ständig mit der Definition des Logarithmus als Hochzahl argumentieren muss.

Mit der Umformung $5 = \ln e^5$ lautet die obige Gleichung: $\ln(1 + x) = \ln e^5$

Im nächsten Schritt werden wir das Funktionssymbol „ln" auf beiden Seiten der Gleichung weglassen. Man nennt dies „delogarithmieren". Dies erlaubt uns der folgende Satz:

Sind zwei Terme a und b ($a, b > 0$) gleich, dann sind auch die Logarithmen dieser Terme gleich, und umgekehrt.

$a = b \quad \Leftrightarrow \quad \ln a = \ln b$ (für $a, b > 0$)

Der Beweis folgt unmittelbar aus der strengen Monotonie der ln-Funktion.

Weiter im Beispiel:

$$\ln(1 + x) = \ln e^5 \qquad | \text{ delogarithmieren}$$
$$1 + x = e^5$$
$$x = e^5 - 1 \quad \Rightarrow \quad L = \{e^5 - 1\}$$

Lösungsweg 3:

Im folgenden Schritt bilden wir auf beiden Seiten der zu lösenden Gleichung $\ln(1 + x) = 5$ Potenzen mit der Basis e und den entsprechenden Gleichungsseiten als Exponenten:

$e^{\ln(1 + x)} = e^5$

Dies erlaubt uns der folgende Satz:

Sind zwei Terme a und b ($a, b \in \mathbb{R}$) gleich, dann sind auch die Potenzen mit der Basis e und diesen Termen als Exponenten gleich, und umgekehrt.

$a = b \quad \Leftrightarrow \quad e^a = e^b$ (für $a, b \in \mathbb{R}$)

Der Beweis folgt hier unmittelbar aus der strengen Monotonie der e-Funktion.

Die Tücke beim Lösungsweg 3 kann nun darin liegen, dass Sie unter Stress den zwar richtigen Schluss $e^{\ln(1+x)} = e^5 \Rightarrow \ln(1+x) = 5$ durchführen, aber damit wieder am Anfang der Aufgabe stehen.

Im Lösungsweg 3 geht es aber so weiter:

$$
\begin{aligned}
e^{\ln(1+x)} &= e^5 \qquad | \text{ Muster } e^{\ln r} = r \text{ anwenden} \\
1 + x &= e^5 \\
x &= e^5 - 1 \Rightarrow L = \{e^5 - 1\}
\end{aligned}
$$

In der Praxis bewährt sich der Lösungsweg 2, der dann ohne großen Kommentar so abläuft:

$$
\begin{aligned}
5 - \ln(1+x) &= 0, \qquad D = \{x \mid x > -1\} \\
\ln(1+x) &= 5 \qquad | \ 5 = 5 \cdot 1 = 5 \cdot \ln e = \ln e^5 \\
\ln(1+x) &= \ln e^5 \qquad | \text{ delogarithmieren} \\
1 + x &= e^5 \\
x &= e^5 - 1 \in D \Rightarrow L = \{e^5 - 1\}
\end{aligned}
$$

Aufgabe 32 Bestimmen Sie für die folgenden Gleichungen jeweils die Definitions- und Lösungsmenge.

32.1 $\ln x - 1 = 0$

32.2 $\ln(x - 1) = 0$

32.3 $(\ln x)^2 + \ln x - 6 = 0$

32.4 $\ln x^2 + 2 = 0$

32.5 $\ln\left(1 + \frac{1}{x}\right) = 2$

32.6 $\ln(x^2 - 1) = 0$

32.7 $\ln(x^2 - 3x + 3) = 0$

32.8 $\ln[\ln(x + 1)] = 2$

32.9 $e^x \cdot \ln(x - 3) - e^x = 0$

32.10 $\ln x^2 + \ln(-x) = \ln 27$

32.11 $\ln x^2 + \ln x = \ln 27$

32.12 $\ln x^3 + \ln x = \ln 16$

32.13 $\ln x - 2[\ln x + 1]^2 + 4 = 0$

Ableitung der Logarithmusfunktion 14.2

Im Kapitel 11.2 hatten wir für die Umformung der allgemeinen Logarithmusfunktion gefunden:

$$y = \log_a x = \frac{1}{\ln a} \cdot \ln x \quad \text{mit } a \in \mathbb{R}^+\backslash\{1\} \text{ und } x \in \mathbb{R}^+$$

Da $\frac{1}{\ln a}$ ein konstanter Faktor ist, der bei der Ableitung erhalten bleibt, müssen wir nur die Ableitung von $\ln x$ herausfinden.

Zu der Gleichung $y = \ln x$ gehört nach Definition des Logarithmus die Exponentialgleichung $e^y = x$, die wir auf beiden Seiten nach x differenzieren. Dabei beachten wir auf der linken Seite die Anwendung der Kettenregel, da ja y selbst eine Funktion von x ist:

$$\begin{aligned} e^y &= x && | \text{ Beide Seiten nach } x \text{ ableiten} \\ e^y \cdot y' &= 1 \\ y' &= \frac{1}{e^y} && | \; e^y = x \text{ wieder einsetzen} \\ y' &= \frac{1}{x} \end{aligned}$$

Das heißt, die Funktion $\ln x$ hat die Ableitung $(\ln x)' = \frac{1}{x}$.

Die in $\mathbb{R}^+$ erklärte natürliche Logarithmusfunktion $y = \ln x$ hat die Ableitung $y' = \frac{1}{x}$.

Die Funktion $y = \ln x$ ist die einzige transzendente Funktion mit rationaler Ableitung.

Nun können wir auch die Ableitung von $y = \log_a x$ angeben:

$$y' = \frac{1}{\ln a} \cdot (\ln x)' = \frac{1}{\ln a} \cdot \frac{1}{x} = \frac{1}{x \cdot \ln a}$$

Die allgemeine Logarithmusfunktion $y = \log_a x$ hat die Ableitung $y' = \frac{1}{x \cdot \ln a}$.

Ableitung von Verkettungen mit der ln-Funktion

Liegt nicht der Term $\ln x$, sondern eine Verkettung der ln-Funktion mit einer anderen differenzierbaren Funktion $g(x)$ vor, dann muss nach der Kettenregel abgeleitet werden.
Dies ist in Prüfungen meist der Fall!

Wenn der Term $g(x)$ in der Definitionsmenge nur *positive* Werte annimmt, dann kann $\ln g(x)$ gebildet werden. Wir erhalten so die *Verkettung* der ln-Funktion mit der Funktion g: $y = \ln g(x)$ mit $g(x) > 0$

Für die Berechnung der Ableitung von $y = \ln g(x)$ setzen wir $g(x) = z$ und differenzieren die Verkettung $y = \ln z$ mit $z = g(x)$ nach der Kettenregel:

$$y' = \frac{\mathrm{d}y}{\mathrm{d}x} = \frac{\mathrm{d}y}{\mathrm{d}z} \cdot \frac{\mathrm{d}z}{\mathrm{d}x}$$

Mit $\frac{\mathrm{d}y}{\mathrm{d}z} = \frac{1}{z}$ und $\frac{\mathrm{d}z}{\mathrm{d}x} = g'(x)$ erhalten wir

$y' = \frac{1}{z} \cdot g'(x) = \frac{1}{g(x)} \cdot g'(x)$ als Ableitung von $y = \ln g(x)$.

Die Funktion $y = \ln g(x)$, in der die Funktion g differenzierbar und $g(x) > 0$ erfüllt ist, hat die Ableitung $y' = \frac{1}{g(x)} \cdot g'(x)$.

Für die Ableitung einer Verkettung erhalten wir eine leichter zu merkende Regel, wenn wir in der Angabe aus der Formelsammlung $\left(y = \ln x \text{ hat die Ableitung } y' = \frac{1}{x}\right)$ den Term $g(x)$ ersetzen durch das Symbol $\ast$:

Für $\ast > 0$ gilt: *$y = \ln \ast$ hat die Ableitung $y' = \frac{1}{\ast} \cdot \ast'$.*

➢ ➢ ➢ ➢ ➢ ➢ ➢ ➢ ➢ ➢ ➢ ➢

Beispiel 1 Für die Funktion f mit $f(x) = \ln x^2$ ist $f'(x)$ zu bestimmen.

Für $\ln x^2$ kann man auch deutlicher $\ln(x^2)$ schreiben, um eine Verwechslung mit $(\ln x)^2$ auszuschließen.

Da $\ln x^2$ nur definiert ist, wenn $x^2 > 0$ erfüllt ist, erhalten wir die Definitionsmenge $D_f = \mathbb{R} \setminus \{0\}$.

Wir differenzieren die Verkettung $y = \ln z$ mit $z = x^2$ nach der Kettenregel:

$$f'(x) = y' = \frac{\mathrm{d}y}{\mathrm{d}x} = \frac{\mathrm{d}y}{\mathrm{d}z} \cdot \frac{\mathrm{d}z}{\mathrm{d}x} = \frac{1}{z} \cdot 2x = \frac{1}{x^2} \cdot 2x = \frac{2}{x} \quad \text{mit } D_{f'} = \mathbb{R}\setminus\{0\}$$

Beispiel 2

Die Funktion f mit $f(x) = \ln \dfrac{x^2}{x^2+1}$ und $D_f = \mathbb{R}\setminus\{0\}$ soll abgeleitet werden.

Wir setzen $f(x) = \ln g(x)$ mit $g(x) = \dfrac{x^2}{x^2+1}$ und bilden dann $f'(x) = \dfrac{1}{g(x)} \cdot g'(x)$, wobei wir $g'(x)$ in einer Nebenrechnung nach der *Quotientenregel* gesondert berechnen:

$$g'(x) = \frac{(x^2+1) \cdot 2x - x^2 \cdot 2x}{(x^2+1)^2} = \frac{2x^3 + 2x - 2x^3}{(x^2+1)^2} = \frac{2x}{(x^2+1)^2}$$

Mit dem Ergebnis der Nebenrechnung gilt:

$$f'(x) = \frac{(x^2+1)}{x^2} \cdot \frac{2x}{(x^2+1)^2} = \frac{2}{x \cdot (x^2+1)}$$

Aufgabe 33

Von der Funktion f ist im Folgenden jeweils der Funktionsterm $f(x)$ gegeben. Bestimmen Sie die maximale Definitionsmenge D_f und berechnen Sie die Ableitungen $f'(x)$ und $f''(x)$. Geben Sie die Definitionsmengen $D_{f'}$ und $D_{f''}$ an.

33.1 $f(x) = \ln(1 + x^2)$

33.2 $f(x) = \ln(x^2 - x + 1)$

33.3 $f(x) = \ln(x^2 - 3x + 2)$

33.4 $f(x) = \ln |x|$

33.5 $f(x) = x \cdot \ln(x^2 - 1)$

Nachweis lokaler Extrema durch Einschachteln der Nullstellen von $f'(x)$

Erhalten wir beim Bilden der Ableitungsfunktion $f'(x)$ einen Term, der nichtrational ist, dann können wir nicht mehr nur mit der Ordnung von Linearfaktoren argumentieren.

Die Situation:

Sie haben in der Prüfung endlich den Funktionsterm $f'(x)$ und auch noch die Nullstellen der Gleichung $f'(x) = 0$ richtig bestimmt. Nun kommt das nächste Problem: Sie sollen zeigen, wie der Graph von $f'(x)$ durch seine Nullstellen verläuft, um damit die Art der Extrema von f zu begründen.

Die Lösung:

Wenn die Funktion f' stetig ist, dann hilft der Nullstellensatz für stetige Funktionen weiter. Dieser Satz sagt aus, dass eine auf einem Intervall stetige Funktion, die an den Intervallenden Funktionswerte mit *verschiedenen* Vorzeichen hat, im Innern des Intervalls mindestens eine Nullstelle haben muss.

Wir überlegen nun so:
Wenn wir eine Nullstelle der Gleichung $f'(x) = 0$ kennen, dann kann uns doch niemand daran hindern, diese Nullstelle in ein geeignetes abgeschlossenes Intervall so einzuschließen, dass nur diese eine Nullstelle in dem Intervall liegt.
Berechnen wir jetzt die Funktionswerte von $f'(x)$ an den Enden unseres Intervalls, dann können wir aus den Vorzeichen dieser Funktionswerte eindeutig entscheiden, ob die Nullstelle eine Schnittstelle oder Berührstelle von $f'(x)$ mit der x-Achse ist. Außerdem wissen wir dann auch, ob $f'(x)$ von „+" nach „–" oder von „–" nach „+" wechselt.

Hat $f'(x) = 0$ zwei verschiedene Nullstellen, dann kann man meist die Intervalle so wählen, dass sie aneinander stoßen. So sparen wir auch noch die Berechnung eines Funktionswertes ein!

➢ ➢ ➢ ➢ ➢ ➢ ➢ ➢ ➢ ➢ ➢ ➢

Gegeben ist die Funktion f durch:

$f(x) = (2x^2 - 20x + 32) \cdot \ln(x-2) - x^2 + 16x \quad \text{in } D_f = \,]2; \infty[$

Wir bilden die Ableitung $f'(x)$ nach der Produkt- und Kettenregel:

$$\begin{aligned} f'(x) &= (4x-20)\cdot\ln(x-2) + (2x^2-20x+32)\cdot\frac{1}{x-2}\cdot 1 - 2x + 16 = \\ &= (4x-20)\cdot\ln(x-2) + 2\cdot(x-2)\,(x-8)\cdot\frac{1}{x-2} - 2x + 16 = \\ &= (4x-20)\cdot\ln(x-2) + 2\cdot(x-8) - 2x + 16 = \\ &= (4x-20)\cdot\ln(x-2) + 2x - 16 - 2x + 16 = \\ &= 4\cdot(x-5)\cdot\ln(x-2) \end{aligned}$$

$$\begin{aligned} f'(x) = 0: \quad x - 5 &= 0 \quad \text{oder} \quad \ln(x-2) = 0 \\ x &= 5 \quad \text{oder} \quad x - 2 = 1 \\ x &= 5 \quad \text{oder} \quad x = 3 \end{aligned}$$

Unter Beachtung der Definitionsmenge $]2;\infty[$ schließen wir die Nullstelle $x = 3$ in das Intervall $[2{,}5;\,4]$ und die Nullstelle $x = 5$ in das Intervall $[4;\,6]$ ein und berechnen mit dem Taschenrechner die Ableitungswerte:

$$f'(2{,}5) = 4 \cdot (2{,}5 - 5) \cdot \ln(2{,}5 - 2) = -10 \cdot \ln 0{,}5 = 6{,}93\ldots > 0$$
$$f'(4) = 4 \cdot (4 - 5) \cdot \ln(4 - 2) = -4 \cdot \ln 2 = -2{,}77\ldots < 0$$
$$f'(6) = 4 \cdot (6 - 5) \cdot \ln(6 - 2) = 4 \cdot \ln 4 = 5{,}54\ldots > 0$$

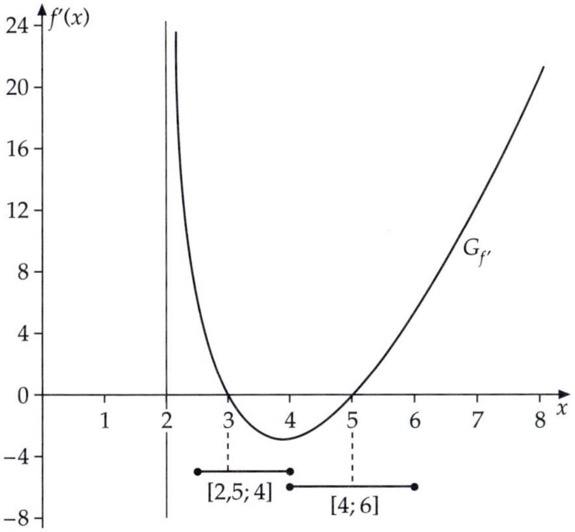

Figur 44

Vergleichen Sie in der Figur 44:

Bei $x = 3$ hat die Ableitung $f'(x)$ einen Zeichenwechsel der Funktionswerte mit Übergang von *positiven zu negativen* Werten und der Graph von f hat in $H(3; f(3)) = H(3; 39)$ einen lokalen Hochpunkt mit waagrechter Tangente.

Bei $x = 5$ hat die Ableitung $f'(x)$ einen Zeichenwechsel der Funktionswerte mit Übergang von *negativen zu positiven* Werten und der Graph von f hat in $T(5; f(5)) = T(5; 35{,}22)$ einen lokalen Tiefpunkt mit waagrechter Tangente.

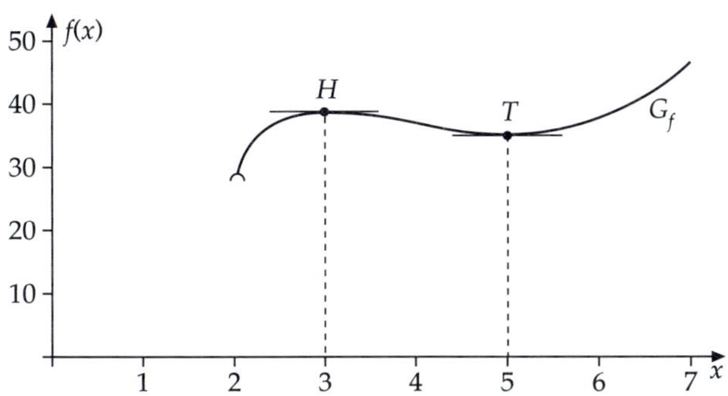

Figur 45

Die Figur 45 zeigt den Verlauf des Graphen der Funktion f.

Aufgabe 34 Gegeben ist die Funktion f durch $f(x) = \ln \frac{x}{4-x}$ mit $D_f = D_{f(x)}$.

34.1 Bestimmen Sie D_f und die Nullstelle von f.

34.2 Untersuchen Sie das Verhalten der Funktionswerte $f(x)$ an den Rändern von D_f.

34.3 Bestimmen Sie $f'(x)$ und zeigen Sie, dass die Funktion f in D_f streng monoton zunehmend ist.

34.4 Weisen Sie nach, dass die Gerade $y = x - 2$ Tangente des Graphen von f im Schnittpunkt von G_f mit der x-Achse ist.

34.5 Berechnen Sie $f(1)$, $f(1{,}5)$ und $f(3)$ und skizzieren Sie den Verlauf des Graphen von f. Tragen Sie auch die Tangente aus 34.4 in die Skizze ein.

34.6 Gegeben ist die Funktion F durch

$$F(x) = x \cdot \ln \frac{x}{4-x} + 4 \cdot \ln(4-x) \quad \text{mit} \quad D_F = D_f.$$

Zeigen Sie, dass $F'(x) = f(x)$ gilt.

Aufgabe 35 Gegeben ist die Funktion f durch $f(x) = x \cdot (\ln x - 2)^2$ mit $D_f = \mathbb{R}^+$.

35.1 Untersuchen Sie f auf Nullstellen

35.2 Bilden Sie die Ableitungen $f'(x)$ und $f''(x)$ und untersuchen Sie damit die Funktion f auf lokale Extremstellen und Wendestellen. Geben Sie die Koordinaten der zugehörigen Punkte an.

35.3 Berechnen Sie $\lim\limits_{x \to \infty} f(x)$ und skizzieren Sie den Verlauf des Graphen von f in $0 < x \leqq 9$ unter Verwendung von $\lim\limits_{x \downarrow 0} f(x) = 0$.

Aufgabe 36 Gegeben ist die Funktion f durch $f(x) = \ln \frac{x-3}{2x}$ mit $D_f = D_{f(x)}$.

36.1 Zeigen Sie: $D_f = \mathbb{R} \setminus [0; 3]$

36.2 Untersuchen Sie das Verhalten der Funktionswerte $f(x)$ an den Rändern von D_f und geben Sie die Gleichungen aller Asymptoten von G_f an.

36.3 Bestimmen Sie die Nullstelle und das Monotonieverhalten von f.

36.4 Untersuchen Sie das Krümmungsverhalten von G_f.

36.5 Berechnen Sie $f(-5)$, $f(-1)$, $f(4)$ und $f(7)$ und zeichnen Sie G_f in $-5 \leqq x \leqq 7$.

36.6 Begründen Sie, dass die Funktion f für $x < 0$ umkehrbar ist und stellen Sie den Funktionsterm $f^{-1}(x)$ auf.

36.7 Gegeben ist die Funktion F durch $F(x) = x \cdot \ln \frac{x-3}{2x} - 3 \cdot \ln(3-x)$ mit $D_F = \mathbb{R}^-$.
Zeigen Sie, dass $F'(x) = f(x)$ für $x < 0$ gilt.

Aufgabe 37

Gegeben ist die Funktion f durch $f(x) = \ln \frac{3-x}{2x}$ mit maximaler Definitionsmenge D_f.

Bestimmen Sie D_f und das Monotonieverhalten von f. Kann die Funktion f innere lokale Extremstellen haben?

15. Ableitung an einer Nahtstelle

Bei der abschnittsweise (= intervallweise) erklärten Funktion f:

$$f(x) = \begin{cases} f_1(x) & \text{für} \quad x \leqq x_0 \\ f_2(x) & \text{für} \quad x > x_0 \end{cases}$$

nennt man die Stelle x_0 eine **Nahtstelle**.

Besonders aufpassen müssen wir bei der Berechnung von Funktionswerten: Für alle Stellen, die links von x_0 liegen, wird der Funktionswert unter Verwendung des Terms $f_1(x)$ berechnet. Für alle Stellen, die rechts von x_0 liegen, müssen wir den Term $f_2(x)$ verwenden.

Wir setzen voraus, dass die Funktion f_1 für $x \leqq x_0$ und die Funktion f_2 für $x > x_0$ stetig ist. Außerdem sollen f_1 für $x < x_0$ und f_2 für $x > x_0$ differenzierbar sein.

Die Frage ist nun, ob die Funktion f auch an der Nahtstelle x_0 differenzierbar ist.

Nehmen wir die Definition der Differenzierbarkeit einer Funktion an der Stelle x_0, dann müssen wir den links- und rechtsseitigen Differenzenquotienten für die Funktion f an der Stelle x_0 aufstellen und deren Grenzwerte für $x \to x_0$ berechnen. Stimmen diese beiden Grenzwerte überein, dann ist f bei x_0 differenzierbar. Das klingt recht einfach, aber in konkreten Fällen ist der Rechenaufwand sehr groß und oft auch gar nicht mehr zu bewältigen. Der folgende Satz zeigt uns, dass es einen einfacheren Weg gibt, eine Funktion an einer Nahtstelle auf Differenzierbarkeit zu untersuchen.

Eine in der Umgebung von x_0 differenzierbare und an der Stelle x_0 *stetige* Funktion f ist an der Stelle x_0 differenzierbar, wenn die Grenzwerte der links- und rechtsseitigen Ableitungsfunktionen gleich sind. Der gemeinsame Grenzwert ist dann $f'(x_0)$.

Bemerkung:

Der Inhalt des Satzes ist geometrisch einleuchtend:
Aus der Stetigkeit von f in x_0 folgt, dass der Graph von f im Punkt $P(x_0; f(x_0))$ zusammenhängend ist und daher keine Sprungstelle haben kann. Die Gleichheit der Grenzwerte der rechts- und linksseitigen Ableitungsfunktionen bewirkt dann, dass die beiden Halbtangenten in P dort einen gestreckten Winkel (= 180°) bilden, sich also zu *einer* Tangente im Punkt P zusammenfügen.

Beweis des Satzes:

Da die Funktion f nach Voraussetzung an der Stelle x_0 *stetig* und in der Umgebung von x_0 differenzierbar ist, ist f in den abgeschlossenen Intervallen $[x_0 - h; x_0]$ bzw. $[x_0; x_0 + h]$ $(h > 0)$ stetig und in den offenen Intervallen $]x_0 - h; x_0[$ bzw. $]x_0; x_0 + h[$ differenzierbar. Wir dürfen daher den Mittelwertsatz (vergleiche Abschnitt 7.2) auf jedes der beiden Intervalle anwenden.

Im Intervall $[x_0 - h; x_0]$ gilt:

$$f(x_0) - f(x_0 - h) = f'(x_0 - h + t_1 \cdot h) \cdot h \quad \text{mit } 0 < t_1 < 1$$

Wir multiplizieren beide Seiten der Gleichung mit (– 1) und erhalten:

$$f(x_0 - h) - f(x_0) = f'(x_0 - h + t_1 \cdot h) \cdot (-h) \quad | : (-h)$$

$$\frac{f(x_0 - h) - f(x_0)}{-h} = f'(x_0 - h + t_1 \cdot h)$$

Für das Intervall $[x_0; x_0 + h]$ lautet der Mittelwertsatz:

$$f(x_0 + h) - f(x_0) = f'(x_0 + t_2 \cdot h) \cdot h \quad \text{mit } 0 < t_2 < 1$$

$$\frac{f(x_0 + h) - f(x_0)}{h} = f'(x_0 + t_2 \cdot h)$$

Stimmt nun, wie es im Satz verlangt wird, für $h \to 0$ der Grenzwert der links- und rechtsseitigen Ableitungsfunktionen überein, dann gilt:

$$\lim_{h \to 0} f'(x_0 - h + t_1 \cdot h) = \lim_{h \to 0} f'(x_0 + t_2 \cdot h) = A$$

Aus der Gleichheit dieser Grenzwerte folgt aber auch die Gleichheit der Grenzwerte der in den obigen Gleichungen jeweils auf der linken Seite stehenden Differenzenquotienten:

$$\lim_{h \to 0} \frac{f(x_0 - h) - f(x_0)}{-h} = \lim_{h \to 0} \frac{f(x_0 + h) - f(x_0)}{h} = A$$

Dies ist aber genau die Definition der Differenzierbarkeit der Funktion f an der Stelle x_0. Außerdem sehen wir, dass $f'(x_0) = A$ ist, das heißt, der gemeinsame Grenzwert der Ableitungsfunktionen ist der Wert der 1. Ableitung an der Stelle x_0.

Gegeben ist die abschnittsweise erklärte Funktion f durch

$$f(x) = \begin{cases} ax^2 & \text{für } x \leqq 1 \\ b - \ln x & \text{für } x > 1 \end{cases} \quad \text{mit } a; b \in \mathbb{R}$$

Bestimmen Sie die Zahlen a und b so, dass die Funktion f in ganz $\mathbb{R}$ differenzierbar ist.

Die Funktion f muss zunächst an der Nahtstelle $x = 1$ stetig sein:

Da wir im oberen Abschnitt eine Einschränkung der stetigen Funktion ax^2 auf das Intervall $x \leqq 1$ haben, gilt:

$$\lim_{x \uparrow 1} f(x) = f(1) = a \cdot 1^2 = a$$

Der rechtsseitige Grenzwert der Funktionswerte muss durch Grenzwertrechnung begründet werden:

$$\lim_{x \downarrow 1} f(x) = \lim_{x \downarrow 1} (b - \ln x) = b - \ln 1 = b \qquad (\ln 1 = 0 \text{ beachten})$$

Die Bedingung für Stetigkeit bei $x = 1$ lautet:

$$\lim_{x \uparrow 1} f(x) = f(1) = \lim_{x \downarrow 1} f(x)$$

bzw.: $a = a \quad = b$

Setzen wir in der gegebenen Funktionsgleichung $b = a$, dann erhalten wir die nun auch für $x = 1$ stetige Funktion f:

$$f(x) = \begin{cases} ax^2 & \text{für } x \leqq 1 \\ a - \ln x & \text{für } x > 1 \end{cases}$$

Für die Ableitung $f'(x)$ erhalten wir durch abschnittsweises Differenzieren:

$$f'(x) = \begin{cases} 2ax & \text{für } x < 1 \\ \dfrac{-1}{x} & \text{für } x > 1 \end{cases}$$

Nun bilden wir die Grenzwerte von $f'(x)$ für $x \uparrow 1$ und $x \downarrow 1$:

$$\lim_{x \uparrow 1} f'(x) = \lim_{x \uparrow 1} 2ax = 2a; \qquad \lim_{x \downarrow 1} f'(x) = \lim_{x \downarrow 1} \left(\frac{-1}{x}\right) = -1$$

Aus der Gleichheit dieser Grenzwerte können wir zunächst a und wegen $a = b$ dann auch b berechnen:

$$2a = -1 \quad \Rightarrow \quad a = \frac{-1}{2}; \quad b = \frac{-1}{2}$$

Ergebnis: Die Funktion f mit $f(x) = \begin{cases} \frac{-1}{2}x^2 & \text{für } x \leqq 1 \\ \frac{-1}{2} - \ln x & \text{für } x > 1 \end{cases}$

hat die Ableitung: $f'(x) = \begin{cases} -x & \text{für } x \leqq 1 \\ \frac{-1}{x} & \text{für } x > 1 \end{cases}$

Diese Funktion f ist in ganz ℝ stetig und differenzierbar; an der Nahtstelle $x = 1$ gilt: $f'(1) = -1$

Die Figur 46 zeigt den Verlauf des Graphen von f. In Figur 47 ist der Graph von f' eingetragen.

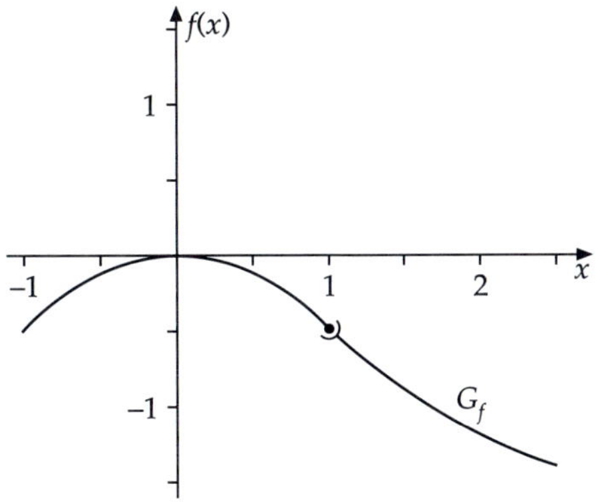

Figur 46

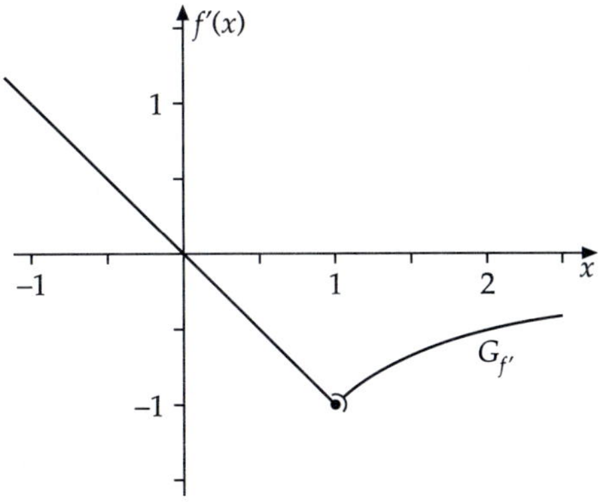

Figur 47

Aufgabe 38

Für welche Wahl von a und b ist die in ℝ definierte Funktion f auch in ganz ℝ differenzierbar?

$$f(x) = \begin{cases} \frac{ax}{x+2} & \text{für } x \geqq 1 \\ x^2 + b & \text{für } x < 1 \end{cases} \quad \text{mit } a, b \in \mathbb{R}$$

Aufgabe 39

Gegeben ist die abschnittsweise erklärte Funktion f durch die folgende Zuordnung:

$$f(x) = \begin{cases} -(x-a)^2 & \text{für } x < -3 \\ x^3 + 6x^2 + 9x & \text{für } -3 \leqq x \leqq 0 \\ mx & \text{für } x > 0 \end{cases} \quad \text{mit } a, m \in \mathbb{R}$$

Bestimmen Sie die Zahlen a und m so, dass die Funktion f in ganz ℝ differenzierbar ist.

15.1 Knicke von Funktionsgraphen

Der Graph einer an der Stelle x_0 *stetigen* Funktion f hat an der Stelle x_0 einen **Knick**, wenn die Ableitung $f'(x)$ in der links- und rechtsseitigen Umgebung von x_0 existiert, aber an der Stelle x_0 eine *Sprungstelle* hat.
Eine Knickstelle kann eine lokale Extremstelle von f sein, muss es aber nicht.

Figur 48

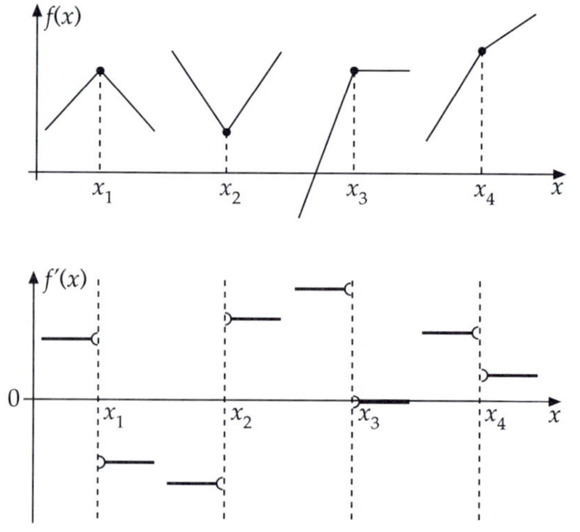

In der Figur 48 sind mögliche Fälle für Knicke eingezeichnet. Sie sehen darunter auch das Verhalten der Ableitungsfunktion f' in der Umgebung der Stellen.

Auch wenn die Ableitung an den betrachteten Stellen selbst nicht existiert, so liefert das **Zeichenwechselkriterium** auch weiterhin die Entscheidung über die Art der Knickstelle einer stetigen Funktion f.

Vergleichen Sie in der Figur 48:

- Die Stelle x_1 ist eine lokale Maximalstelle von f.
- Die Stelle x_2 ist eine lokale Minimalstelle von f.
- Die Stelle x_3 ist eine lokale Maximalstelle von f. Der Graph der Funktion f hat aber dort *kein strenges* lokales Maximum.
- Die Stelle x_4 ist keine Extremstelle von f.

Nachweis einer Knickstelle

$$\left.\begin{array}{l} f \text{ ist in } x_0 \text{ stetig} \\ f'(x_0) \text{ existiert nicht} \\ f' \text{ hat Sprungstelle} \end{array}\right\} \Rightarrow \left\{\begin{array}{l} x_0 \text{ ist strenge Extremstelle von } f. \\ \text{Der Graph von } f \text{ hat in } E(x_0;\ f(x_0)) \\ \text{einen Knick.} \end{array}\right.$$

➢ ➢ ➢ ➢ ➢ ➢ ➢ ➢ ➢ ➢ ➢ ➢

Gegeben ist die in $\mathbb{R}$ erklärte Funktion f durch:

$$f(x) = e^{-|x|} = \begin{cases} e^x & \text{für } x \leqq 0 \\ e^{-x} & \text{für } x > 0 \end{cases}$$

Zeigen Sie, dass der Graph von f an der Stelle $x = 0$ einen lokalen Hochpunkt ohne Tangente, also einen Knick nach oben hat.

Stetigkeit von f bei $x = 0$:

$$\left.\begin{array}{l} \lim\limits_{x \uparrow 0} f(x) = f(0) = e^0 = 1 \\ \lim\limits_{x \downarrow 0} f(x) = \lim\limits_{x \downarrow 0} (e^{-x}) = \dfrac{1}{e^0} = 1 \end{array}\right\} \Rightarrow \text{Die Funktion } f \text{ ist bei } x = 0 \text{ stetig!}$$

Für $x < 0$ gilt: $f'(x) = e^x > 0$ $\Rightarrow$ G_f streng monoton steigend

Für $x > 0$ gilt: $f'(x) = -e^{-x} = \dfrac{-1}{e^x} < 0$ $\Rightarrow$ G_f streng monoton fallend

Die Ableitungswerte $f'(x)$ springen bei Durchgang durch die Stelle $x = 0$ von *positiven* Werten auf *negative* Werte. Daraus folgt aber, dass der Graph der in $x = 0$ *stetigen* Funktion f im Punkt $H(0; f(0)) = H(0;1)$ einen lokalen Hochpunkt ohne Tangente, also einen Knick nach oben hat.

Der Verlauf des Graphen von f ist in der Figur 49 zu sehen.

Figur 49

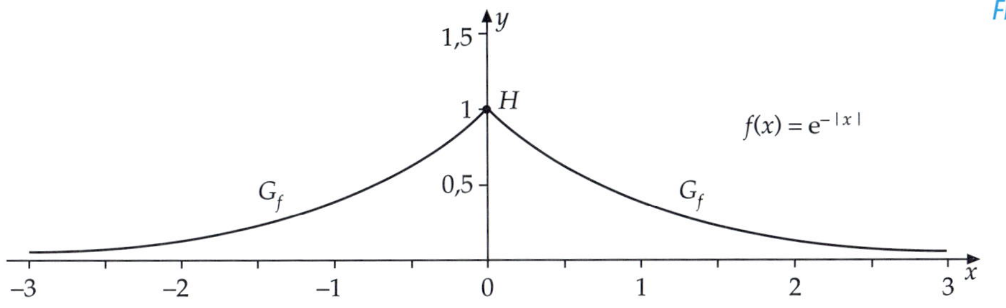

➢ ➢ ➢ ➢ ➢ ➢ ➢ ➢ ➢ ➢ ➢ ➢

16. Stetiges Wachstum und e-Funktion

In den Naturwissenschaften (Physik, Chemie, Biologie) und vielen anderen Bereichen (Bankgewerbe, Medizin) wird das Verhalten von Größen untersucht, die sich mit der Zeit t ändern.

Beispiele hierzu sind:

Verzinsung eines Kapitals; Abnahme der unzerfallenen Atome beim natürlichen radioaktiven Zerfall; Wachstum eines Holzbestandes (einer Bakterienkultur, einer Population); Verhalten der Stromstärke beim Ein- und Ausschalten eines Gleichstroms in einem Stromkreis mit Widerstand und Induktivität.

Wir wählen als Beispiel das Wachstum einer Bakterienkultur:

In der Bakterienkultur mit dem Anfangsbestand $N(t)$ Bakterien zum Zeitpunkt t sind zum Zeitpunkt $t + \Delta t$ durch Vermehrung $N(t + \Delta t)$ Bakterien vorhanden.

Die folgenden zwei Annahmen sind einleuchtend und durch Versuche bestätigt:

- Je mehr Bakterien $N(t)$ vorhanden sind, desto mehr werden sie sich auch vermehren.
- In der doppelten, dreifachen Zeitspanne werden wir auch den doppelten, dreifachen Zuwachs an Bakterien feststellen.

Schließen wir weitere Einflüsse auf das Wachstum der Bakterien aus, dann können wir sagen, dass das Wachstum der Bakterien zum Bestand $N(t)$ und der verstrichenen Zeit Δt direkt proportional ist. Für die Zunahme $N(t + \Delta t) - N(t)$ der Bakterien gilt also:

$$N(t + \Delta t) - N(t) = k \cdot N(t) \cdot \Delta t \quad (k > 0)$$

$$\frac{N(t + \Delta t) - N(t)}{\Delta t} = k \cdot N(t)$$

In Anlehnung an den Begriff der mittleren Geschwindigkeit bei einer Bewegung nennt man den auf der linken Seite der letzten Gleichung stehenden Differenzenquotienten auch die **mittlere Wachstumsgeschwindigkeit** der Bakterienkultur im Zeitintervall Δt.

Damit wir das Wachstum der Bakterien mithilfe der Differenzialrechnung untersuchen können, müssen wir den tatsächlichen Sachverhalt idealisieren. In Wirklichkeit ist der Graph von $N(t)$ eine „Treppenkurve“, die aber für kleine Zeitintervalle Δt und eine enorme Anzahl von Bakterien eine sehr kleine Stufenhöhe hat. Wir „glätten“ diese Kurve, indem wir die Funktion

$N(t)$ als *differenzierbar* voraussetzen. Wir haben damit für das Wachstum der Bakterien ein mathematisches Modell zur Verfügung und können den zeitlichen Verlauf des Wachstums beschreiben. Natürlich müssen wir die aus diesem Modell gewonnenen Ergebnisse mit den realen Ergebnissen vergleichen und gelegentlich auch das mathematische Modell abändern.

Ist nun $N(t)$ eine differenzierbare Funktion, dann existiert für $\Delta t \to 0$ der Grenzwert des Differenzenquotienten:

$$\lim_{\Delta t \to 0} \frac{N(t + \Delta t) - N(t)}{\Delta t} = k \cdot N(t)$$

$$N'(t) = k \cdot N(t)$$

Der Differenzialquotient $N'(t)$ heißt die **momentane Wachstumsgeschwindigkeit** der Bakterienkultur zum Zeitpunkt t.

Im Beispiel der Vermehrung von Bakterien sind wir auf ein fundamentales Gesetz gestoßen, das für viele Wachstumsprozesse gilt:
Die momentane Wachstumsgeschwindigkeit $N'(t)$ ist *direkt proportional* der zum Zeitpunkt t vorhandenen Anzahl $N(t)$ von Bakterien.

Wir verallgemeinern das Ergebnis, indem wir festlegen:

Stetiges Wachstum:

Wird eine zeitlich veränderliche Stoffmenge durch eine differenzierbare Funktion $y(t)$ beschrieben, so heißt das Wachstum (Zu- oder Abnahme) *stetig*, wenn die momentane Wachstumsgeschwindigkeit $y'(t)$ direkt proportional zu der zum Zeitpunkt t vorhandenen Stoffmenge $y(t)$ ist.

$y'(t) = k \cdot y(t)$ $\quad (k \in \mathbb{R})$

$k > 0$: Zunahme der Stoffmenge
$k < 0$: Abnahme der Stoffmenge
$k = 0$: konstanter Bestand

In der Gleichung $y'(t) = k \cdot y(t)$, die auch Differenzialgleichung des stetigen Wachstums heißt, werden wir nun schrittweise die gesuchte Funktion $y(t)$ bestimmen:

$$y'(t) = k \cdot y(t) \quad | : y(t) \neq 0$$

$$\frac{y'(t)}{y(t)} = k$$

Ohne den Hinweis, dass $\frac{y'(t)}{y(t)}$ die Ableitung der Funktion $\ln y(t)$ nach der Variablen t ist, kämen wir an dieser Stelle nicht weiter. Wir überprüfen die Richtigkeit des Hinweises, indem wir die Verkettung $f(t) = \ln z$ mit $z = y(t)$ nach der Kettenregel ableiten:

$$\frac{df}{dt} = \frac{df}{dz} \cdot \frac{dz}{dt} = \frac{1}{z} \cdot z' = \frac{1}{z} \cdot y'(t) = \frac{1}{y(t)} \cdot y'(t) = \frac{y'(t)}{y(t)}$$

Es gilt also: $[\ln y(t)]' = k \;\; (k \in \mathbb{R})$

Da die Ableitung von $\ln y(t)$ eine Konstante k ist, muss der Graph der Funktion $\ln y(t)$ eine Gerade mit der Steigung k sein. In die Gleichung dieser Geraden nehmen wir noch eine additive Konstante b auf, die beim Ableiten null ergibt:

$\ln y(t) = k \cdot t + b \;\; (b \in \mathbb{R})$

Nach der Definition des Logarithmus als Hochzahl ist nun $k \cdot t + b$ genau diejenige Hochzahl, mit der man e potenzieren muss, um $y(t)$ zu erhalten:

$y(t) = \mathrm{e}^{k \cdot t + b} \quad | \; \mathrm{e}^{x+y} = \mathrm{e}^x \cdot \mathrm{e}^y$
$y(t) = \mathrm{e}^{k \cdot t} \cdot \mathrm{e}^b \quad | \; \mathrm{e}^b = C \in \mathbb{R}$ setzen
$y(t) = C \cdot \mathrm{e}^{k \cdot t}$

Für $t = 0$ ist $y(0) = C \cdot \mathrm{e}^0 = C \cdot 1 = C$, also $C = y(0)$.

$y(t) = y(0) \cdot \mathrm{e}^{k \cdot t}$

Ergebnis:

Die Differenzialgleichung $y'(t) = k \cdot y(t)$ des stetigen Wachstums wird durch $y(t) = y(0) \cdot \mathrm{e}^{kt}$ gelöst. Dabei ist e die EULER'sche Zahl.

Die Funktion $y = \mathrm{e}^x$ wird daher auch als **natürliche** Exponentialfunktion oder **Funktion des stetigen Wachstums** bezeichnet.

Die Regeln von DE L'HOSPITAL

17.

In Abschnitt 12.2 hatten wir fast zaubern müssen, um den Grenzwert $\lim\limits_{h \to 0} \frac{a^h - 1}{h} = \ln a$ zu begründen. Die Schwierigkeiten bei der Berechnung dieses Grenzwertes traten auf, weil der Term für $h \to 0$ die unbestimmte Form $\frac{0}{0}$ annahm. Für die Untersuchung von unbestimmten Rechenausdrücken hat der Mathematiker DE L'HOSPITAL im Jahre 1696 die nach ihm benannte Regel veröffentlicht. Gefunden wurde diese Regel aber von JOHANN BERNOULLI (1667–1748).

Problemstellung:

Die Funktionen f und g sind in der Umgebung der Stelle $x = a$ differenzierbar und es soll der Grenzwert $\lim\limits_{x \to a} \frac{f(x)}{g(x)}$ untersucht werden, wenn $f(a) = g(a) = 0$ ist.

Problemlösung:

Zunächst formen wir den zu untersuchenden Grenzwert für $x \to a$ in einen Grenzwert für $h \to 0$ um und wenden dann im Zähler und im Nenner den Mittelwertsatz an. Dabei dürfen wir (ohne Beweis) im Zähler und Nenner dasselbe t verwenden.

$$\lim_{x \to a} \frac{f(x)}{g(x)} = \left[\frac{0}{0}\right] = \lim_{h \to 0} \frac{f(a+h)}{g(a+h)} = \lim_{h \to 0} \frac{f(a) + h \cdot f'(a + t \cdot h)}{g(a) + h \cdot g'(a + t \cdot h)}$$

Unter Beachtung von $f(a) = 0$ und $g(a) = 0$ erhalten wir nach dem Kürzen mit h die folgende Darstellung:

$$\lim_{x \to a} \frac{f(x)}{g(x)} = \lim_{h \to 0} \frac{f'(a + t \cdot h)}{g'(a + t \cdot h)} = \frac{f'(a)}{g'(a)} = \lim_{x \to a} \frac{f'(x)}{g'(x)}$$

Dieses Ergebnis formulieren wir nun als Regel:

Nimmt der Grenzwert $\lim\limits_{x \to a} \frac{f(x)}{g(x)}$ die unbestimmte Form $\left[\frac{0}{0}\right]$ an, so kann man den Quotienten $\frac{f(x)}{g(x)}$ durch den *Quotienten der Ableitungen* $\frac{f'(x)}{g'(x)}$ ersetzen.

Existiert der Grenzwert $\lim\limits_{x \to a} \frac{f'(x)}{g'(x)}$, dann ist er gleich dem gesuchten Grenzwert $\lim\limits_{x \to a} \frac{f(x)}{g(x)}$.

➢ ➢ ➢ ➢ ➢ ➢ ➢ ➢ ➢ ➢ ➢ ➢

Beispiel 1 $\lim\limits_{x \to 0} \frac{\sin x}{x} = \left[\frac{0}{0}\right] = \lim\limits_{x \to 0} \frac{\cos x}{1} = \frac{1}{1} = 1$

Beispiel 2 $\lim\limits_{x \to 0} \frac{\cos x - 1}{x} = \left[\frac{0}{0}\right] = \lim\limits_{x \to 0} \frac{-\sin x}{1} = \frac{0}{1} = 0$

Beispiel 3 $\lim\limits_{x \to 0} \frac{a^x - 1}{x} = \lim\limits_{x \to 0} \frac{(e^{\ln a})^x - 1}{x} = \lim\limits_{x \to 0} \frac{e^{x \cdot \ln a} - 1}{x} \overset{\text{l'H}}{=} \lim\limits_{x \to 0} \frac{(\ln a) \cdot e^{x \cdot \ln a}}{1}$

$= (\ln a) \cdot e^0 = (\ln a) \cdot 1 = \ln a$ (Vergleiche Abschnitt 12.2.)

Beispiel 4 $\lim\limits_{x \to 0} \frac{x - \sin x}{x^3} = \left[\frac{0}{0}\right] \overset{\text{l'H}}{=} \lim\limits_{x \to 0} \frac{1 - \cos x}{3x^2} = \left[\frac{0}{0}\right] \overset{\text{l'H}}{=} \lim\limits_{x \to 0} \frac{\sin x}{6x} = \left[\frac{0}{0}\right] =$

$\overset{\text{l'H}}{=} \lim\limits_{x \to 0} \frac{\cos x}{6} = \frac{1}{6}$

In diesem Beispiel haben wir die Regel von DE L'HOSPITAL dreimal angewendet, da die Quotienten immer die unbestimmte Form $\frac{0}{0}$ hatten.

➢ ➢ ➢ ➢ ➢ ➢ ➢ ➢ ➢ ➢ ➢ ➢

Die Regel von DE L'HOSPITAL kann verallgemeinert werden:

Regeln von DE L'HOSPITAL

Sind die Funktionen f und g differenzierbar und strebt x gegen eine endliche Stelle a oder gegen $\pm\infty$ und nimmt dabei der Quotient $\frac{f(x)}{g(x)}$ die unbestimmte Form $\left[\frac{0}{0}\right]$, $\left[\frac{+\infty}{+\infty}\right]$ oder $\left[\frac{-\infty}{-\infty}\right]$ an, dann darf der Quotient $\frac{f(x)}{g(x)}$ ersetzt werden durch den *Quotienten der Ableitungen* $\frac{f'(x)}{g'(x)}$ und der Grenzwert kann erneut untersucht werden.

➢ ➢ ➢ ➢ ➢ ➢ ➢ ➢ ➢ ➢ ➢ ➢

Beispiel 5 $\lim\limits_{x \to \infty} \frac{x^3}{e^x} = \left[\frac{\infty}{\infty}\right] = \lim\limits_{x \to \infty} \frac{3x^2}{e^x} = \lim\limits_{x \to \infty} \frac{6x}{e^x} = \lim\limits_{x \to \infty} \frac{6}{e^x} = 0$

Beispiel 6 $\lim\limits_{x \to \infty} \frac{\ln x}{x^2} = \left[\frac{\infty}{\infty}\right] = \lim\limits_{x \to \infty} \frac{\frac{1}{x}}{2x} = \lim\limits_{x \to \infty} \frac{1}{2x^2} = 0$

➢ ➢ ➢ ➢ ➢ ➢ ➢ ➢ ➢ ➢ ➢ ➢

Dass auch bei Vorliegen aller Voraussetzungen die Anwendung der Regeln von DE L'HOSPITAL nicht immer zum Ziel führt, zeigt das folgende Beispiel!

$$\lim_{x \to \infty} \frac{x + \sin x}{x} = \left[\frac{\infty}{\infty}\right] = \lim_{x \to \infty} \frac{1 + \cos x}{1}$$

Der Grenzwert von $1 + \cos x$ für $x \to \infty$ existiert aber nicht, da $\cos x$ dabei ständig zwischen -1 und $+1$ schwankt.

Sie dürfen daraus aber nun nicht schließen, dass der gesuchte Grenzwert nicht existiert! Die folgende Umformung zeigt, wie es geht:

$$\lim_{x \to \infty} \frac{x + \sin x}{x} = \lim_{x \to \infty} \left(1 + \frac{\sin x}{x}\right) = 1 + \lim_{x \to \infty} \frac{\sin x}{x} = 1$$

Beachten Sie: $\lim\limits_{x \to \infty} \dfrac{\sin x}{x} = 0$.

Dieses Ergebnis lässt sich sofort hinschreiben, da der Zähler beschränkt ist und der Nenner gegen ∞ geht.

Aufgabe 40

Berechnen Sie unter Verwendung der Regeln von DE L'HOSPITAL die folgenden Grenzwerte:

40.1 $\lim\limits_{x \to 0} \dfrac{x - x \cdot \cos x}{x - \sin x}$

40.2 $\lim\limits_{x \to 0} \dfrac{1 - \cos x}{x^2}$

40.3 $\lim\limits_{x \to 0} \dfrac{\tan x - \sin x}{x^3}$

Aufgabe 41

Berechnen Sie die folgenden Grenzwerte:

41.1 $\lim\limits_{x \to \infty} \dfrac{\ln(2x)}{x^3}$

41.2 $\lim\limits_{x \to 0} \dfrac{e^x - e^{-x} - 2x}{x^2}$

41.3 $\lim\limits_{x \to 0} \dfrac{e^x - 1}{x}$

41.4 $\lim\limits_{x \to 0} \dfrac{e^x - e^{-x}}{\sin x}$

18. Asymptoten nichtrationaler Funktionen

Nähert sich der Graph einer Funktion $g\colon x \to g(x)$ für $|x| \to \infty$ dem Graphen der Funktion $f\colon x \to f(x)$ immer mehr an, so heißt g eine **Näherungsfunktion** der Funktion f für $|x| \to \infty$.
Genauer legen wir fest:

Eine Funktion $g\colon x \to g(x)$ heißt für $|x| \to \infty$ eine **Näherungsfunktion** der Funktion $f\colon x \to f(x)$, wenn $\lim\limits_{|x| \to \infty} [f(x) - g(x)] = 0$ gilt.

Weiter legen wir fest:

Ist der Term der Näherungsfunktion eine Konstante, also $g(x) = c$ ($c \in \mathbb{R}$), so nennt man die Gerade $g(x) = c$ eine **waagrechte Asymptote**.

Ist der Term der Näherungsfunktion $g(x)$ eine lineare Funktion, also $g(x) = m \cdot x + b$ $(m \neq 0)$, dann heißt die Gerade $g(x) = m \cdot x + b$ eine **schiefe Asymptote**.

Unterscheiden sich die Funktionswerte der Funktion $g(x) = m \cdot x + b$ für $|x| \to \infty$ von den Funktionswerten $f(x)$ um beliebig wenig, dann können wir dies mathematisch so formulieren:

$$f(x) = m \cdot x + b + r \quad \text{mit } r \to 0 \text{ für } |x| \to \infty$$

Um die Steigung m der Asymptote zu ermitteln, dividieren wir die obige Gleichung durch $x \neq 0$ und bilden den Grenzwert für $|x| \to \infty$:

$$\frac{f(x)}{x} = m + \frac{b}{x} + \frac{r}{x}$$

Für $|x| \to \infty$ gilt $r \to 0$ (nach Voraussetzung) und $\frac{b}{x} \to 0$, da $b \in \mathbb{R}$ ist.
Wir erhalten damit für die Steigung m der Asymptote:

$$m = \lim_{|x| \to \infty} \frac{f(x)}{x}$$

Wir müssen nun die beiden Fälle $m = 0$ und $m \neq 0$ unterscheiden.

Fall $m = 0$:

Die Geradengleichung lautet mit $m = 0$ dann $g(x) = b$.

Diese Gerade g ist aber nur dann waagrechte Asymptote, wenn gilt:

$$\lim_{|x| \to \infty} [f(x) - b] = 0$$

Wenn $b \in \mathbb{R}$, dann erhalten wir durch Anwendung des Grenzwertsatzes für eine Differenz:

$$\lim_{|x| \to \infty} f(x) = b \quad (b \in \mathbb{R})$$

Fall $m \neq 0$:

Mit dieser Forderung kann in der Gleichung $m = \lim\limits_{|x| \to \infty} \dfrac{f(x)}{x}$ der Funktionswert $f(x)$ nicht beschränkt sein, da wir dann $m = 0$ erhalten würden. Mit anderen Worten: Der Graph der Funktion f kann für $|x| \to \infty$ nur dann eine *schiefe* Asymptote haben, wenn für $|x| \to \infty$ auch $|f(x)| \to \infty$ gilt.

Haben wir dies nachgewiesen, dann dürfen wir die Regel von DE L'HOSPITAL anwenden:

$$m = \lim_{|x| \to \infty} \frac{f(x)}{x} \overset{\text{l'H}}{=} \lim_{|x| \to \infty} \frac{f'(x)}{1} = \lim_{|x| \to \infty} f'(x)$$

Die Existenz der Steigung $m \neq 0$ ist für eine schiefe Asymptote notwendig, aber sie reicht nicht hin. Es muss noch ein zweiter Grenzwert existieren:

Aus $f(x) = mx + b + r$ (vergleiche oben) erhalten wir durch Umstellen:

$$b + r = f(x) - m \cdot x$$

Wegen $r \to 0$ für $|x| \to \infty$ (nach Voraussetzung) erhalten wir für b den Grenzwert:

$$b = \lim_{|x| \to \infty} [f(x) - m \cdot x]$$

Wenn nun auch dieser Grenzwert existiert, dann hat der Graph von f die schiefe Asymptote $g(x) = m \cdot x + b$.

Asymptote einer nichtrationalen Funktion aufstellen:

- Machen Sie für die Asymptote den Ansatz: $y = mx + b$
- Berechnen Sie $m = \lim\limits_{|x| \to \infty} \dfrac{f(x)}{x}$ oder $m = \lim\limits_{|x| \to \infty} f'(x)$.
- Setzen Sie nun m ein und berechnen Sie b: $b = \lim\limits_{|x| \to \infty} [f(x) - mx]$

Gegeben ist die Funktion f mit $f(x) = 2 - \ln(e^x - 1)$ in $D_f = \mathbb{R}^+$. Untersuchen Sie, *ob* der Graph von f für $x \to \infty$ eine Asymptote hat.

Ansatz für die Asymptote: $y = mx + b$ mit $m = \lim\limits_{x \to \infty} f'(x)$

Wir berechnen die Ableitung nach dem Muster: $y = \ln \ast \;\Rightarrow\; y' = \frac{1}{\ast} \cdot \ast'$

$$f'(x) = \left(0 - \frac{1}{e^x - 1}\right) \cdot e^x = \frac{-e^x}{e^x - 1}$$

$$m = \lim_{x \to \infty} \frac{-e^x}{e^x - 1} = \lim_{x \to \infty} \frac{e^x(-1)}{e^x(1 - e^{-x})} = \lim_{x \to \infty} \frac{-1}{1 - e^{-x}} = -1$$

Mit $m = -1$ lautet nun der Ansatz für die Asymptote: $y = -x + b$

Über $b = \lim\limits_{x \to \infty} [f(x) - m \cdot x]$ muss jetzt die Zahl b berechnet werden:

$$b = \lim_{x \to \infty} [2 - \ln(e^x - 1) + x]$$

Mit der Beziehung $x = \ln e^x$ kommen wir einen Schritt weiter:

$$b = \lim_{x \to \infty} [2 - \ln(e^x - 1) + \ln e^x] \qquad \left|\left(\ln A - \ln B = \ln \frac{A}{B}\right)\right.$$

$$b = \lim_{x \to \infty} \left[2 + \ln \frac{e^x}{e^x - 1}\right]$$

Mit dem Grenzwertsatz für eine Summe erhalten wir:

$$b = 2 + \lim_{x \to \infty} \left(\ln \frac{e^x}{e^x - 1}\right)$$

Bei stetigen Funktionen dürfen die Symbole lim und ln vertauscht werden:

$$b = 2 + \ln\left(\lim_{x \to \infty} \frac{e^x}{e^x - 1}\right) \qquad \text{| (Jetzt Regel von DE L'HOSPITAL)}$$

$$b = 2 + \ln\left(\lim_{x \to \infty} \frac{e^x}{e^x}\right) = 2 + \ln\left(\lim_{x \to \infty} (1)\right) = 2 + \ln 1 = 2$$

Mit $m = -1$ und $b = 2$ lautet die Gleichung der gesuchten Asymptote:

$y = -x + 2$

Figur 50 zeigt die Funktion f und ihre Asymptote für $x \to \infty$.

Figur 50

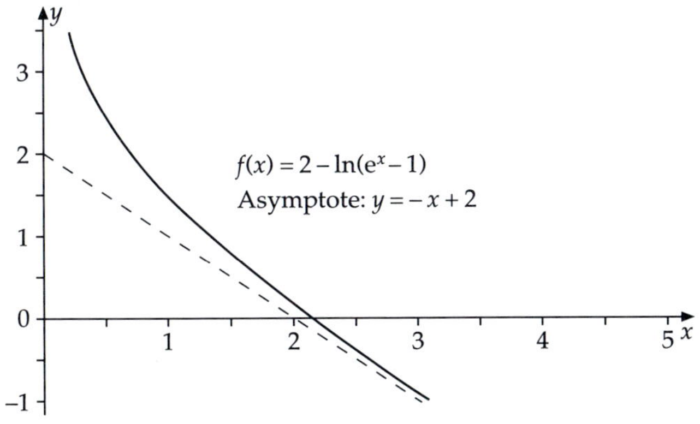

Aufgabe 42

Gegeben ist die Funktion f mit dem Funktionsterm $f(x) = 2 \cdot \ln(1 + e^x) - x + 5$ und ihrer maximal möglichen Definitionsmenge D_f.

42.1 Bestimmen Sie D_f.

42.2 Zeigen Sie, dass der Graph von f achsensymmetrisch zur y-Achse liegt.

42.3 Der Graph von f hat für $x \to \infty$ eine schiefe Asymptote. Berechnen Sie deren Gleichung.

42.4 Der Graph von f hat auch für $x \to -\infty$ eine schiefe Asymptote. Geben Sie deren Gleichung mit Begründung, aber ohne weitere Rechnungen an.

Wie im Band Analysis 1 versprochen, finden Sie hier weitere Hinweise zum Thema Prüfungsangst – und was Sie dagegen tun können!

Auf die Perspektive kommt es an!

Der Prüfungsangst

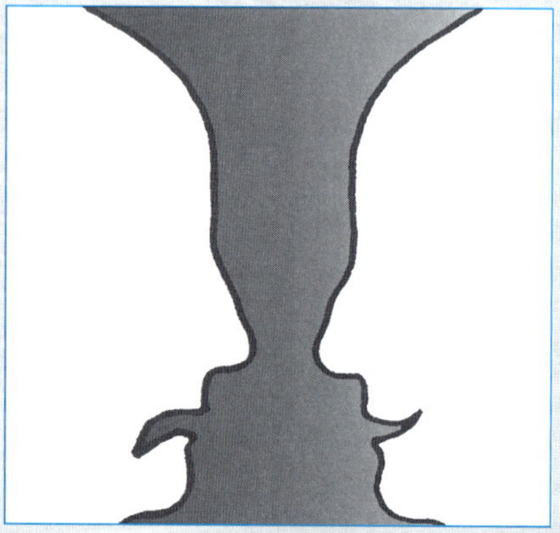

durch eine andere Sicht der Dinge begegnen

Wenn Sie sich einen Horrorfilm anschauen und es wird Ihnen zu viel, dann schalten Sie ab.

Für den Horror der Prüfungsangst gibt es leider keinen solchen Schalter.

Aber Sie sind auch nicht machtlos.

Denn: Wissen ist Macht. Es geht hier nicht um das Wissen für die Prüfung.
Sie müssen etwas über das Wesen der Prüfungsangst wissen, um sie zu besiegen!

Wie entsteht Angst?

Angst entsteht dann, wenn ein Mensch sich einer Situation gegenüber sieht, die er als bedrohlich empfindet und von der er annimmt, dass er sie nicht vermeiden bzw. beherrschen kann.

Schüler mit Prüfungsangst denken (teils bewusst, teils unbewusst), sie könnten die Prüfung nicht bewältigen – unabhängig davon, ob das nun der Wahrheit entspricht oder nicht. Die Prüfungsangst entsteht also im eigenen Kopf.

Typische Gedanken prüfungsängstlicher Menschen sind:

„Ich kann das ja eh nicht",
„Ich kann überhaupt nichts",
„Die Prüfung bestehe ich nur mit Glück!"
(ich misstraue meinen Fähigkeiten),

„Ob ich die Prüfung wohl bestehe?",
„Ich muss die Prüfung bestehen!"
(aber eigentlich zweifle ich daran).

Ändern Sie Ihre Einstellung zu sich selbst und die Prüfungsangst vergeht!

Wie geht das – seine Einstellung zu sich ändern?
Auf den nächsten Seiten finden Sie dazu ein paar Möglichkeiten.

Methode I: Von wegen „Selbstlob stinkt" – Selbstlob hilft!

Pluspunkte suchen

Überlegen Sie sich einmal, was Sie alles können, was positiv an Ihnen ist. Beziehen Sie dabei Ihr ganzes Leben ein – nicht nur die Schule. Jeder Mensch findet bei genauem Hinsehen mindestens 15 Pluspunkte an sich – manchmal braucht man nur länger dazu, weil man blind ist gegenüber seinen eigenen Vorzügen bzw. weil man vielleicht dazu erzogen worden ist, nicht zu positiv über sich selbst zu denken. Freuen Sie sich in aller Stille über Ihre Stärken und fühlen Sie die eigene Kraft.

Die Methode kann man dann weiterführen, z.B. in dem Fach, in dem man schon einige Misserfolge hat einstecken müssen. Auch hier findet man Dinge, die man beherrscht, neben denen, die man tatsächlich nicht kann. Denken Sie an all das, was Sie können! Mit der Stärke, die man aus dem Wissen um die eigenen Fähigkeiten zieht, kann man viel besser die vorhandenen Schwächen angehen und beseitigen.

Langfristige Möglichkeiten auftun

Schwächen zu beseitigen mag Ihnen recht schwierig erscheinen. Aber wenn man dieses Problem längerfristig angeht, wird es beherrschbar:

Sie könnten für die nächsten längeren Ferien einen Paukkurs buchen oder jemanden auftreiben, der Ihnen mal etwas erklären kann. Sie könnten sich Gleichgesinnte für eine „Taskforce-Group" suchen, in der Sie sich gemeinsam vorbereiten, miteinander lernen und vielleicht sich gegenseitig auch etwas erklären können. Ein Buch wie dieses arbeitet sich vielleicht zu zweit oder dritt leichter durch. Und wenn wirklich alle Stricke reißen: Wär's denn so schlimm, wenn Sie die Klasse wiederholen müssten? Sicher wäre es furchtbar ärgerlich und im Prinzip eine doofe Zeitverschwendung – aber die Welt ginge doch nicht unter, oder?

Methode II: Wisse, was du tust!

Führen Sie eine Zeit lang ein Tagebuch über alles, was Sie für die Schule getan haben. Vor einer Klassenarbeit können Sie dann die Stunden zusammenzählen. Nicht selten ist die Zahl viel höher, als Sie sich vorgestellt haben. Wenn ein Schwall von Angst kommt, können Sie sich dann selbstbewusst sagen: *„Ich habe ... Stunden gelernt. Ich habe jedes Kapitel gründlich durchgearbeitet. Ich habe alles getan, was ich tun kann."*

Vorsicht: Einmal ist keinmal!

Für beide Methoden gilt, und das ist ganz, ganz wichtig: Sie dürfen sie nicht nur einmal durchführen, sondern müssen es regelmäßig tun – bis Sie von innen heraus Ihre Art verändert haben, die schulischen Herausforderungen zu betrachten.

Methode III: Den Teufel an die Wand malen, um ihn zu vertreiben

Prüfungen sind deshalb oft so angstbesetzt, weil man sich Katastrophen ausmalt, die – nüchtern betrachtet – gar nicht eintreten werden. *„Wenn ich diese Arbeit verhaue, falle ich durch!"* – Das gilt wirklich nur nach einer langen Reihe von Fünfern und Sechsern und am Jahresende, aber sicher nicht bei einer Klassenarbeit am Jahresanfang oder in der Mitte. *„Wenn ich durchfalle, liebt mich keiner mehr, lachen mich alle aus, bringen mich meine Eltern um, habe ich keinerlei Berufsaussichten ..."* – Ist das tatsächlich so?

Nehmen Sie sich einmal in einer ruhigen Stunde (also ja nicht vor der Klassenarbeit!) die Zeit, den Teufel an die Wand zu malen, d.h. Ihre Katastrophenvorstellungen aufzuschreiben. Schreiben Sie wirklich alle Gedanken auf – das ist besser, als nur Ihre Vorstellungskraft zu nutzen. Sie werden feststellen, dass manches schon an Schrecken verliert, wenn man es geschrieben vor sich sieht: Manchmal fällt dann überdeutlich auf, dass einiges schon ein wenig absurd klingt.

Sicher – Ihre Eltern werden nicht gerade glücklich über eine schlechte (Zeugnis-)Note sein, aber umbringen werden sie Sie sicher nicht.

Und Ihre besten Freunde werden Sie auch nicht auslachen oder weniger lieben – tun sie es doch, entpuppen sie sich als schlechte Freunde, und das ist vielleicht eine schmerzlichere Erfahrung.

Die realistische Betrachtung der Katastrophenängste hilft Ihnen, die innere Spannung abzubauen, weil Sie merken, dass Ihnen gar keine wirklichen Katastrophen drohen!

Expertenrat einholen

Und wenn Sie wirklich feststellen, dass Sie mit den möglichen Konsequenzen nicht fertig werden können – suchen Sie den Rat von Experten. Oft gibt es Wege, die Sie nicht kennen oder die Ihnen nicht bewusst sind. Sprechen Sie mit dem Beratungslehrer, dem Schulpsychologen, dem Berufsberater ...

Ein Hilfsmittel gegen die Prüfungsangst sind übrigens auch noch Entspannungsübungen. Eine Möglichkeit ist zum Beispiel diese:

Sich aus dem Stress hinwegträumen ...

Der Kern der Übungen besteht darin, dass man sich auf den Schwingen der Phantasie an einen Ort begibt, der mit Entspannung und Wohlgefühl verbunden ist. Das ist für jeden ein anderer Ort, eine Sommerwiese, ein Garten, am Fluss, auf einem Berg, am Strand, auf einem Boot dahintreibend. Wählen Sie Ihre persönlichen „Wohlfühl-Orte"! Möglich sind im übrigen auch Wanderungen durch eine Landschaft; man sollte aber nicht zu viel auf einmal in eine Übung hineinpacken.

Während dieser Phasen der Entspannung richtet man positive Botschaften an sich selbst. Im Zustand der Entspannung sind wir besonders aufnahmebereit, und die positiven Botschaften können dann um so besser auf das Selbstbewusstsein einwirken. Beispiele für solche positiven Sätze sind: *Ich bin ganz ruhig. – Ich atme gleichmäßig und ruhig. – Mir ist warm. – Ich spüre meine Stärke. – Ich schaffe es. – Klarheit ist da. – Ich stehe da wie ein starker Baum, tief verwurzelt in der Erde.*

Die Sätze dürfen nicht in verneinter Form gebildet werden (z.B. *Ich bin nicht verspannt*), weil dadurch eine negative Situation wieder in Erinnerung gerufen wird.

Gehen Sie folgendermaßen vor:

- **Hinlegen** (aber nicht, wenn man ohnehin schon müde ist!) oder vernünftig sitzen.
- **Augen schließen** (wenn Sie die Augen lieber offen lassen, auf eine Umgebung achten, in der Sie möglichst wenig Ablenkendes sehen können.)
- **Auf den Atem konzentrieren**; gleichmäßig und ruhig atmen; den Atem kommen und gehen lassen wie die Wellen am Meer ...
- Nun in Gedanken den vorher ausgesuchten **Entspannungsort aufsuchen** und diesen der Reihe nach **mit allen Sinnen wahrnehmen**:
  - Schauen Sie herum und betrachten Sie alles, was Sie sehen können!
  - Hören Sie, was Sie an dem Ort alles hören können!
  - Riechen Sie, was hier zu riechen ist!
  - Schmecken Sie auch, wenn Sie an dem Ort etwas zu sich nehmen können.
  - Spüren Sie alles, was Sie fühlen können!
- Jetzt, im Zustand tiefster Entspannung, sagen Sie sich Ihre **positiven Botschaften**. Beschränken Sie sich aber auf eine oder zwei pro Übung!
- **Langsame Rückkehr**: mehrfach kräftig durchatmen, auf die tatsächliche Umgebung hören und die Geräusche wahrnehmen, langsam die Augen öffnen, sehr langsam aufstehen (v.a. wenn man einen niedrigen Blutdruck hat).

Für diese Technik gilt wie für alle Entspannungsübungen:

- Man muss sie einige Zeit regelmäßig trainieren (am besten zwei bis drei Monate lang ein- bis zweimal täglich ca. 5 Minuten), denn nur dann kommt man in einen gewissen dauerhaften Ruhezustand.
- Sie hilft nur die Symptome der Angst zu verringern, beseitigt jedoch die eigentlichen Ursachen von Nervosität bzw. Angst nicht.
- Ob Ihnen diese Form von Entspannungsübung liegt, können Sie nur feststellen, wenn Sie sie ein oder zwei Wochen lang regelmäßig ausprobieren. Wenn die Technik Ihnen nichts bringt, sollten Sie eine andere suchen. Es gibt nicht **die** Technik, die allen hilft! Wem die Übung aber liegt und wer sie regelmäßig trainiert, der hat damit ein sehr wirksames Mittel gegen Prüfungsängste in der Hand.

Wenn man die Übungen oft durchgeführt hat, kann man eine **Kurzform** auch in **Prüfungen** (Klausuren) einsetzen; sie dauert höchstens eine Minute – eine Minute, die vielleicht hilft, aus einer Gedankenblockade herauszukommen, die man sicher durch krampfhaftes Grübeln nicht verlassen kann:

Augen schließen – auf den Atem konzentrieren – einen Entspannungsort aufsuchen, der für einen der absolute Inbegriff von Entspannung ist, und bewusst z.B. alles hören oder sehen oder fühlen (hier aber nur einen Sinn einschalten, nicht das ganze Programm durchführen!!) – kräftig durchatmen – Augen öffnen – da sein und erfolgreich weiterarbeiten!

Schöne Beispiele für Phantasiereisen sind in dem folgenden Buch zu finden:
Else Müller: Du spürst unter deinen Füßen das Gras. Autogenes Training in Phantasie- und Märchenreisen. Fischer Taschenbuch 3325.

MENTOR ABITUR-HILFE

Band 646

Mathematik
Oberstufe

Analysis 2

Differenzialrechnung, Exponential- und Logarithmusfunktion

Lösungsteil

Helmuth Preckur

Mentor Verlag München

Aufgabe 1
S. 11

$f(x) = x^2 + 3x - 4, \quad x_0 = 5$

Rechtsseitiger Differenzenquotient für $x_0 = 5$:

$$\frac{f(5+h) - f(5)}{h} = \frac{(5+h)^2 + 3 \cdot (5+h) - 4 - (5^2 + 3 \cdot 5 - 4)}{h} =$$

$$= \frac{25 + 10h + h^2 + 15 + 3h - 4 - 36}{h} =$$

$$= \frac{h^2 + 13h}{h} = \frac{h(h+13)}{h} = h + 13 = 13 + h$$

Linksseitiger Differenzenquotient für $x_0 = 5$:

$$\frac{f(5-h) - f(5)}{-h} = \frac{(5-h)^2 + 3(5-h) - 4 - 36}{-h} =$$

$$= \frac{25 - 10h + h^2 + 15 - 3h - 40}{-h} =$$

$$= \frac{h^2 - 13h}{-h} = \frac{-h(-h+13)}{-h} = -h + 13 = 13 - h$$

Aufgabe 2
S. 11

$f(x) = x^2 \cdot |x+4|, \; D_f = \mathbb{R}$

2.1

$$f(x) = x^2 \cdot |x+4| = \begin{cases} x^2(x+4) & \text{für } x + 4 \geqq 0 \\ x^2(-x-4) & \text{für } x + 4 < 0 \end{cases} = \begin{cases} x^2(x+4) & \text{für } x \geqq -4 \\ x^2(-x-4) & \text{für } x < -4 \end{cases}$$

2.2 Rechtsseitiger Differenzenquotient für $x_0 = -4$:

$$\frac{f(-4+h) - f(-4)}{h} = \frac{(-4+h)^2(-4+h+4) - 0}{h} = \frac{(16 - 8h + h^2) \cdot h}{h} = 16 - 8h + h^2$$

Linksseitiger Differenzenquotient für $x_0 = -4$:

$$\frac{f(-4-h) - f(-4)}{-h} = \frac{(-4-h)^2(4+h-4) - 0}{-h} = \frac{(16 + 8h + h^2) \cdot h}{-h} = -16 - 8h - h^2$$

Aufgabe 3
S. 16

3.1 $f(x) = x^3 + x$

$$f'(x_0) = \lim_{\Delta x \to 0} \frac{f(x_0 + \Delta x) - f(x_0)}{\Delta x} =$$

$$= \lim_{\Delta x \to 0} \frac{(x_0 + \Delta x)^3 + x_0 + \Delta x - (x_0^3 + x_0)}{\Delta x} =$$

$$= \lim_{\Delta x \to 0} \frac{x_0^3 + 3x_0^2 \cdot \Delta x + 3x_0(\Delta x)^2 + (\Delta x)^3 + x_0 + \Delta x - x_0^3 - x_0}{\Delta x} =$$

$$= \lim_{\Delta x \to 0} \frac{\Delta x \cdot (3x_0^2 + 3x_0 \cdot \Delta x + (\Delta x)^2 + 1)}{\Delta x} = 3x_0^2 + 1$$

$f'(x_0) = 3x_0^2 + 1$

3.2 Gleichung der Tangente und Normale aufstellen

Mit $f(1) = 1^3 + 1 = 2$ folgt: $P(1; 2)$

Ansatz für die Gleichung der Tangente in $P(1; 2)$:
$y = mx + t$ mit $m = f'(1) = 3 \cdot 1^2 + 1 = 4$
$y = 4x + t \quad | \, P(1; 2)$ einsetzen
$2 = 4 \cdot 1 + t \quad \Rightarrow \quad t = -2$ *Tangente*: $y = 4x - 2$

Die Normale in P steht senkrecht auf der Tangente in P:

$$m_n = \frac{-1}{m_t} = \frac{-1}{4} = -\frac{1}{4}$$

1

Ansatz für die Normale:

$$y = -\frac{1}{4}x + b \quad | \, P(1; 2) \text{ einsetzen}$$

$$2 = -\frac{1}{4} + b \quad \Rightarrow \quad b = \frac{9}{4} \quad | \, \textit{Normale: } y = -\frac{1}{4}x + \frac{9}{4}$$

Aufgabe 4
S. 28

4.1 $f(x) = -\frac{1}{9}x^3 + 3x$

$$f'(x) = -\frac{3}{9}x^2 + 3 = -\frac{1}{3}x^2 + 3; \quad f''(x) = -\frac{2}{3}x$$

4.2 $f(x) = \frac{1}{8}x^3 - \frac{3}{4}x^2 + \frac{3}{2}x + 1$

$$f'(x) = \frac{3}{8}x^2 - \frac{3 \cdot 2}{4}x + \frac{3}{2} = \frac{3}{8}x^2 - \frac{3}{2}x + \frac{3}{2}; \quad f''(x) = \frac{3}{4}x - \frac{3}{2}$$

4.3 $f(x) = \frac{1}{9} \cdot (x^3 - 3x^2 - 9x + 27)$

$$f'(x) = \frac{1}{9} \cdot (3x^2 - 6x - 9) = \frac{3}{9} \cdot (x^2 - 2x - 3) = \frac{1}{3} \cdot (x^2 - 2x - 3)$$

$$f''(x) = \frac{1}{3} \cdot (2x - 2) = \frac{2}{3} \cdot (x - 1)$$

4.4 $f(x) = x^4 + k \cdot x^3$

$$f'(x) = 4x^3 + k \cdot 3x^2 = 4x^3 + 3k \cdot x^2; \quad f''(x) = 12x^2 + 6k \cdot x$$

4.5 $f(x) = x^3 - 4x^2 + (4k - k^2) \cdot x$

$$f'(x) = 3x^2 - 8x + 4k - k^2; \quad f''(x) = 6x - 8$$

Aufgabe 5
S. 30

5.1 $f(x) = (x^2 - 3x) \cdot (x + 5)$

$$f'(x) = (2x - 3) \cdot (x + 5) + (x^2 - 3x) \cdot 1 = 2x^2 + 10x - 3x - 15 + x^2 - 3x = 3x^2 + 4x - 15$$

5.2 $f(x) = x^3 + 5x^2 - 3x^2 - 15x = x^3 + 2x^2 - 15x$

$$f'(x) = 3x^2 + 4x - 15$$

6.1 $f(x) = \frac{x^2 + 2x - 15}{x^2 - 6x + 9} = \frac{(x-3)(x+5)}{(x-3)^2}$; $D_f = \mathbb{R}\setminus\{3\}$

Aufgabe 6
S. 31

6.2 Gekürzte Darstellung: $f(x) = \frac{x+5}{x-3}$ mit $D_f = \mathbb{R}\setminus\{3\}$

$$f'(x) = \frac{(x-3)\cdot 1 - (x+5)\cdot 1}{(x-3)^2} = \frac{x-3-x-5}{(x-3)^2} = \frac{-8}{(x-3)^2} =$$

$$= \frac{-8}{x^2-6x+9}$$

$$f''(x) = \frac{(x^2-6x+9)\cdot 0 - (-8)\cdot(2x-6)}{(x^2-6x+9)^2} = \frac{8(2x-6)}{(x-3)^4} = \frac{16(x-3)}{(x-3)^4} = \frac{16}{(x-3)^3}$$

1

7.1 $f_k(x) = \frac{x^2 - k}{x+1}$

Aufgabe 7
S. 31

$$f_k'(x) = \frac{(x+1)\cdot 2x - (x^2-k)\cdot 1}{(x+1)^2} = \frac{2x^2+2x-x^2+k}{(x+1)^2} = \frac{x^2+2x+k}{(x+1)^2}$$

7.2 Für $k = 1$ erhalten wir:

$$f_1'(x) = \frac{x^2+2x+1}{(x+1)^2} = \frac{(x+1)^2}{(x+1)^2} = 1,\quad D_{f'} = \mathbb{R}\setminus\{-1\}$$

$$f_1''(x) = 0,\ D_{f''} = D_{f'}$$

8.1 $f(x) = (x^2 - 3x + 2)^7$

Aufgabe 8
S. 35

$$f'(x) = 7\cdot(x^2-3x+2)^6\cdot(2x-3),\quad D_{f'} = \mathbb{R}$$

$$\begin{aligned} f''(x) &= 42\cdot(x^2-3x+2)^5\cdot(2x-3)^2 + 7\cdot(x^2-3x+2)^6\cdot 2 = \\ &= 14(x^2-3x+2)^5\cdot[3(4x^2-12x+9) + x^2-3x+2] = \\ &= 14(x^2-3x+2)^5\cdot[12x^2-36x+27+x^2-3x+2] = \\ &= 14(x^2-3x+2)^5\cdot(13x^2-39x+29),\quad D_{f''} = \mathbb{R} \end{aligned}$$

8.2 $g(x) = \sqrt{3x^2+1} = (3x^2+1)^{\frac{1}{2}}$

$$g'(x) = \frac{1}{2}(3x^2+1)^{-\frac{1}{2}}\cdot 6x = 3x\cdot(3x^2+1)^{-\frac{1}{2}} = \frac{3x}{\sqrt{3x^2+1}},\quad D_{g'} = \mathbb{R}$$

Ausgehend von $g'(x) = 3x\cdot(3x^2+1)^{-\frac{1}{2}}$ bilden wir $g''(x)$:

$$g''(x) = 3\cdot(3x^2+1)^{-\frac{1}{2}} + 3x\cdot\left(-\frac{1}{2}\right)(3x^2+1)^{-\frac{3}{2}}\cdot 6x =$$

$$= 3\cdot(3x^2+1)^{-\frac{3}{2}}\cdot[(3x^2+1)^1 - 3x^2] =$$

$$= \frac{3}{(3x^2+1)^{\frac{3}{2}}},\quad D_{g''} = \mathbb{R}$$

4

Aufgabe 9
S. 60

Wir berechnen $f'(x)$ und stellen die vollständige Zerlegung von $f'(x)$ in Linearfaktoren her:

$$f'(x) = \frac{1}{10} \cdot (3x^2 - 22x + 24) = \frac{3}{10} \cdot \left(x - \frac{4}{3}\right)(x - 6),$$ da $3x^2 - 22x + 24 = 0$ die Nullstellen $x = \frac{4}{3}$ und $x = 6$ hat.

Figur 51

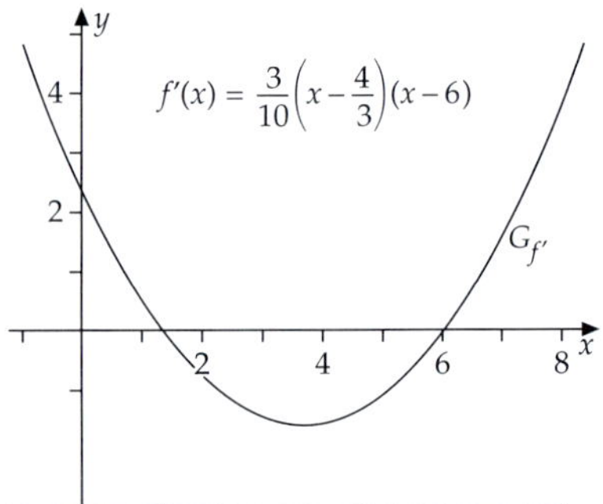

$f'(x)$	+	–	+
G_f	↗	↘	↗

Der Verlauf des Graphen von f' ist in der Figur 51 eingetragen.

Mithilfe der Figur 51 können wir nun alle Fragen zur Monotonie und den Extrempunkten des Graphen von f beantworten:

$f'(x) \geqq 0$ gilt für $x \leqq \frac{4}{3}$ oder $x \geqq 6$.

Der Graph von f ist daher für $x \leqq \frac{4}{3}$ oder $x \geqq 6$ jeweils streng monoton steigend.

Im Intervall $\frac{4}{3} \leqq x \leqq 6$ gilt $f'(x) \leqq 0$ und der Graph von f ist streng monoton fallend.

Bei Durchgang durch die Stelle $x = \frac{4}{3}$ wechseln die Funktionswerte von $f'(x)$ von *positiven zu negativen* Werten. Der Graph von f hat daher in $H\left(\frac{4}{3}; \frac{40}{27}\right)$ einen *lokalen Hochpunkt* mit waagrechter Tangente.

Bei Durchgang durch die Stelle $x = 6$ wechseln die Funktionswerte von $f'(x)$ von *negativen zu positiven* Werten. Der Graph von f hat daher in $T(6; -3{,}6)$ einen *lokalen Tiefpunkt* mit waagrechter Tangente.

Die Figur 52 zeigt den Verlauf des Graphen von f.

Figur 52

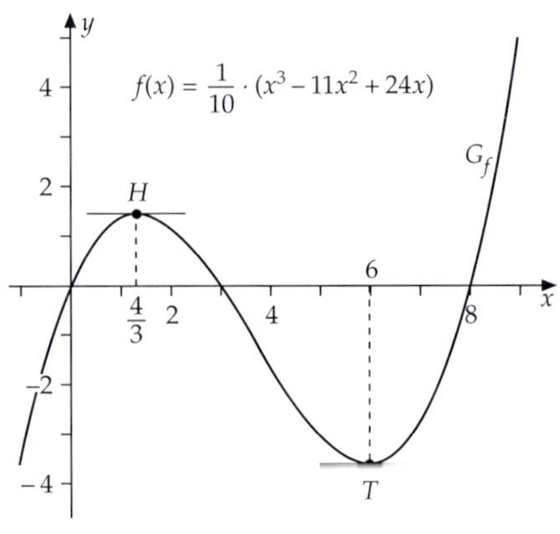

Aufgabe 10
S. 72

10.1 $f(x) = \frac{1}{3}x^3 + 2x^2 + 3x = \frac{1}{3}x(x^2 + 6x + 9) = \frac{1}{3}x(x+3)^2$

Nullstellen von f: $x = 0$ (Schnittstelle)
$x = -3$ (Berührstelle)

Ableitungen: $f'(x) = x^2 + 4x + 3$; $f''(x) = 2x + 4$ $D_{f''} = D_{f'} = \mathbb{R}$

Auswertung der 1. Ableitung:

$f'(x) = 0 \Rightarrow x^2 + 4x + 3 = 0 \Rightarrow x = -3$ oder $x = -1$

6

Den Verlauf des Graphen von f' sehen Sie in Figur 53; zum Felderabstreichen wurde die Teststelle $x = 0$ mit $f'(0) = 3 > 0$ verwendet.

Figur 53

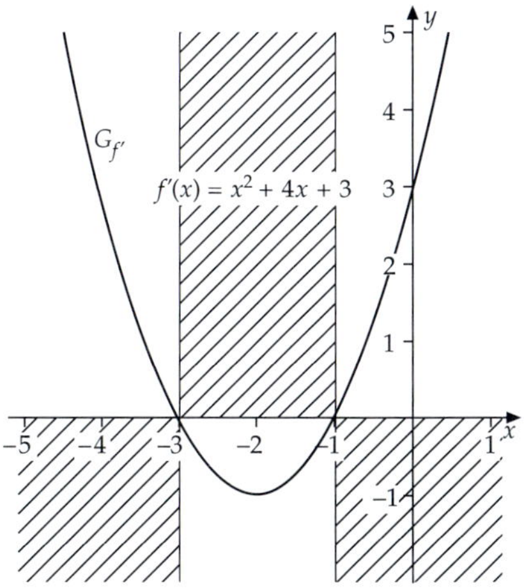

Figur 54

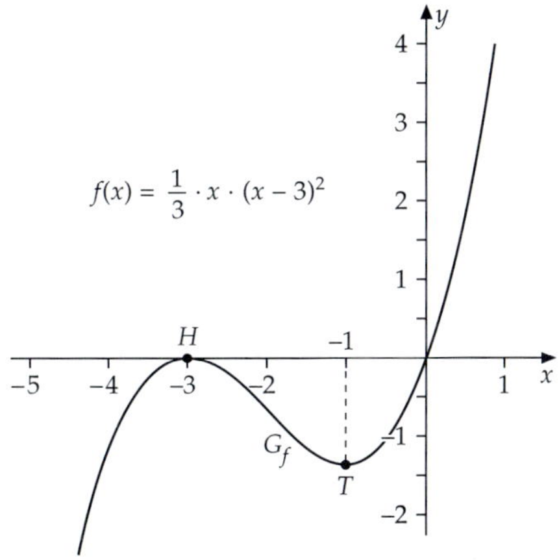

Die Funktion f hat genau zwei lokale Extremstellen ($x = -3$; $x = -1$), da die Funktionswerte von f' bei Durchgang durch diese Stellen Zeichenwechsel haben!

$$\left.\begin{array}{lll} f'(-3-h) & < 0 & G_f \text{ steigt} \\ f'(-3) & = 0 & \\ f'(-3+h) & < 0 & G_f \text{ fällt} \end{array}\right\} \Rightarrow \left\{\begin{array}{l} G_f \text{ hat in } H(-3; 0) \text{ einen} \\ \text{lokalen Hochpunkt mit} \\ \text{waagrechter Tangente.} \end{array}\right.$$

oder:

$f'(-3) = 0$ und $f''(-3) = -2 < 0 \Rightarrow$ Hochpunkt $H(-3; 0)$

$$\left.\begin{array}{lll} f'(-1-h) & < 0 & G_f \text{ fällt} \\ f'(-1) & = 0 & \\ f'(-1+h) & > 0 & G_f \text{ steigt} \end{array}\right\} \Rightarrow \left\{\begin{array}{l} G_f \text{ hat in } T\left(-1; -\frac{4}{3}\right) \text{ einen} \\ \text{lokalen Tiefpunkt mit} \\ \text{waagrechter Tangente.} \end{array}\right.$$

oder:

$f'(-1) = 0$ und $f''(-1) = 2 > 0 \Rightarrow$ Tiefpunkt $T\left(-1; -\frac{4}{3}\right)$

Den Verlauf des Graphen von f sehen Sie in Figur 54.

Aufgabe 10
S. 72
Fortsetzung

10.2 $f(x) = x^4 - 6x^3 + 12x^2 - 8x = x(x^3 - 6x^2 + 12x - 8) = x(x-2)^3$

Nullstellen von f: $x = 0$ oder $x = 2$, jeweils Schnittstelle.

Ableitungen: $f'(x) = 4x^3 - 18x^2 + 24x - 8$, $D_{f'} = \mathbb{R}$
$f''(x) = 12x^2 - 36x + 24$, $D_{f''} = \mathbb{R}$

Auswertung der 1. Ableitung: $f'(x) = 0 \Rightarrow 2(2x^3 - 9x^2 + 12x - 4) = 0$

Durch Probieren: $x = 2$ ist Nullstelle von f'.
$\Rightarrow (2x^3 - 9x^2 + 12x - 4) : (x-2) = 2x^2 - 5x + 2 = 2(x-2)(x-0{,}5)$
$\Rightarrow f'(x) = 4(x-2)^2 \cdot (x - 0{,}5)$

$x = 2$ Berührstelle von f' $\Rightarrow$ Terrasse von f
$x = 0{,}5$ Schnittstelle von f' $\Rightarrow$ Extremum von f

6

Figur 55

Figur 56

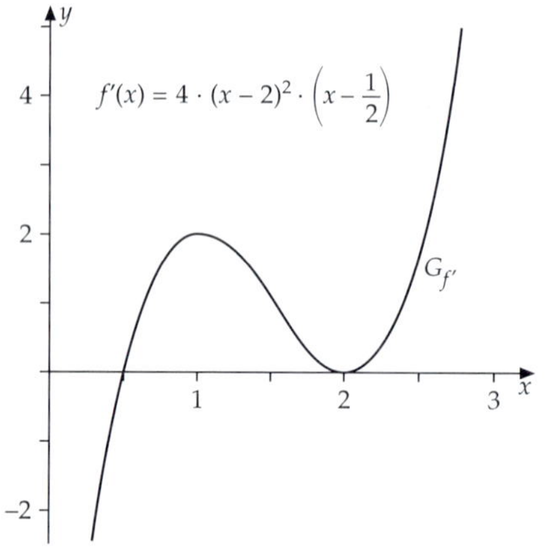

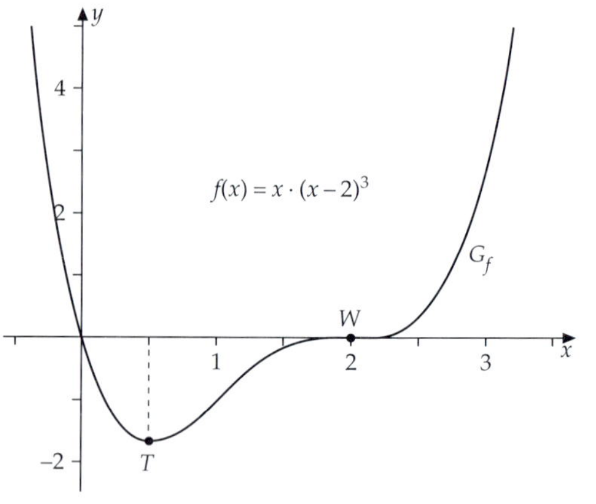

Aus dem Verlauf des Graphen von f' in Figur 55 folgt:

$f'(0{,}5 - h) < 0$ G_f fällt
$f'(0{,}5) = 0$
$f'(0{,}5 + h) > 0$ G_f steigt
$\Rightarrow$ G_f hat in $T\left(0{,}5; \frac{-27}{16}\right)$ einen lokalen Tiefpunkt mit waagrechter Tangente.

$f'(2 - h) > 0$ G_f steigt
$f'(2) = 0$
$f'(2 + h) > 0$ G_f steigt
$\Rightarrow$ G_f hat in $W(2; 0)$ eine Terrasse.

Den Verlauf des Graphen von f zeigt die Figur 56.

10.3 $f(x) = (2x - 6)^2 = 2^2 \cdot (x-3)^2 = 4(x^2 - 6x + 9)$

Nullstellen von f:
$f(x) = 0 \Rightarrow 4(x-3)^2 = 0 \Rightarrow x = 3$ (Berührstelle von f; Extremum von f)

Ableitungen: $f'(x) = 4(2x - 6) = 8(x - 3)$; $f''(x) = 8 > 0$

Extremstellen von f: $f'(x) = 0 \Rightarrow x = 3$

Aus $f'(3) = 0$ und $f''(3) = 8 > 0$ folgt: Der Graph von f hat in $T(3; 0)$ einen lokalen Tiefpunkt mit waagrechter Tangente.

10.4 $f(x) = -\frac{1}{4}x^3 + \frac{3}{2}x^2 = -\frac{1}{4}x^2(x-6)$

Nullstellen von f: $f(x) = 0 \;\Rightarrow\; -\frac{1}{4}x^2(x-6) = 0$

$\Rightarrow\; x = 0$ oder $x = 6$

$x = 0$: Berührstelle von f ($\Rightarrow$ lokale Extremstelle von f!)
$x = 6$: Schnittstelle von f.

Ableitungen:

$$f'(x) = -\frac{3}{4}x^2 + 3x = -\frac{3}{4}x(x-4); \quad f''(x) = -\frac{3}{2}x + 3, \quad D_{f''} = D_{f'} = \mathbb{R}$$

Auswertung der Ableitungen:

$f'(x) = 0 \;\Rightarrow\; -\frac{3}{4}x(x-4) = 0 \;\Rightarrow\; x = 0$ oder $x = 4$, jeweils Schnittstelle.

Der Graph der Funktion f' ist eine Parabel, die wir in Figur 57 gezeichnet sehen.

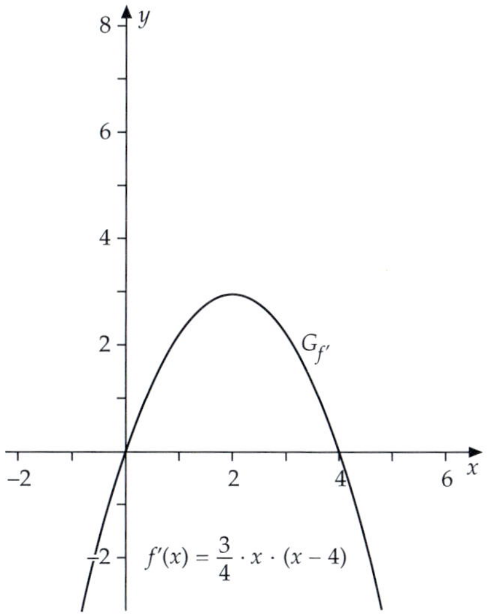

Figur 57

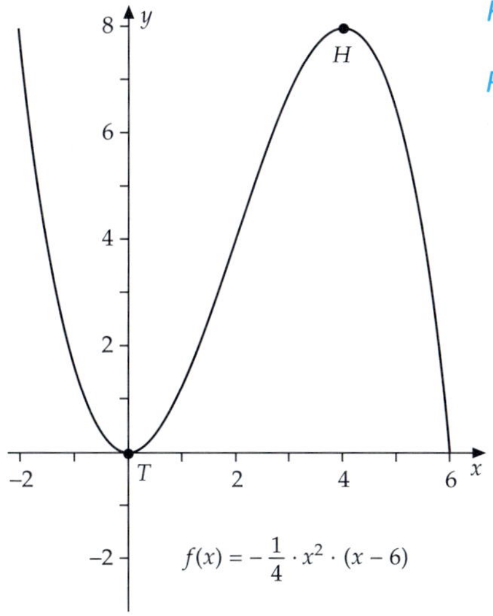

Figur 58

Aus dem Verlauf des Graphen von f' in Figur 57 folgt:

$$\left.\begin{array}{lll} f'(0-h) & < 0 & G_f \text{ fällt} \\ f'(0) & = 0 & \\ f'(0+h) & > 0 & G_f \text{ steigt} \end{array}\right\} \Rightarrow \left\{\begin{array}{l} G_f \text{ hat in } T(0;\,0) \text{ einen} \\ \text{lokalen Tiefpunkt mit} \\ \text{waagrechter Tangente.} \end{array}\right.$$

$$\left.\begin{array}{lll} f'(4-h) & > 0 & G_f \text{ steigt} \\ f'(4) & = 0 & \\ f'(4+h) & < 0 & G_f \text{ fällt} \end{array}\right\} \Rightarrow \left\{\begin{array}{l} G_f \text{ hat in } H(4;\,8) \text{ einen} \\ \text{lokalen Hochpunkt mit} \\ \text{waagrechter Tangente.} \end{array}\right.$$

Der Verlauf des Graphen von f zeigt Figur 58.

Aufgabe 11
S. 72

$g_k(x) = x^3 - 3kx^2 + 3x$

$g_k'(x) = 3x^2 - 6kx + 3 = 3(x^2 - 2kx + 1), \quad D_{g_k'} = \mathbb{R}$

Der Graph der Funktion g_k hat nur dann *lokale Extrempunkte*, wenn g_k' Nullstellen mit Zeichenwechsel hat.

$g_k'(x) = 0 \;\Rightarrow\; x^2 - 2kx + 1 = 0 \;\Rightarrow\; x = k \pm \sqrt{k^2 - 1}$

$\Rightarrow$ Bedingung: $k^2 - 1 > 0 \;\Rightarrow\; k^2 > 1 \;\Rightarrow\; |k| > 1;\; k < -1$ oder $k > 1$

Der Graph von g_k hat eine *Terrasse*, wenn der Graph von g_k' eine Nullstelle gerader Ordnung (Berührstelle) hat.

$\Rightarrow$ Bedingung: $k^2 - 1 = 0 \;\Rightarrow\; k^2 = 1 \;\Rightarrow\; k = 1$ oder $k = -1$

$g_1'(x) = 3(x^2 - 2x + 1) = 3(x-1)^2$; Terrasse $W_1(1; 1)$

$g_{-1}'(x) = 3(x^2 + 2x + 1) = 3(x+1)^2$; Terrasse $W_2(-1; -1)$

Für $-1 < k < 1$ haben die Graphen weder Extrem- noch Terrassenpunkte.

6

Aufgabe 12
S. 72

12.1 $f(x) = -\frac{1}{6}x^3 + x^2 - 5$

Symmetrie: Keine einfache Symmetrie, da gerade und ungerade Hochzahlen auftreten.

Nullstellen von f: $f(x) = 0$ hat keine ganzzahligen Lösungen!
Näherungswerte: $x = 3{,}4$; $x = 4{,}5$; $x = -1{,}95$

Ableitungen:

$f'(x) = -\frac{1}{2}x^2 + 2x; \quad f''(x) = -x + 2; \quad f'''(x) = -1, \quad D_{f'''} = D_{f''} = D_{f'} = \mathbb{R}$

Auswertung der Ableitungen:

$f'(x) = 0 \;\Rightarrow\; -\frac{1}{2}x(x-4) = 0 \;\Rightarrow\; x = 0$ oder $x = 4$ (Schnittstellen)

$f'(0) = 0$ und $f''(0) = 2 > 0 \;\Rightarrow$ Tiefpunkt $T(0; -5)$

$f'(4) = 0$ und $f''(4) = -2 < 0 \;\Rightarrow$ Hochpunkt $H\left(4; \frac{1}{3}\right)$

$f''(x) = 0 \;\Rightarrow\; -x + 2 = 0 \;\Rightarrow\; x = 2$

$f''(2) = 0$ und $f'''(2) = -1 \;\Rightarrow$ Wendepunkt $W\left(2; -\frac{7}{3}\right)$

12.2 $f(x) = x^3 + 6x^2 + 12x + 10$

Keine einfache Symmetrie! Nullstelle bei $x = -3{,}28\ldots$

Ableitungen:
$f'(x) = 3x^2 + 12x + 12; \quad f''(x) = 6x + 12; \quad f'''(x) = 6, \quad D_{f'''} = D_{f''} = D_{f'} = \mathbb{R}$

Auswertung der Ableitungen:
$f'(x) = 0 \;\Rightarrow\; 3(x^2 + 4x + 4) = 0 \;\Rightarrow\; 3(x+2)^2 = 0 \;\Rightarrow\; x = -2$

Die Stelle $x = -2$ ist eine Berührstelle des Graphen von f', das heißt, dass der Graph von f in $W(-2; 2)$ eine Terrasse hat.

Aus $f'(x) = 3(x+2)^2 \geqq 0$ in $D_f = \mathbb{R}$ folgt, dass die Funktion f in ganz $\mathbb{R}$ streng monoton zunehmend ist und daher keine lokalen Extremstellen haben kann.

12.3 $f(x) = x^3 - 12x^2 + 48x - 64$

Symmetrie: Keine einfache Symmetrie, da gerade und ungerade Hochzahlen auftreten.

Nullstellen von f:
Durch Probieren: $x = 4$ ist Nullstelle. Mit der Polynomdivision oder dem HORNER-Schema folgt:

$f(x) = (x-4)^3$ $f(x) = 0$ nur für $x = 4$: Nullstelle ungerader Ordnung, also Schnittstelle.

Ableitungen:
$f'(x) = 3(x-4)^2$; $f''(x) = 6(x-4)$; $f'''(x) = 6$, $D_{f'''} = D_{f''} = D_{f'} = \mathbb{R}$

Auswertung der Ableitungen:
$f'(x) = 0 \Rightarrow 3(x-4)^2 = 0 \Rightarrow x = 4$ Nullstelle von f' mit gerader Ordnung, *keine* Schnittstelle von f'.

Aus der Berührstelle von f' bei $x = 4$ folgt für den Graphen von f die Terrasse $W(4; 0)$.

Da die Funktion f' *keine* Schnittstellen hat, hat die Funktion f *keine* lokalen Extremstellen.

12.4 $f(x) = \frac{1}{2}x^4 - 9x^2 + 1$

Wegen $f(-x) = f(x)$ liegt G_f achsensymmetrisch zur y-Achse.

Nullstellen von f:
$f(x) = 0 \Rightarrow \frac{1}{2}(x^4 - 18x^2 + 2) = 0$ Substitution: $x^2 = t$

$t^2 - 18t + 2 = 0 \Rightarrow x^2 = t = 9 \pm \sqrt{79}$

Nullstellen: $x = 0{,}33\ldots$; $x = -0{,}33\ldots$; $x = 4{,}23\ldots$; $x = -4{,}23\ldots$

Ableitungen:
$f'(x) = 2x^3 - 18x = 2x(x^2 - 9) = 2x(x-3)(x+3)$, $D_{f'} = \mathbb{R}$
$f''(x) = 6x^2 - 18 = 6(x^2 - 3) = 6(x - \sqrt{3})(x + \sqrt{3})$, $D_{f''} = \mathbb{R}$
$f'''(x) = 12x$, $D_{f'''} = \mathbb{R}$

Auswertung der Ableitungen:
$f'(x) = 0 \Rightarrow x = 0$ oder $x = 3$ oder $x = -3$

$f'(0) = 0$ und $f''(0) = -18 < 0 \Rightarrow$ Hochpunkt $H(0; 1)$
$f'(3) = 0$ und $f''(3) = 36 > 0 \Rightarrow$ Tiefpunkt $T_1(3; -39{,}5)$
$f'(-3) = 0$ und $f''(-3) = 36 > 0 \Rightarrow$ Tiefpunkt $T_2(-3; -39{,}5)$
(Oder Symmetrie beachten!)

Wendepunkte des Graphen von f:
$f''(x) = 0 \Rightarrow x = \sqrt{3}$ oder $x = -\sqrt{3}$
$f''(\sqrt{3}) = 0$ und $f'''(\sqrt{3}) \neq 0 \Rightarrow$ Wendepunkt $W_1(\sqrt{3}; -21{,}5)$
$f''(-\sqrt{3}) = 0$ und $f'''(-\sqrt{3}) \neq 0 \Rightarrow$ Wendepunkt $W_2(-\sqrt{3}; -21{,}5)$

Aufgabe 12
S. 72
Fortsetzung

12.5 $f(x) = x^4 - \frac{8}{3}x^3 + 2x^2 = \frac{1}{3}x^2(3x^2 - 8x + 6)$

Keine einfache Symmetrie, da gerade und ungerade Hochzahlen auftreten.

Nullstellen von f:

$f(x) = 0 \;\Rightarrow\; \frac{1}{3}x^2(3x^2 - 8x + 6) = 0 \;\Rightarrow\; x = 0$ (Berührstelle von f)

Da $3x^2 - 8x + 6 = 0$ in $\mathbb{R}$ nicht erfüllt werden kann (die Diskriminante ist negativ), hat die Funktion f genau die Berührstelle $x = 0$.

Ableitungen:

$f'(x) = 4x^3 - 8x^2 + 4x = 4x(x^2 - 2x + 1) = 4x(x-1)^2,\quad D_{f'} = \mathbb{R}$

$f''(x) = 12x^2 - 16x + 4 = 12(x-1)\left(x - \frac{1}{3}\right),\quad D_{f''} = \mathbb{R}$

$f'''(x) = 24x - 16,\quad D_{f'''} = \mathbb{R}$

Auswertung der Ableitungen:

$f'(x) = 0 \;\Rightarrow\; x = 0$ (Schnittstelle) oder $x = 1$ (Berührstelle)

$f'(0) = 0$ und $f''(0) = 4 > 0 \;\Rightarrow\;$ Tiefpunkt $T(0; 0)$

$f'(1) = 0$ und $f''(1) = 0$ keine Entscheidung Maximum/Minimum

$f''(1) = 0$ und $f'''(1) = 8 \neq 0 \;\Rightarrow\;$ Wendepunkt $W_1\left(1; \frac{1}{3}\right)$. Wegen $f'(1) = 0$ ist der Wendepunkt W sogar eine Terrasse.

Wendestellen von f:

$f''(x) = 0 \;\Rightarrow\; x = 1$ (bereits untersucht, vergleiche oben) oder $x = \frac{1}{3}$

$f''\left(\frac{1}{3}\right) = 0$ und $f'''\left(\frac{1}{3}\right) = -8 \neq 0 \;\Rightarrow\;$ Wendepunkt $W_2\left(\frac{1}{3}; \frac{11}{81}\right)$

12.6 $f(x) = \frac{1}{12}x^3 - 2x^2 + 16x - 42$

Keine einfache Symmetrie, da gerade und ungerade Hochzahlen auftreten.

Nullstellen von f: $f(x) = 0 \;\Rightarrow\; \frac{1}{12}(x^3 - 24x^2 + 192x - 504) = 0$

Durch Probieren: $x = 6$ ist Nullstelle von f. Aus der Polynomdivision oder dem HORNER-Schema folgt dann: $f(x) = \frac{1}{12}(x-6)(x^2 - 18x + 84)$

Die Gleichung $x^2 - 18x + 84 = 0$ hat in $\mathbb{R}$ keine Lösungen. $\Rightarrow$ Die Funktion f hat genau die Schnittstelle $x = 6$.

Ableitungen:

$f'(x) = \frac{1}{12}(3x^2 - 48x + 192) = \frac{1}{4}(x^2 - 16x + 64) = \frac{1}{4}(x-8)^2,\quad D_{f'} = \mathbb{R}$

$f''(x) = \frac{1}{2}(x - 8),\quad D_{f''} = \mathbb{R}$

$f'''(x) = \frac{1}{2},\quad D_{f'''} = \mathbb{R}$

Da die Funktion f' keine Nullstellen mit Zeichenwechsel hat ($x = 8$ ist Berührstelle), kann die Funktion f keine lokalen Extremstellen haben.

$f''(x) = 0 \;\Rightarrow\; x = 8$

$f''(8) = 0$ und $f'''(8) = \frac{1}{2} \neq 0 \;\Rightarrow\;$ Wendepunkt $W\left(8; \frac{2}{3}\right)$

Wegen $f'(8) = 0$ ist der Wendepunkt W sogar eine Terrasse.

13.1 Aufgabe 13 S. 73

$$f(x) = \begin{cases} x^2 + 10x + 26 & \text{für } x \leqq -4 \\ -\frac{1}{2}x & \text{für } -4 < x \leqq 0 \\ \frac{1}{2}x & \text{für } x > 0 \end{cases}$$

13.2 Stetigkeit von f an der Stelle $x = -4$:

$\lim\limits_{h \to 0} f(-4 - h) = f(-4) = 2$ (Die Stelle $x = -4$ gehört zum Intervall!)

$$\lim_{h \to 0} f(-4 + h) = \lim_{h \to 0} \left[-\frac{1}{2}(-4 + h) \right] = 2$$

Stetigkeit von f an der Stelle $x = 0$:

$\lim\limits_{h \to 0} f(0 - h) = f(0) = 0$ (Die Stelle $x = 0$ gehört zum Intervall!)

$$\lim_{h \to 0} f(0 + h) = \lim_{h \to 0} \left[\frac{1}{2}(0 + h) \right] = 0$$

Die Funktion f ist in ganz $\mathbb{R}$ stetig, da sie an den Nahtstellen $x = -4$ und $x = 0$ stetig ist und in Teilmengen von $\mathbb{R}$ stetige Funktionen vorliegen.

13.3 Differenzierbarkeit der Funktion f:

$$f'(x) = \begin{cases} 2x + 10 & \text{für } x < -4 \\ -0{,}5 & \text{für } -4 < x < 0 \\ 0{,}5 & \text{für } x > 0 \end{cases}$$

Die Funktion f besitzt an den Stellen $x = -4$ und $x = 0$ *keine* Ableitung. Vergleiche Figur 59.

Aus Figur 59 lesen wir ab: $D_{f'} = \{x \mid x < -4 \text{ oder } -4 < x < 0 \text{ oder } x > 0\}$

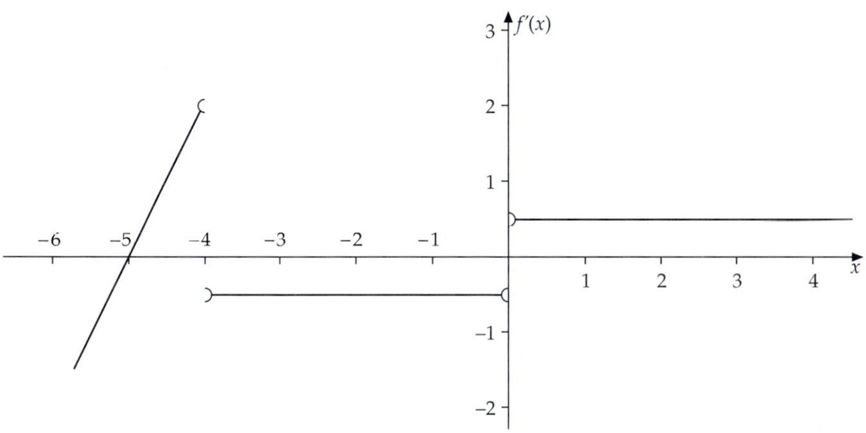

Figur 59

6

13.4
Ebenfalls mithilfe der Figur 59 begründen wir nun die Extrempunkte (und ihre Art) des Graphen der Funktion f:
Da die Funktion f' genau drei Zeichenwechsel hat und die Funktion f an diesen Stellen *stetig* ist, hat der Graph von f genau drei lokale Extrempunkte.

$$\left.\begin{array}{lll} f'(-5-h) & <0 & G_f \text{ fällt} \\ f'(-5) & =0 & \\ f'(-5+h) & >0 & G_f \text{ steigt} \end{array}\right\} \Rightarrow \left\{\begin{array}{l} G_f \text{ hat in } T_1(-5;\,1) \text{ einen} \\ \text{lokalen Tiefpunkt mit} \\ \text{waagrechter Tangente.} \end{array}\right.$$

$$\left.\begin{array}{lll} f'(-4-h) & >0 & G_f \text{ steigt} \\ f'(-4+h) & <0 & G_f \text{ fällt} \\ f \text{ in } x=-4 \text{ stetig} & & \end{array}\right\} \Rightarrow \left\{\begin{array}{l} G_f \text{ hat in } H(-4;\,2) \text{ einen} \\ \text{lokalen Hochpunkt (Knick).} \end{array}\right.$$

$$\left.\begin{array}{lll} f'(0-h) & <0 & G_f \text{ fällt} \\ f'(0+h) & >0 & G_f \text{ steigt} \\ f \text{ in } x=0 \text{ stetig} & & \end{array}\right\} \Rightarrow \left\{\begin{array}{l} G_f \text{ hat in } T_2(0;\,0) \text{ einen} \\ \text{lokalen Tiefpunkt (Knick).} \end{array}\right.$$

Den Verlauf des Graphen der Funktion f zeigt die Figur 60.

Figur 60

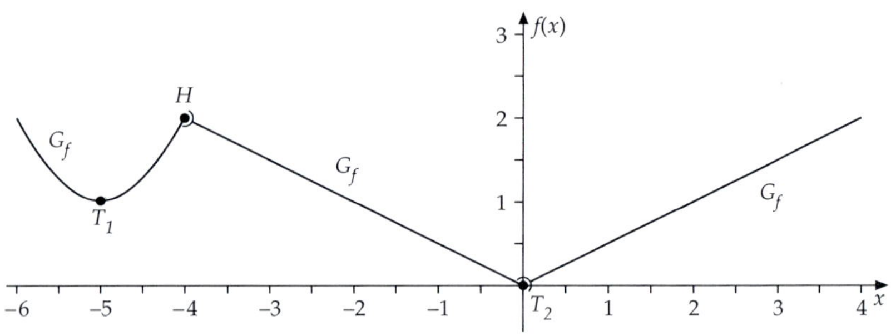

Aufgabe 14
S. 73

14.1 $f(x)=\begin{cases} x^2+4x & \text{für } x \leqq 0 \\ x^2-4x & \text{für } x>0 \end{cases}$

Stetigkeit von f bei $x=0$:
$\lim\limits_{h\to 0} f(0-h) = f(0) = 0$ (Die Stelle $x=0$ gehört zum Intervall!)

$\lim\limits_{h\to 0} f(0+h) = \lim\limits_{h\to 0} (h^2-4h) = 0$

Die Funktion f ist also in ganz $\mathbb{R}$ stetig.

Nullstellen von f: $x^2+4x=0$ und $x \leqq 0$ oder $x^2-4x=0$ und $x>0$
$x(x+4)=0$ und $x \leqq 0$ oder $x(x-4)=0$ und $x>0$
$\Rightarrow$ $x=0$ oder $x=-4$ oder $x=4$

Die Funktion f hat also die Nullstellen $x=-4$; $x=0$; $x=4$.

Wegen $f(-x)=(-x)^2-4\cdot|-x| = x^2-4\cdot|x|$ liegt der Graph der Funktion f achsensymmetrisch zur y-Achse.

14.2 Ableitungen: $f'(x)=\begin{cases} 2x+4 & \text{für } x<0 \\ 2x-4 & \text{für } x>0 \end{cases}$ $D_{f'}=\mathbb{R}\setminus\{0\}$

14.3 Die Figur 61 zeigt den Verlauf des Graphen der Ableitungsfunktion f'.

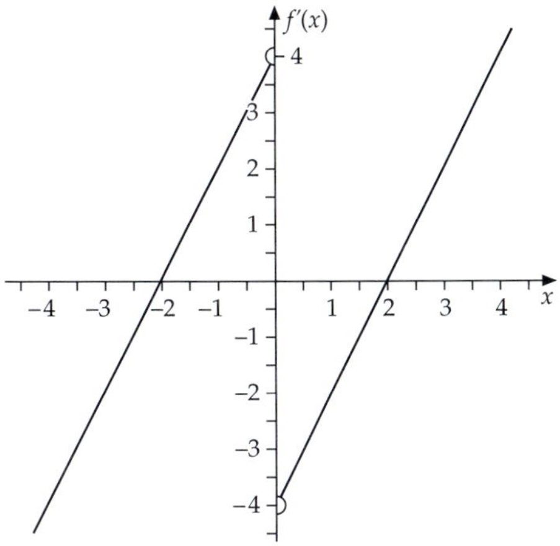

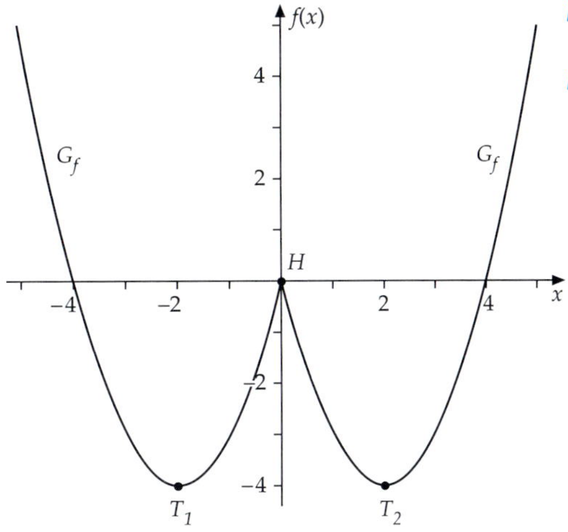

Figur 61

Figur 62

6 + 7

Analyse der Nullstellen von f':

$$\left.\begin{array}{lll} f'(-2-h) & <0 & G_f \text{ fällt} \\ f'(-2) & =0 & \\ f'(-2+h) & >0 & G_f \text{ steigt} \end{array}\right\} \Rightarrow \left\{\begin{array}{l} G_f \text{ hat in } T_1(-2;-4) \text{ einen} \\ \text{lokalen Tiefpunkt mit} \\ \text{waagrechter Tangente.} \end{array}\right.$$

$$\left.\begin{array}{lll} f'(0-h) & >0 & G_f \text{ steigt} \\ f'(0+h) & <0 & G_f \text{ fällt} \\ f \text{ ist in } x=0 \text{ stetig} & & \end{array}\right\} \Rightarrow \left\{\begin{array}{l} G_f \text{ hat in } H(0;0) \text{ einen} \\ \text{lokalen Hochpunkt (Knick).} \end{array}\right.$$

$$\left.\begin{array}{lll} f'(2-h) & <0 & G_f \text{ fällt} \\ f'(2) & =0 & \\ f'(2+h) & >0 & G_f \text{ steigt} \end{array}\right\} \Rightarrow \left\{\begin{array}{l} G_f \text{ hat in } T_2(2;-4) \text{ einen} \\ \text{lokalen Tiefpunkt mit} \\ \text{waagrechter Tangente.} \end{array}\right.$$

Der Graph der Funktion f kann keinen Wendepunkt haben, da die Funktion f' kein Extremum hat.

14.4 Der Verlauf des Graphen von f ist in der Figur 62 zu sehen.

Lösungen Kap. 7

Aufgabe 15
S. 83

15.1 $f(x) = \dfrac{x(x-2)(x+1)}{(x-2)(x+2)} = \dfrac{x(x+1)}{x+2} = \dfrac{x^2+x}{x+2}$, $D_f = \mathbb{R}\setminus\{-2; 2\}$

Nullstellen von f:
$f(x) = 0 \Rightarrow x = 0$ oder $x = -1$, jeweils Schnittstelle.

Polstellen von f:
$x = -2$, Polstelle ungerader Ordnung, Polstelle mit Zeichenwechsel

Stetig behebbare Definitionslücken von f:
$x = 2$, Lückenwert $= \dfrac{3}{2}$ (Vergleiche dazu die Abschnitte 9.3 und 9.4 in Analysis 1.)

15.2 Ableitungen:

$$f'(x) = \frac{x^2 + 4x + 2}{(x+2)^2}; \quad f''(x) = \frac{4}{(x+2)^3}, \quad D_{f'} = D_{f''} = \mathbb{R}\setminus\{2; -2\}$$

$$f'(x) = 0 \;\Rightarrow\; x^2 + 4x + 2 = 0 \;\Rightarrow\; x = -2 + \sqrt{2} \text{ oder } x = -2 - \sqrt{2}$$

$$f'(-2+\sqrt{2}) = 0 \text{ und } f''(-2+\sqrt{2}) = \sqrt{2} > 0$$
$$\Rightarrow \text{ Tiefpunkt } T(-2+\sqrt{2}; 2\cdot\sqrt{2} - 3)$$
$$f'(-2-\sqrt{2}) = 0 \text{ und } f''(-2-\sqrt{2}) = -\sqrt{2} < 0$$
$$\Rightarrow \text{ Hochpunkt } H(-2-\sqrt{2}; -2\cdot\sqrt{2} - 3)$$

Wendepunkte des Graphen von f können nicht vorhanden sein, da die notwendige Bedingung $f''(x) = 0$ nicht erfüllbar ist.

7

15.3 Der Graph der Funktion f muss eine schiefe Asymptote haben, da der Grad des Zählerpolynoms um genau 1 größer ist als der Grad des Nennerpolynoms.

$$f(x) = (x^2 + x) : (x+2) = x - 1 + \frac{2}{x+2}$$

Gleichung der schiefen Asymptote: $y = x - 1$

15.4 Ansatz $|f(x) - y| > 2$ mit $f(x) - y = \frac{2}{x+2}$

$$\left|\frac{2}{x+2}\right| > 2 \;\Rightarrow\; \frac{2}{|x+2|} > 2 \;\Rightarrow\; \frac{1}{|x+2|} > 1 \;\Rightarrow\; 1 > |x+2|$$

Aus $|x+2| < 1$ folgt: $x + 2 < 1$ und zugleich $x + 2 > -1$

$x < -1$ und zugleich $x > -3$

$L = \{x \mid -3 < x < -1 \text{ und } x \neq -2\}$

Aufgabe 16
S. 83

16.1 $f(x) = \frac{-x^2(x-4)}{(x-2)^2}, \quad D_f = \mathbb{R}\setminus\{2\}$

Nullstellen von f:

$f(x) = 0 \;\Rightarrow\; x = 0$ oder $x = 4$

$x = 0$: doppelte Nullstelle (Berührstelle) von f $\Rightarrow$ Extremstelle von f

$x = 4$: einfache Nullstelle (Schnittstelle) von f

Polstellen: $x = 2$, Polstelle gerader Ordnung (Pol ohne Zeichenwechsel)

Stetig behebbare Definitionslücken: keine

16.2 Der Graph von f muss eine schiefe Asymptote haben, da der Grad des Zählerpolynoms um genau 1 größer ist als der Grad des Nennerpolynoms.

$$f(x) = (-x^3 + 4x^2) : (x^2 - 4x + 4) = -x + \frac{4x}{(x-2)^2}$$

Gleichung der schiefen Asymptote: $y = -x$

16.3 Ableitungen:

$$f'(x) = \frac{-x^3 + 6x^2 - 16x}{(x-2)^3} = \frac{-x(x^2 - 6x + 16)}{(x-2)^3}, \quad D_{f'} = D_f$$

$$f''(x) = \frac{8(x+4)}{(x-2)^4}, \quad D_{f''} = D_f \qquad f'''(x) = \frac{-24(x+6)}{(x-2)^5}, \quad D_{f'''} = D_f$$

Extremstellen von f: $f'(x) = 0 \Rightarrow -x(x^2 - 6x + 16) = 0$
$x = 0$ oder $x^2 - 6x + 16 = 0$

Die Gleichung $x^2 - 6x + 16 = 0$ hat *keine* Nullstellen, da ihre Diskriminante D negativ ist. ($D = (-6)^2 - 4 \cdot 16 = 36 - 64 = -28$)
Die Gleichung $f'(x) = 0$ hat also nur die Lösung $x = 0$. Diese Nullstelle $x = 0$ ist eine Nullstelle *ungerader* Ordnung, also eine *Schnittstelle* von f' mit der x-Achse. Damit haben wir nachgewiesen, dass $x = 0$ eine Extremstelle von f ist.

Für die Entscheidung Maximum/Minimum bestimmen wir das Vorzeichen von $f''(0)$:

$$f''(0) = \frac{8(0+4)}{(4-2)^4} = \frac{8 \cdot 4}{2^4} = \frac{32}{16} = 2 > 0, \text{ also: } f''(0) > 0$$

$f'(0) = 0$ *und* $f''(0) > 0 \Rightarrow$ Tiefpunkt $T(0; 0)$ von G_f

Wendestellen von f:
Eine Stelle x_0 ist Wendestelle einer zweimal differenzierbaren Funktion f, wenn $f''(x_0) = 0$ gilt und die Funktionswerte von $f''(x)$ bei Durchgang durch die Stelle x_0 Vorzeichenwechsel haben. Ist x_0 eine Schnittstelle von $f''(x)$ mit der x-Achse, dann liegt auch Vorzeichenwechsel vor und x_0 ist als Wendestelle von f nachgewiesen (= Möglichkeit 1).

Gilt $f''(x_0) = 0$ *und* $f'''(x_0) \neq 0$, dann hat $f''(x)$ bei Durchgang durch die Stelle x_0 auch Vorzeichenwechsel (= Möglichkeit 2).

Möglichkeit 1: $f''(x) = 0 \Rightarrow x = -4$ (Schnittstelle von f'') $\Rightarrow W\left(-4; \frac{32}{9}\right)$

Möglichkeit 2: $f''(-4) = 0$ *und* $f'''(-4) \neq 0 \Rightarrow$ Wendepunkt $W\left(-4; \frac{32}{9}\right)$

16.4
Den Verlauf des Graphen der Funktion f zeigt die Figur 63.

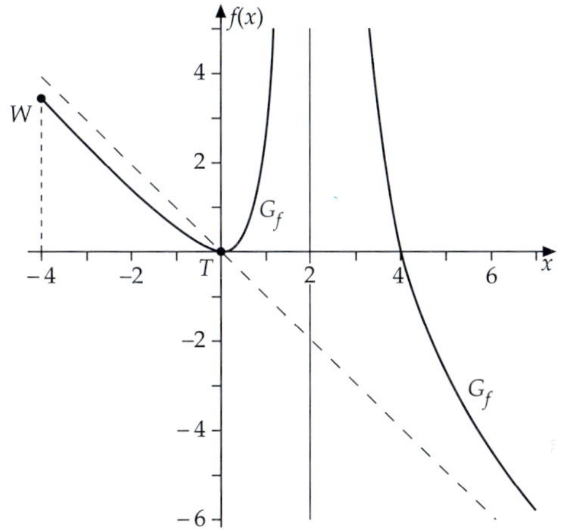

Figur 63

7

Aufgabe 17 S. 92

Bezeichnen wir die Seiten des Rechtecks mit a und b, dann gilt für den Flächeninhalt A:
$A = a \cdot b$ und $u = 2a + 2b = 64$ (Nebenbedingung) bzw.
$a + b = 32$

Mithilfe der Nebenbedingung $a + b = 32$ können wir entweder a durch b darstellen ($a = 32 - b$) oder auch b durch a darstellen ($b = 32 - a$). Für eine Möglichkeit müssen wir uns aber entscheiden! Wir wählen a als **erzeugende Variable**, wenn wir $b = 32 - a$ in die Gleichung $A = a \cdot b$ einsetzen und damit die zu extremierende Größe A als Funktion in einer Variablen darstellen:

$A(a) = a \cdot (32 - a)$ mit $32 - a > 0$ und $a > 0$

$A(a) = -a^2 + 32a$ $\qquad a < 32$ und $a > 0$, also $0 \leqq a \leqq 32$

Wir müssen nun etwas umdenken: Bisher waren die Funktionen fast immer in der Variablen x gegeben; die Symbole a, b usw. waren konstante Zahlen. Jetzt heißt die Variable a und nach dieser wird auch differenziert:

$A'(a) = -2a + 32; \quad A''(a) = -2 < 0$

$A'(a) = 0 \;\Rightarrow\; -2a + 32 = 0 \;\Rightarrow\; 2a = 32 \;\Rightarrow\; a = 16$

Aus $A'(16) = 0$ und $A''(16) = -2 < 0$ folgt nun, dass der Flächeninhalt A für $a = 16$ (und damit auch $b = 16$) ein Maximum ist: $A(16) = 16 \cdot 16 = 256$

Oft kommt im Unterricht an dieser Stelle die Frage: „Und wo bitte hat die Fläche A bei $a = 16$ eine waagrechte Tangente?"
Das Problem ist aber schnell geklärt, wenn wir in einem a-$A(a)$-System den Flächeninhalt $A(a)$ als Kurve darstellen. Der Funktionsgraph, der durch $A(a)$ beschrieben wird, ist eine nach unten geöffnete Parabel mit den Nullstellen $a = 0$ und $a = 32$ und dem Scheitel $S(16; 256)$.
Alles klar? – Wenn nicht, dann zeichnen Sie den Graphen von $A(a)$.

Die Randextrema $A(0) = 0$ und $A(32) = 0$ scheiden als Lösungen aus.

Aufgabe 18 S. 92

Bezeichnen wir den 1. Summanden mit a und den 2. Summanden mit b, dann soll die Größe $a^3 \cdot b$ unter der Nebenbedingung $a + b = 32$ ein Maximum annehmen.
Mithilfe der Nebenbedingung ($b = 32 - a$) können wir dann eine Funktion f in der erzeugenden Variablen a aufstellen:

$f(a) = a^3 \cdot (32 - a)$ mit $0 < a < 32$

$f(a) = -a^4 + 32a^3$

Ableitungen: $f'(a) = -4a^3 + 96a^2; \quad f''(a) = -12a^2 + 192a$

$f'(a) = 0 \;\Rightarrow\; -4a^3 + 96a^2 = 0 \;\Rightarrow\; -4a^2(a - 24) = 0$

$\Rightarrow\; a = 24$ (Die Lösung $a = 0$ liegt nicht in der Definitionsmenge für a.)

$f''(24) = -12 \cdot 24^2 + 192 \cdot 24 = -6912 + 4608 = -2304 < 0$

Aus $f'(24) = 0$ und $f''(24) < 0$ folgt nun, dass die Funktion f an der inneren Stelle $a = 24$ ein lokales Maximum annimmt.

Ergebnis: Zerlegt man die Zahl 32 in die Summanden 24 und 8, dann ist $24^3 \cdot 8 = 110592$ ein Maximum.

Aufgabe 19
S. 92

Bezeichnen wir die Quadratseite der Grundfläche mit a und die Höhe des Quaders mit b, dann soll $V = a^2 \cdot b$ extremal werden.
Die Nebenbedingung ergibt sich aus der Summe aller Kantenlängen $8a + 4b = 108$, da der Draht eine Länge von 108 hat.
Wählen wir die Größe a als erzeugende Variable, dann müssen wir b über die Nebenbedingung durch a ausdrücken:

$$8a + 4b = 108 \;\Rightarrow\; 4b = 108 - 8a \;\Rightarrow\; b = 27 - 2a$$

$V(a) = a^2 \cdot (27 - 2a) = -2a^3 + 27a^2$ soll extremal werden! Verlangen wir eine positive Maßzahl für das Volumen, dann muss $a > 0$ und $27 - 2a > 0$ erfüllt sein. Daraus folgt aber: $0 < a < 13{,}5$

Ableitungen: $V'(a) = -6a^2 + 54a$; $V''(a) = -12a + 54$

$V'(a) = 0 \;\Rightarrow\; -6a(a-9) = 0 \;\Rightarrow\; a = 9$, da $a > 0$ ist.
$V''(9) = -12 \cdot 9 + 54 = -54 < 0$
Aus $V'(9) = 0$ und $V''(9) < 0$ folgt nun das Maximum des Volumens.

8

Aufgabe 20
S. 92

Wir wählen als erzeugende Größe die Seite x der Quadrate, welche an den Ecken abgeschnitten werden.
Der Boden der Schachtel ist dann ein Quadrat mit der Seitenlänge $a - 2x$.

Für das Volumen der Schachtel erhalten wir:

$$V(x) = (a - 2x)^2 \cdot x \text{ mit } 0 < x < \frac{a}{2}$$
$$V(x) = (a^2 - 4ax + 4x^2) \cdot x$$
$$V(x) = 4x^3 - 4ax^2 + a^2 \cdot x$$

Ableitungen: $V'(x) = 12x^2 - 8ax + a^2$; $V''(x) = 24x - 8a$

$V'(x) = 0 \;\Rightarrow\; 12x^2 - 8ax + a^2 = 0$

$$x = \frac{8a \pm \sqrt{64a^2 - 48a^2}}{24} = \frac{8a \pm \sqrt{16a^2}}{24} = \frac{8a \pm 4a}{24}, \text{ da } a > 0$$

$\Rightarrow\; x = \frac{a}{2}$ oder $x = \frac{a}{6}$. Der Wert $x = \frac{a}{2}$ liegt nicht im Definitionsbereich von a!

$$V''\left(\frac{a}{6}\right) = 24 \cdot \frac{a}{6} - 8a = 4a - 8a = -4a < 0, \text{ da } a > 0$$

Aus $V'\left(\frac{a}{6}\right) = 0$ und $V''\left(\frac{a}{6}\right) < 0$ folgt nun, dass das Maximum des Volumens bei $x = \frac{a}{6}$ liegt.

Aufgabe 21
S. 92

Vergleichen Sie in der Figur 64:
Mit der Höhe x des Parallelogramms, die wir als erzeugende Größe wählen, erhalten wir für die Maßzahl der Parallelogrammfläche zunächst: $A = a \cdot x$

Die in der Figur 64 eingeführte Größe a muss nun durch die erzeugende Variable x und durch die konstanten Größen b und h ausgedrückt werden.

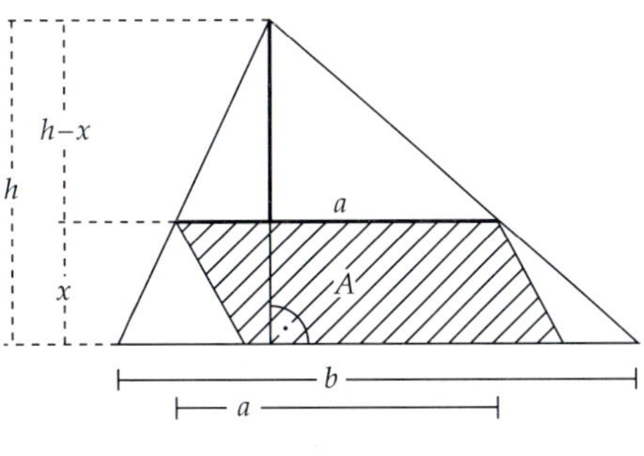

Figur 64

Nach dem Strahlensatz gilt in Figur 64:

$$\frac{h-x}{h}=\frac{a}{b} \quad\Rightarrow\quad (h-x)b = ah \quad\Rightarrow\quad a=\frac{(h-x)\,b}{h}$$

$$A = A(x) = a \cdot x = \frac{(h-x)b}{h}\cdot x = \frac{hbx - bx^2}{h} = bx - \frac{b}{h}x^2 \text{ mit } 0 < x < h \text{ (vergleiche Figur 64)}$$

Ableitungen: $A'(x) = b - \frac{2b}{h}x;\quad A''(x) = -\frac{2b}{h} < 0$

$$A'(x) = 0 \quad\Rightarrow\quad b - \frac{2b}{h}x = 0 \quad\Rightarrow\quad \frac{2bx}{h} = b \quad\Rightarrow\quad 2bx = bh \quad\Rightarrow\quad x = \frac{h}{2}$$

Aus $A'\left(\frac{h}{2}\right) = 0$ und $A''\left(\frac{h}{2}\right) < 0$ folgt nun das Maximum der Parallelogrammfläche.

8 + 9

Lösungen Kap. 9

Aufgabe 22
S. 98

Da der Graph von f punktsymmetrisch zu $O(0;0)$ liegt, machen wir für $f(x)$ den Ansatz: $f(x) = ax^5 + bx^3 + cx$

$$f'(x) = 5ax^4 + 3bx^2 + c$$
$$f''(x) = 20ax^3 + 6bx$$

$P\left(1;\frac{4}{5}\right)$ ist Kurvenpunkt $\Rightarrow f(1) = \frac{4}{5} = a + b + c$ **I**

$P\left(1;\frac{4}{5}\right)$ ist Extrempunkt $\Rightarrow f'(1) = 0 \Rightarrow 0 = 5a + 3b + c$ **II**

$f''(1) = 4 \Rightarrow 4 = 20a + 6b$ **III**

Das Gleichungssystem
I $5a + 5b + 5c = 4$
II $5a + 3b + c = 0$
III $10a + 3b = 2$

hat die Lösung: $a = \frac{4}{5}$; $b = -2$; $c = 2 \Rightarrow f(x) = \frac{4}{5}x^5 - 2x^3 + 2x$

Aufgabe 23
S. 98

Ansatz: $f(x) = ax^3 + bx^2 + cx$, da $O(0;0)$ Kurvenpunkt ($d = 0$)

$$f'(x) = 3ax^2 + 2bx + c$$
$$f''(x) = 6ax + 2b$$

$W(1;-2)$ ist Kurvenpunkt $\Rightarrow -2 = f(1) \Rightarrow -2 = a + b + c$ **I**
$W(1;-2)$ ist Wendepunkt $\Rightarrow 0 = f''(1) \Rightarrow 0 = 6a + 2b$ **II**

Die Steigung der Wendetangente ist die Steigung der Geraden durch die Punkte $W(1;-2)$ und $P(2;0)$.

Mit $m = \frac{p_2 - w_2}{p_1 - w_1} = \frac{0-(-2)}{2-1} = 2$

gilt: $m = f'(1) = 2$ und damit $2 = 3a + 2b + c$ **III**

Das Gleichungssystem
I $a + b + c = -2$
II $3a + b = 0$
III $3a + 2b + c = 2$

hat die Lösung: $a = -4$; $b = 12$; $c = -10 \Rightarrow f(x) = -4x^3 + 12x^2 - 10x$

Aufgabe 24
S. 98

Ansatz: $f(x) = ax^5 + bx^4 + cx^3 + dx^2 + ex$, da $O(0; 0)$ Kurvenpunkt

$f'(x) = 5ax^4 + 4bx^3 + 3cx^2 + 2dx + e$

$f''(x) = 20ax^3 + 12bx^2 + 6cx + 2d$

$f'''(x) = 60ax^2 + 24bx + 6c$

$f^{(4)}(x) = 120ax + 24b$

$f''(0) = 0 \Rightarrow d = 0$, $f'''(0) = 0 \Rightarrow c = 0$, $f^{(4)}(0) = 0 \Rightarrow b = 0$

Damit bleibt vom obigen Ansatz nur noch: $f(x) = ax^5 + ex$

$$f'(x) = 5ax^4 + e$$

$P(1; 4)$ ist Kurvenpunkt $\Rightarrow 4 = f(1) \Rightarrow 4 = a + e$ **I**

In P waagrechte Tangente $\Rightarrow f'(1) = 0 \Rightarrow 0 = 5a + e$ **II**

Das verbleibende Gleichungssystem hat die Lösung: $a = -1$; $e = 5$

$f(x) = -x^5 + 5x$

9

Aufgabe 25
S. 98

Ansatz: $f(x) = ax^4 + bx^2 + c$, da Symmetrie zur y-Achse

$f'(x) = 4ax^3 + 2bx$

$P(0; -4)$ ist Kurvenpunkt $\Rightarrow -4 = f(0) \Rightarrow -4 = c$ **I**

$T(-1; -8)$ ist Kurvenpunkt $\Rightarrow -8 = f(-1) \Rightarrow -8 = a + b + c$ **II**

In $T(-1; -8)$ waagrechte Tangente $\Rightarrow f'(-1) = 0 \Rightarrow 0 = -4a - 2b$ **III**

Das Gleichungssystem hat die Lösung: $a = 4$; $b = -8$; $c = -4$

$f(x) = 4x^4 - 8x^2 - 4$

Aufgabe 26
S. 98

Bekannt ist: $g'(x) = 3x^2 - 6x + 2$

Dann auch: $g''(x) = 6x - 6$ und $g'''(x) = 6 \neq 0$

Wendepunkt W begründen:

Notwendige Bedingung für einen Wendepunkt ist $g''(x) = 0$. Aus $6x - 6 = 0$ folgt aber die Wendestelle $x_W = 1$. Wegen $g'''(1) = 6 \neq 0$ liegt tatsächlich der Wendepunkt $W(1; y_W)$ vor!

Gleichung der Wendetangente durch $W(1; 5)$ aufstellen:

Ansatz: $y = mx + t$ mit $m = g'(1) = 3 - 6 + 2 = -1$

$y = -x + t$ | $W(1; 5)$ einsetzen!

$5 = -1 + t$

$6 = t \Rightarrow$ Wendetangente: $y = -x + 6$

Funktionsterm $g(x)$ bestimmen:

Nach der Regel, wie eine Potenz abgeleitet wird, $y = x^n \Rightarrow y' = n \cdot x^{n-1}$

gilt: $g'(x) = 3x^2 - 6x + 2 \Rightarrow g(x) = x^3 - 3x^2 + 2x + k$,

wobei wir noch eine additive Konstante k dazugenommen haben, die beim Differenzieren wieder 0 ergibt.

Da $W(1; 5)$ ein Kurvenpunkt ist, müssen seine Koordinaten die Funktionsgleichung der Funktion g erfüllen und wir können damit die Konstante k berechnen:

$g(1) = 5 \Rightarrow 1 - 3 + 2 + k = 5 \Rightarrow k = 5$

$g(x) = x^3 - 3x^2 + 2x + 5$

Aufgabe 27
S. 126

27.1
Schnitt mit der x-Achse: $y = 0 \Rightarrow x \cdot e^{1-x} = 0 \Rightarrow x = 0$, da $e^{1-x} \neq 0$
Schnitt mit der y-Achse: $x = 0 \Rightarrow f(0) = 0 \cdot e^{1-0} = 0$
Also ist $O(0; 0)$ der einzige Achsenschnittpunkt von G_f.

$$\lim_{x \to \infty} x \cdot e^{1-x} = \lim_{x \to \infty} \frac{e \cdot x}{e^x} = e \cdot \lim_{x \to \infty} \frac{x}{e^x} = 0$$

$$\lim_{x \to -\infty} \frac{x \cdot e \; (\to -\infty)}{e^x \; (\to 0 \downarrow)} = -\infty$$

27.2 Die Ableitung $f'(x)$ von $f(x) = x \cdot e^{1-x}$ bilden wir nach der Produktregel unter Beachtung der Kettenregel bei der Ableitung des Faktors e^{1-x}: $(e^{1-x})' = e^{1-x} \cdot (-1)$
$f'(x) = 1 \cdot e^{1-x} + x \cdot e^{1-x} \cdot (-1) = e^{1-x} - x \cdot e^{1-x} = (1-x)\,e^{1-x}$

Im Term $f'(x) = (1-x)\,e^{1-x}$ wird das Vorzeichen nur vom Faktor $(1-x)$ bestimmt, da $e^{1-x} > 0$ für alle x ist.

Monotonie von f:
$1 - x \geqq 0 \Rightarrow x \leqq 1 \Rightarrow f'(x) \geqq 0 \Rightarrow f$ streng monoton zunehmend
$1 - x \leqq 0 \Rightarrow x \geqq 1 \Rightarrow f'(x) \leqq 0 \Rightarrow f$ streng monoton abnehmend

Ergebnis: Für $x \leqq 1$ ist f streng monoton zunehmend und für $x \geqq 1$ streng monoton abnehmend.
Aus $f'(1) = 0$ und dem Monotonieverhalten der Funktion f schließen wir nun, dass $H(1; f(1))$ ein lokaler Hochpunkt des Graphen von f mit waagrechter Tangente ist.
$f(1) = 1 \cdot e^0 = 1$, also: $H(1; 1)$.

27.3 $f'(x) = (1-x)\,e^{1-x}$
$f''(x) = (-1)\,e^{1-x} + (1-x)\,e^{1-x} \cdot (-1) = -e^{1-x} - (1-x)\,e^{1-x} =$
$= e^{1-x} \cdot (-1 - 1 + x) = e^{1-x} \cdot (x - 2)$

Wegen $e^{1-x} > 0$ für alle x wird das Vorzeichen von $f''(x)$ durch den Faktor $(x-2)$ bestimmt:

$x = 2$: $f''(2) = 0$ Notwendige Bedingung für einen Wendepunkt.
$x < 2$: $f''(x) < 0 \Rightarrow G_f$ ist rechtsgekrümmt.
$x < 2$: $f''(x) > 0 \Rightarrow G_f$ ist linksgekrümmt.

Aus $f''(2) = 0$ und dem Zeichenwechsel der zweiten Ableitung bei Durchgang durch die Stelle $x = 2$ folgt der Wendepunkt $W(2; f(2))$.

$f(2) = 2 \cdot e^{1-2} = 2 \cdot e^{-1} = \frac{2}{e}$, also: $W\left(2; \frac{2}{e}\right)$

Gleichung der Wendetangente aufstellen; Ansatz:

$y = mx + t$ mit $m = f'(2) = (1-2)\,e^{1-2} = -e^{-1} = \frac{-1}{e}$
$y = -\frac{1}{e}x + t \quad | \; W\left(2; \frac{2}{e}\right)$ einsetzen!
$\frac{2}{e} = -\frac{1}{e} \cdot 2 + t \Rightarrow t = \frac{4}{e} \Rightarrow$ Wendetangente: $y = -\frac{1}{e} \cdot x + \frac{4}{e}$

Zu zeigen ist:

Der Punkt $P(4; 0)$ liegt auf der Wendetangente: $0 = -\frac{1}{e} \cdot 4 + \frac{4}{e}$

$0 = 0$, wahre Aussage

27.4 $f\left(-\frac{1}{2}\right) = -\frac{1}{2}\, e^{1+0{,}5} = -\frac{1}{2}\, e^{1{,}5} = -2{,}240\ldots$

$f\left(\frac{1}{2}\right) = 0{,}5\, e^{0{,}5} = 0{,}824\ldots$

$f(4) = 4 \cdot e^{1-4} = 4 \cdot e^{-3} = 0{,}199\ldots$

In der Figur 65 sehen Sie den Graphen von f samt Wendetangente.

Figur 65

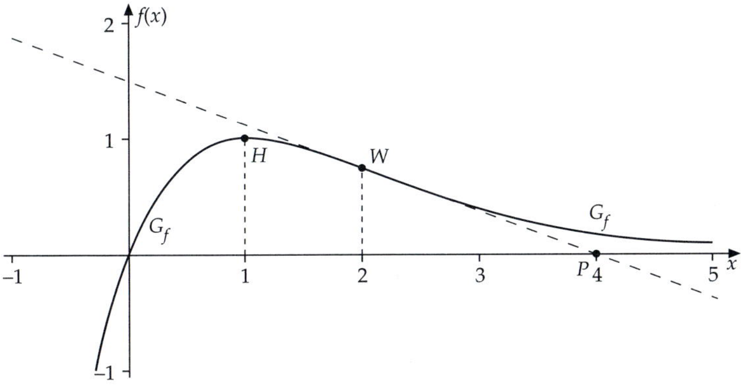

27.5 $F(x) = -e^{1-x} - x \cdot e^{1-x}, \quad f(x) = x \cdot e^{1-x}$

$F'(x) = -e^{1-x}(-1) - [1 \cdot e^{1-x} + x \cdot e^{1-x}(-1)] = e^{1-x} - e^{1-x} + x \cdot e^{1-x} = x \cdot e^{1-x} = f(x)$

Aufgabe 28
S. 126

28.1 Schnitt von G_f mit der x-Achse: $f(x) = 0$

$\frac{2ex - 1}{e^{2x}} = 0 \;\Rightarrow\; 2e^x - 1 = 0 \;\Rightarrow\; e^x = \frac{1}{2}$ | Logarithmus auf beiden Seiten bilden:

$$\ln e^x = \ln\frac{1}{2}$$

$$x \cdot \ln e = \ln 1 - \ln 2 \quad (\ln e = 1, \ln 1 = 0)$$

$$x = -\ln 2$$

Schnittpunkt mit der x-Achse ist $N(-\ln 2; 0)$.

Schnitt von G_f mit der y-Achse:

$x = 0 \;\Rightarrow\; f(0) = \frac{2e^0 - 1}{e^{2 \cdot 0}} = \frac{2-1}{1} = 1 \quad (e^0 = 1$ beachten!)

Schnittpunkt mit der y-Achse ist $S(0; 1)$.

Verhalten der Funktionswerte $f(x)$ an den Rändern von $\mathbb{R}$:

Für die Grenzwertrechnung müssen wir den obigen Term geeignet umformen:

$$\frac{2e^x - 1}{e^x \cdot e^x} = \frac{1}{e^x}\left[\frac{2e^x - 1}{e^x}\right] = \frac{1}{e^x}\left[2 - \frac{1}{e^x}\right] \to 0 \quad \text{für} \quad x \to \infty$$

$$\lim_{x \to -\infty} \frac{2e^x - 1\ (\to -1)}{e^{2x}\ (\to 0 \downarrow)} = -\infty$$

Aufgabe 28
S. 126
Fortsetzung

28.2 Das Monotonieverhalten von f folgt aus dem Vorzeichen von $f'(x)$.

$$f'(x) = \frac{e^{2x} \cdot 2e^x - (2e^x - 1) \cdot e^{2x} \cdot 2}{(e^{2x})^2} = \frac{2e^{3x} - 4e^{3x} + 2e^{2x}}{e^{4x}} =$$

$$= \frac{-2e^{3x} + 2e^{2x}}{e^{4x}} = \frac{e^{2x}(-2e^x + 2)}{e^{2x} \cdot e^{2x}} = \frac{-2(e^x - 1)}{e^{2x}}$$

Wir wählen für $f'(x)$ die Darstellung: $f'(x) = (neg) \cdot (e^x - 1)$

$e^x - 1 \leqq 0 \;\Rightarrow\; e^x \leqq 1 \;\Rightarrow\; x \leqq 0 \;\Rightarrow\; f'(x) \geqq 0$: Für $x \leqq 0$ ist G_f streng monoton steigend.

$e^x - 1 \geqq 0 \;\Rightarrow\; e^x \geqq 1 \;\Rightarrow\; x \geqq 0 \;\Rightarrow\; f'(x) \leqq 0$: Für $x \geqq 0$ ist G_f streng monoton fallend.

12

Aus $f'(x) = 0$ für $x = 0$ und dem Monotonieverhalten des Graphen von f folgt nun der lokale Hochpunkt $H(0; f(0))$.

$$f(0) = \frac{2e^0 - 1}{e^0} = \frac{2 \cdot 1 - 1}{1} = 1, \quad \text{also } H(0; 1)$$

28.3 Ausgehend von $f'(x) = -2 \cdot \dfrac{e^x - 1}{e^{2x}}$ berechnen wir nun die zweite Ableitung:

$$f''(x) = -2 \cdot \frac{e^{2x} \cdot e^x - (e^x - 1)\, e^{2x} \cdot 2}{e^{4x}} = -2 \cdot \frac{e^{3x} - 2e^{3x} + 2e^{2x}}{e^{4x}} =$$

$$= -2 \cdot \frac{-e^{3x} + 2e^{2x}}{e^{4x}} = -2 \cdot \frac{-e^x + 2}{e^{2x}} = \frac{2}{e^{2x}} \cdot (e^x - 2)$$

Für die weiteren Untersuchungen wählen wir für $f''(x)$ die Darstellung:
$f''(x) = (pos) \cdot (e^x - 2)$

$e^x - 2 = 0 \;\Rightarrow\; e^x = 2 \;\Rightarrow\; x = \ln 2$

$e^x - 2 > 0 \;\Rightarrow\; e^x > 2 \;\Rightarrow\; x > \ln 2 \;\Rightarrow\; f''(x) > 0$ Linkskrümmung von G_f

$e^x - 2 < 0 \;\Rightarrow\; e^x < 2 \;\Rightarrow\; x < \ln 2 \;\Rightarrow\; f''(x) < 0$ Rechtskrümmung von G_f

$$f(\ln 2) = \frac{2e^{\ln 2} - 1}{e^{2\ln 2}} = \frac{2 \cdot 2 - 1}{e^{\ln 4}} = \frac{4 - 1}{4} = \frac{3}{4} = 0{,}75$$

Aus $f''(\ln 2) = 0$ und dem Zeichenwechsel von $f''(x)$ bei Durchgang durch die Stelle $x = \ln 2$ folgt nun der Wendepunkt $W(\ln 2; 0{,}75)$ des Graphen von f.

Wendetangente aufstellen; Ansatz:

$$y = mx + t \quad \text{mit } m = f'(\ln 2) = \frac{-2(e^{\ln 2} - 1)}{e^{2 \cdot \ln 2}} = \frac{-2 \cdot 1}{4} = -\frac{1}{2}$$

$y = -0{,}5 \cdot x + t \quad | \; W(\ln 2; 0{,}75)$ einsetzen:

$0{,}75 = -0{,}5 \cdot \ln 2 + t$

bzw.: $t = 0{,}75 + 0{,}5 \cdot \ln 2$

$t = 0{,}75 + \ln 2^{0,5} \qquad (2^{0,5} = 2^{\frac{1}{2}} = \sqrt{2})$

$t = 0{,}75 + \ln \sqrt{2}$

28.4 $f(3) = \dfrac{2e^3 - 1}{e^6} = 0{,}097\ldots$, $f(-0{,}5) = \dfrac{2e^{-0,5} - 1}{e^{-1}} = 0{,}579\ldots$

$$f(-\ln 3) = \frac{2e^{-\ln 3} - 1}{e^{-2\ln 3}} = \frac{2 \cdot \frac{1}{3} - 1}{\frac{1}{9}} = -3$$

Beachten Sie die folgenden Umformungen:

$-\ln 3 = 0 - \ln 3 = \ln 1 - \ln 3 = \ln \frac{1}{3}$, also: $e^{-\ln 3} = \frac{1}{3}$

$-2\ln 3 = -\ln 3^2 = -\ln 9 = \ln 1 - \ln 9 = \ln \frac{1}{9}$, also: $e^{-2\ln 3} = \frac{1}{9}$

In der Figur 66 sehen Sie den Verlauf des Graphen der Funktion f.

Figur 66

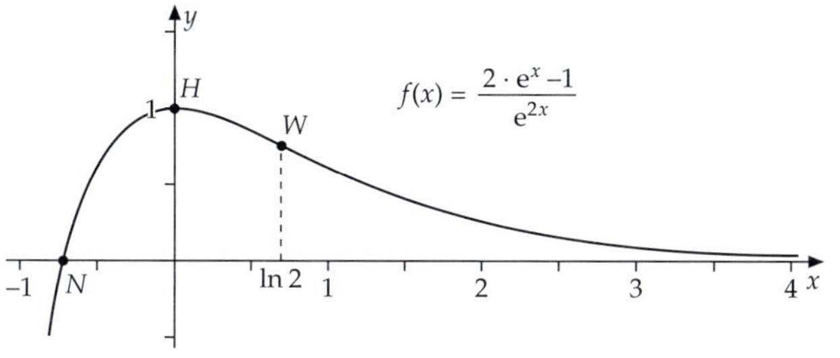

28.5 $F(x) = \frac{1 - 4e^x}{2e^{2x}}$

$$F'(x) = \frac{2e^{2x} \cdot (-4e^x) - (1 - 4e^x)\, 2e^{2x} \cdot 2}{4e^{4x}} =$$

$$= \frac{-8e^{3x} - 4e^{2x} + 16e^{3x}}{4e^{4x}} = \frac{8e^{3x} - 4e^{2x}}{4e^{4x}} = \frac{4e^{2x}(2e^x - 1)}{4e^{2x} \cdot e^{2x}} = \frac{2e^x - 1}{e^{2x}} = f(x)$$

Lösungen Kap. 13

29.1

Aufgabe 29
S. 134

Schnitt der Graphen mit der x-Achse:

$$y = 0 \Rightarrow 0 = e - e^{k - \frac{x}{2}} \Rightarrow e^{k-\frac{x}{2}} = e^1 \Rightarrow k - \frac{x}{2} = 1 \Rightarrow \frac{x}{2} = k + 1 \Rightarrow x = 2k + 2$$

Schnittpunkte mit der x-Achse: $N(2k + 2; 0)$

Schnitt der Graphen mit der y-Achse:

$x = 0 \Rightarrow f(0) = e - e^k$; $S(0; e - e^k)$

$$\lim_{x \to -\infty} \left(e - e^{k - \frac{x}{2}}\right) = \lim_{x \to -\infty} \left(e - \frac{e^k}{e^{\frac{x}{2}}}\right) = -\infty$$

29.2 Die Gerade h: $y = e$ ist dann eine waagrechte Asymptote des Graphen der Funktion f, wenn $\lim_{x \to \infty} (f(x) - e) = 0$ gilt.

$$\lim_{x \to \infty} \left(e - \frac{e^k}{e^{\frac{x}{2}}} - e\right) = \lim_{x \to \infty} \left(-\frac{e^k}{e^{\frac{x}{2}}}\right) = 0$$

Sie können die Asymptote $y = e$ auch über den Grenzwert $\lim_{x \to \infty} f(x) = e$ nachweisen.

Aufgabe 29
S. 134
Fortsetzung

Dass alle Graphen der Schar stets unterhalb der Geraden h liegen, ist gleichbedeutend mit der Ungleichung:

$$\begin{aligned} e - f_k(x) &> 0 \quad \text{für alle } x. \\ e - e + e^{k-\frac{x}{2}} &> 0 \\ e^{k-\frac{x}{2}} &> 0 \\ \frac{e^k}{e^{\frac{x}{2}}} &> 0 \quad \text{ist erfüllt.} \end{aligned}$$

29.3 $f_k(x) = e - e^{k-\frac{x}{2}}$; $f'_k(x) = -e^{k-\frac{x}{2}} \cdot \left(-\frac{1}{2}\right) = \frac{e^k}{2e^{\frac{x}{2}}}$

Da $f'_k(x) > 0$ für alle x erfüllt ist, sind die Graphen der Funktionen f_k streng monoton steigend.

Ausgehend von $f'_k(x) = \frac{1}{2} \cdot e^{k-\frac{x}{2}}$ bilden wir nun $f''_k(x)$:

$$f''_k(x) = \frac{1}{2} \cdot e^{k-\frac{x}{2}} \cdot \left(-\frac{1}{2}\right) = -\frac{1}{4} \cdot e^{k-\frac{x}{2}} = \frac{-e^k}{4e^{\frac{x}{2}}} < 0$$

Da $f''_k(x) < 0$ für alle x erfüllt ist, sind die Graphen der Funktionen f_k rechtsgekrümmt.

29.4 Zu lösen ist die Betragsungleichung $|e - f_{-1}(x)| < 0{,}1$. Aus der Teilaufgabe 29.2 ist aber bekannt, dass alle Graphen unterhalb der Geraden $y = e$ verlaufen, bzw. dass $e - f_k(x) > 0$ gilt. Daher entfallen die Betragsstriche!

$$\begin{aligned} e - f_{-1}(x) < 0{,}1 \;\Rightarrow\; e - e + e^{-1-\frac{x}{2}} &< 0{,}1 \\ \ln e^{-1-\frac{x}{2}} &< \ln \frac{1}{10} \\ -1 - \frac{x}{2} &< -\ln 10 \\ \ln 10 - 1 &< \frac{x}{2} \\ 2 \cdot \ln 10 - 2 &< x \;\Rightarrow\; x > \ln 100 - 2 \end{aligned}$$

29.5
$$\begin{aligned} f_{-1}(-7) &= e - e^{-1+3{,}5} = e - e^{2{,}5} = -9{,}464\ldots \\ f_2(-1) &= e - e^{2+0{,}5} = e - e^{2{,}5} = -9{,}464\ldots \\ f_2(8) &= e - e^{2-4} = e - e^{-2} = 2{,}582\ldots \end{aligned}$$

In der Figur 67 sind die Graphen der Funktionen f_{-1} und f_2, sowie die Asymptote $y = e$ eingetragen.

Figur 67

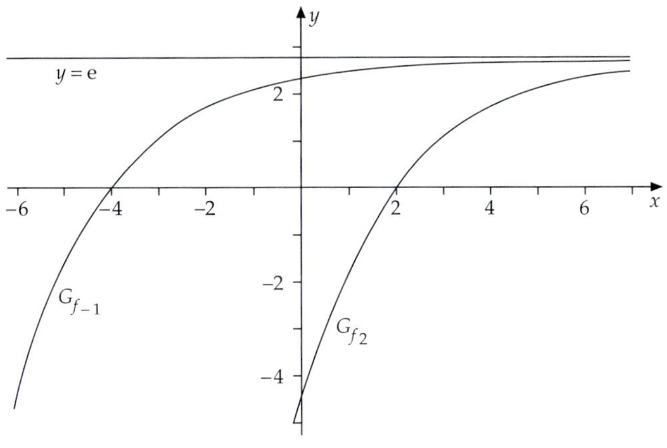

29.6 Wegen der strengen Monotonie der Funktionen f_k (vergleiche 29.3) sind diese Funktionen in $\mathbb{R}$ umkehrbar.

Mit $f(x) = y$ lösen wir die Gleichung $y = e - e^{k-\frac{x}{2}}$ schrittweise nach x auf:

$$e - y = e^{k-\frac{x}{2}} \quad | \text{ logarithmieren}$$

$$\ln(e - y) = k - \frac{x}{2}$$

$$2 \cdot \ln(e - y) = 2k - x$$

$$x = 2k - 2 \cdot \ln(e - y)$$

Nach dem Variablentausch erhalten wir den Funktionsterm der Schar der Umkehrfunktionen f_k^{-1}:

$$f_k^{-1}(x) = 2k - 2 \cdot \ln(e - x); \quad D_{f_k^{-1}} = W_{f_k} =]-\infty; e[$$

$$W_{f_k^{-1}} = D_{f_k} = \mathbb{R}$$

29.7 $F(x) = ex + 2 \cdot e^{k-\frac{x}{2}}$

$$F'(x) = e + 2 \cdot e^{k-\frac{x}{2}} \cdot \left(-\frac{1}{2}\right) = e - e^{k-\frac{x}{2}} = f(x)$$

Aufgabe 30
S. 134

30.1 $f_c(x) = 4e^{-x}(c - e^{-x}) = \dfrac{4}{e^x}\left(c - \dfrac{1}{e^x}\right)$ mit $c \in \mathbb{R} \setminus \{0\}$

Nullstellen in Abhängigkeit vom Parameter c:

$$f_c(x) = 0 \Rightarrow c - \frac{1}{e^x} = 0 \quad | \cdot e^x$$

$$c \cdot e^x - 1 = 0$$

$$e^x = \frac{1}{c} \quad \text{nur für } c > 0 \text{ definiert!}$$

$$\ln(e^x) = \ln\frac{1}{c}$$

$$x = \ln 1 - \ln c \quad (\ln 1 = 0)$$

$$x = -\ln c$$

Für $c > 0$ existieren die Nullstellen $N(-\ln c; 0)$.

30.2 $\lim\limits_{x \to \infty} f_c(x) = \lim\limits_{x \to \infty} \dfrac{4}{e^x}\left(c - \dfrac{1}{e^x}\right) = 0 \cdot c = 0,$ da $e^x \to \infty$ für $x \to \infty$

$\lim\limits_{x \to -\infty} f_c(x) = \lim\limits_{x \to -\infty} \dfrac{4}{e^x}\left(c - \dfrac{1}{e^x}\right) = -\infty,$ da $e^x \to 0$ für $x \to -\infty$

30.3 Ausgehend von $f_c(x) = 4e^{-x} \cdot c - 4e^{-2x}$ bilden wir die Ableitungen:

$$f_c'(x) = -4e^{-x} \cdot c - 4e^{-2x}(-2) = -4e^{-x} \cdot c + 8e^{-2x} =$$

$$= 4e^{-x}(2e^{-x} - c) = \frac{4}{e^x}\left(\frac{2}{e^x} - c\right)$$

$$f_c''(x) = -4e^{-x}(2e^{-x} - c) + 4e^{-x}(2e^{-x})(-1) =$$

$$= -8e^{-2x} + 4ce^{-x} - 8e^{-2x} = 4ce^{-x} - 16e^{-2x} =$$

$$= 4e^{-x}(c - 4e^{-x}) = \frac{4}{e^x}\left(c - \frac{4}{e^x}\right)$$

Aufgabe 30
S. 134
Fortsetzung

Für die weiteren Untersuchungen wählen wir die folgenden Darstellungen für $f_c'(x)$ und $f_c''(x)$:

$$f_c'(x) = (pos) \cdot \left(\frac{2}{e^x} - c\right), \quad f_c''(x) = (pos) \cdot \left(c - \frac{4}{e^x}\right)$$

$$f_c'(x) = 0 \;\Rightarrow\; \frac{2}{e^x} - c = 0 \quad | \cdot e^x$$

$$2 - c \cdot e^x = 0$$

$$e^x = \frac{2}{c}, \quad \text{nur für } c > 0 \text{ definiert.}$$

$$x = \ln\frac{2}{c}$$

13

$$f_c''(x) = f_c''\left(\ln\frac{2}{c}\right) = (pos) \cdot \left(c - \frac{4}{\frac{2}{c}}\right) = (pos) \cdot (c - 2c) = (pos) \cdot (-c) < 0$$

Funktionswert berechnen: $f_c\left(\ln\frac{2}{c}\right) = \frac{4}{\frac{2}{c}} \cdot \left(c - \frac{1}{\frac{2}{c}}\right) = 2c\left(c - \frac{c}{2}\right) = 2c \cdot \frac{c}{2} = c^2$

Die Graphen von f_c haben in $H\left(\ln\frac{2}{c}; c^2\right)$ einen lokalen Hochpunkt mit waagrechter Tangente, wenn $c > 0$ erfüllt ist.

Wendepunkt:

$$f_c''(x) = 0 \;\Rightarrow\; c - \frac{4}{e^x} = 0 \quad | \cdot e^x$$

$$ce^x - 4 = 0$$

$$e^x = \frac{4}{c}, \quad \text{nur für } c > 0 \text{ definiert.}$$

$$x = \ln\frac{4}{c}$$

Für den Nachweis des Zeichenwechsels von $f''(x)$ bei Durchgang durch die Stelle $x = \ln\frac{4}{c}$ wählen wir: $x_1 = \ln\frac{3}{c} < \ln\frac{4}{c} < \ln\frac{5}{c} = x_2$

$$f_c''(x_1) = (pos) \cdot \left(c - \frac{4}{\frac{3}{c}}\right) = (pos) \cdot \left(c - \frac{4c}{3}\right) = (pos) \cdot \left(-\frac{c}{3}\right) < 0$$

$$f_c''(x_2) = (pos) \cdot \left(c - \frac{4}{\frac{5}{c}}\right) = (pos) \cdot \left(c - \frac{4c}{5}\right) = (pos) \cdot \left(\frac{c}{5}\right) > 0$$

Funktionswert: $f_c\left(\ln\frac{4}{c}\right) = \frac{4}{\frac{4}{c}}\left(c - \frac{1}{\frac{4}{c}}\right) = c\left(c - \frac{c}{4}\right) = c \cdot \frac{3c}{4} = \frac{3}{4}c^2$

Die Graphen der Funktionenschar f_c haben daher in $W\left(\ln\frac{4}{c}; \frac{3}{4}c^2\right)$ einen Wendepunkt.

30.4 Ortskurve der Extrema aufstellen:

Eliminieren wir aus den Koordinaten des Punktes $H\left(\ln\frac{2}{c}\,;\,c^2\right)$ den Parameter c, so erhalten wir einen Zusammenhang zwischen x und y, der nach y aufgelöst dann die Gleichung der gesuchten Ortskurve ergibt:

$$\left.\begin{aligned} x &= \ln\frac{2}{c} \;\Rightarrow\; e^x = \frac{2}{c} \;\Rightarrow\; e^{2x} = \frac{4}{c^2} \\ y &= c^2 \end{aligned}\right\} \;\Rightarrow\; e^{2x} = \frac{4}{y} \;\Rightarrow\; y = \frac{4}{e^{2x}}$$

30.5 Für die Skizze des Graphen von f_1:

$N(0;0)$, $H(\ln 2;1)$, $W\left(\ln 4;\frac{3}{4}\right)$

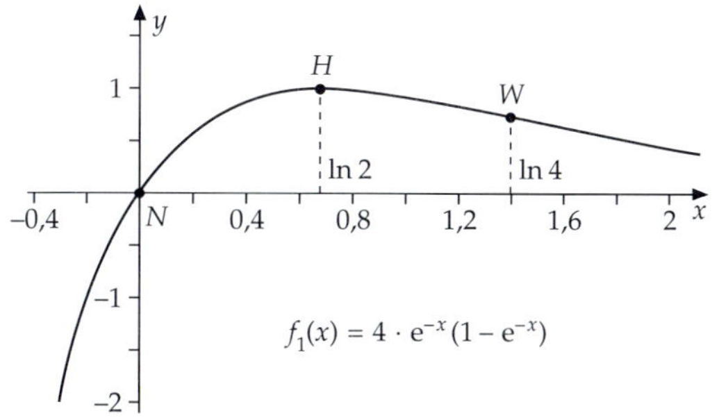

Figur 68

In der Figur 69 sind einige Kurven aus der Schar f_c eingetragen. Außer der Ortskurve der Hochpunkte ist dort auch die Ortskurve der Wendepunkte mit der Gleichung $y = \frac{12}{e^{2x}}$ zu sehen.

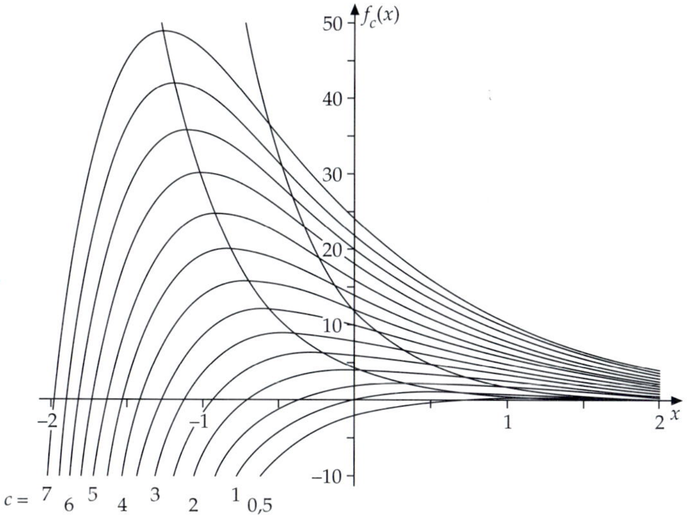

Figur 69

30.6 $F(x) = -4e^{-x} + 2e^{-2x}$

$F'(x) = -4e^{-x}(-1) + 2e^{-2x}(-2) = 4e^{-x} - 4e^{-2x} = 4e^{-x}(1 - e^{-x}) = f_1(x)$

Aufgabe 31
S. 135

$f_a(x) = \frac{4e^{ax}}{1 + e^{ax}}$ mit $D_{f_a} = \mathbb{R}$ und $a > 0$

31.1 Nullstellen der Funktionenschar:

$f_a(x) = 0 \;\Rightarrow\; 4e^{ax} = 0$, also keine Nullstellen vorhanden.

$$\lim_{x\to\infty} \frac{4e^{ax}}{1+e^{ax}} = \lim_{x\to\infty} \frac{e^{ax}\cdot 4}{e^{ax}\cdot\left(\frac{1}{e^{ax}}+1\right)} = \lim_{x\to\infty} \frac{4}{\frac{1}{e^{ax}}+1} = 4 \quad (a > 0 \text{ beachten!})$$

$$\lim_{x\to-\infty} \frac{4e^{ax}}{1+e^{ax}} = \frac{0}{1} = 0 \quad (a > 0 \text{ beachten!})$$

13

31.2

$$f_a'(x) = \frac{(1+e^{ax})\,4ae^{ax} - 4e^{ax}\cdot ae^{ax}}{(1+e^{ax})^2} = \frac{4ae^{ax}(1+e^{ax}-e^{ax})}{(1+e^{ax})^2} = \frac{4ae^{ax}}{(1+e^{ax})^2} > 0 \quad \text{(stets)}$$

$$f_a''(x) = \frac{(1+e^{ax})^2\,4a^2\cdot e^{ax} - 4ae^{ax}\cdot(2)\cdot(1+e^{ax})\,ae^{ax}}{(1+e^{ax})^4} =$$

$$= \frac{4a^2e^{ax}(1+e^{ax})\cdot(1+e^{ax}-2e^{ax})}{(1+e^{ax})^4} = \frac{4a^2e^{ax}(1-e^{ax})}{(1+e^{ax})^3}$$

Monotonie: $f_a'(x) > 0$ (stets) $\Rightarrow$ Die Graphen der Funktionen f_a sind in $\mathbb{R}$ streng monoton steigend.

Extrema: $f_a'(x) = 0$ nicht erfüllbar $\Rightarrow$ Die Funktionsgraphen haben keine lokalen Extrempunkte.

Wendepunkte: $f_a''(x) = 0 \;\Rightarrow\; 1 - e^{ax} = 0 \;\Rightarrow\; e^{ax} = 1 \;\Rightarrow\; ax = 0 \;\Rightarrow\; x = 0$

Zeichenwechsel von $f_a''(x)$ nachweisen: $f_a''(x) = (pos)\cdot(1-e^{ax})$

$1 - e^{ax} < 0$	*bzw.:*	$1 - e^{ax} > 0$
$1 < e^{ax}$		$1 > e^{ax}$
$e^0 < e^{ax}$		$e^0 > e^{ax}$
$0 < ax$		$0 > ax$
$0 < x$		$0 > x$

Funktionswert: $f_a(0) = \frac{4e^0}{1+e^0} = \frac{4}{2} = 2$

$\Rightarrow$ Alle Graphen der Funktionenschar f_a haben den festen Wendepunkt $W(0; 2)$.

31.3 $f_1(-4) = 0{,}07,\quad f_1(4) = 3{,}92,\quad W(0; 2)$

In der Figur 70 ist der Graph der Funktion f_1 zu sehen.

Figur 70

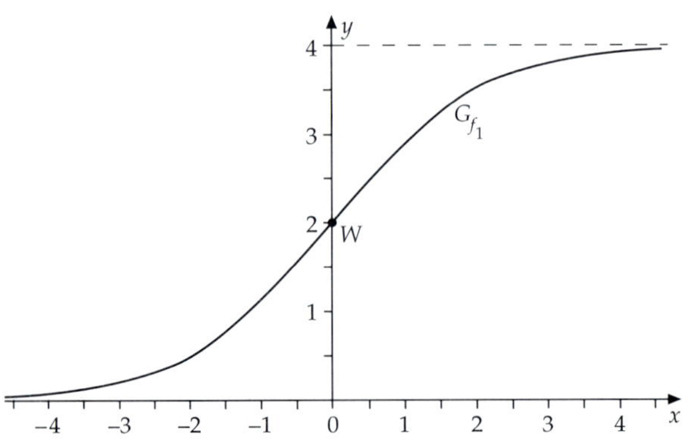

31.4 Da die Funktionen f_a in $\mathbb{R}$ streng monoton sind (vergleiche 31.2), sind sie in $\mathbb{R}$ auch umkehrbar.

Mit $f_a(x) = y$ lösen wir die Gleichung $y = \frac{4e^{ax}}{1 + e^{ax}}$ schrittweise nach x auf:

$$y(1 + e^{ax}) = 4e^{ax}$$
$$y + ye^{ax} = 4e^{ax}$$
$$e^{ax}(y - 4) = -y$$
$$e^{ax} = \frac{-y}{y-4} = \frac{y}{4-y}$$
$$ax = \ln \frac{y}{4-y}$$
$$x = \frac{1}{a} \cdot \ln \frac{y}{4-y}$$

Nach dem Variablentausch erhalten wir dann den Term $f_a^{-1}(x)$ der Umkehrfunktionen:

$$f_a^{-1}(x) = \frac{1}{a} \cdot \ln \frac{x}{4-x}, \quad D_{f_a^{-1}} = W_{f_a} =]0; 4[$$
$$W_{f_a^{-1}} = D_{f_a} = \mathbb{R}$$

31.5

$$g(x) = \frac{4e^x}{1+e^x} - 2 \cdot \frac{1+e^x}{1+e^x} = \frac{2e^x - 2}{1+e^x}$$
$$g(-x) = \frac{2e^{-x} - 2}{1 + e^{-x}} = \frac{(2e^{-x} - 2)\,e^x}{(1 + e^{-x})e^x} = \frac{2 - 2e^x}{e^x + 1} = -\frac{2e^x - 2}{1 + e^x} = -g(x)$$

Lösungen Kap. 14

32.1 $\ln x - 1 = 0$

Aufgabe 32
S. 142

Definitionsmenge: $\ln x$ ist erklärt, wenn $x > 0$ ist. $\Rightarrow$ $D = \mathbb{R}^+$

Lösungsmenge: $\ln x - 1 = 0 \;\Rightarrow\; \ln x = 1$

Mit $1 = \ln e$ folgt: $\ln x = \ln e$ | delogarithmieren

$x = e$

Da $x = e$ in $\mathbb{R}^+$ liegt, erhalten wir $L = \{e\}$.

32.2 $\ln(x - 1) = 0$

Definitionsmenge: $\ln(x-1)$ ist erklärt, wenn $x - 1 > 0$, also $x > 1$ ist.

$D = \{x \mid x > 1\}$

Lösungsmenge: $\ln(x - 1) = 0$

Mit $0 = \ln 1$ folgt: $\ln(x-1) = \ln 1$ | delogarithmieren

$x - 1 = 1$

$x = 2, \quad L = \{2\}$

Aufgabe 32
S. 142
Fortsetzung

32.3 $(\ln x)^2 + \ln x - 6 = 0$

Definitionsmenge: $\ln x$ ist für $x > 0$ erklärt. $\Rightarrow$ $D = \mathbb{R}^+$

Lösungsmenge: Die Substitution $\ln x = t$ führt die obige Gleichung in eine quadratische Gleichung in t über:
$t^2 + t - 6 = 0 \;\Rightarrow\; t = 2$ oder $t = -3$

Substitution rückgängig machen: $\ln x = 2$ oder $\ln x = -3$
Mit $\ln e = 1$ folgt: $\ln x = 2 \cdot \ln e$ oder $\ln x = -3 \cdot \ln e$
Mit $r \cdot \ln e = \ln e^r$ folgt: $\ln x = \ln e^2$ oder $\ln x = \ln e^{-3}$
Delogarithmieren: $x = e^2$ oder $x = e^{-3}$, also: $L = \{e^2; e^{-3}\}$

14

32.4 $\ln x^2 + 2 = 0$

Definitionsmenge: $\ln x^2$ ist erklärt, wenn $x^2 > 0$ gilt. $\Rightarrow$ $D = \mathbb{R}\backslash\{0\}$

Beachten Sie: $\ln x^2 \neq (\ln x)^2$
Im Term $\ln x^2$ wird zuerst x^2 berechnet und dann davon der Logarithmus gebildet.
Im Term $(\ln x)^2$ wird zunächst $\ln x$ berechnet und dann erst quadriert!

Lösungsmenge: $\ln x^2 + 2 = 0$
$\ln x^2 = -2$
Mit $-2 = \ln e^{-2}$ folgt: $\ln x^2 = \ln e^{-2}$ | delogarithmieren

$$x^2 = e^{-2} = \frac{1}{e^2}$$

$$\Rightarrow \; |x| = \frac{1}{e} \;\Rightarrow\; x = \frac{1}{e} \text{ oder } x = -\frac{1}{e}, \text{ also } L = \left\{\frac{1}{e}; -\frac{1}{e}\right\}$$

32.5 $\ln\left(1 + \frac{1}{x}\right) = 2$

Definitionsmenge: $\ln\left(1 + \frac{1}{x}\right)$ ist erklärt, wenn $1 + \frac{1}{x} > 0$ ist:

$$1 + \frac{1}{x} > 0 \;\Rightarrow\; \frac{x}{x} + \frac{1}{x} > 0 \;\Rightarrow\; \frac{x+1}{x} > 0$$

Wir zeichnen die beiden Geraden $y = x + 1$ und $y = x$ und lesen aus der Zeichnung ab, in welchen Gebieten die Funktionswerte der beiden Geraden jeweils das gleiche Vorzeichen haben.
Es folgt: $x < -1$ oder $x > 0$, also $D = \{x \mid x < -1 \text{ oder } x > 0\}$

Lösungsmenge:

$$\ln\left(\frac{x+1}{x}\right) = 2 \qquad | \; 2 = \ln e^2$$

$$\ln\left(\frac{x+1}{x}\right) = \ln e^2 \qquad | \text{ delogarithmieren}$$

$$\frac{x+1}{x} = e^2 \qquad | \cdot x$$

$$x + 1 = x \cdot e^2 \;\Rightarrow\; 1 = x \cdot e^2 - x \;\Rightarrow\; 1 = x\,(e^2 - 1) \;\Rightarrow\; x = \frac{1}{e^2 - 1}$$

$$x = \frac{1}{e^2 - 1} = (e^2 - 1)^{-1} = 0{,}1565\ldots \in D \;\Rightarrow\; L = \{(e^2 - 1)^{-1}\}$$

32.6 $\ln(x^2 - 1) = 0$

Definitionsmenge: $\ln(x^2 - 1)$ ist erklärt, wenn $x^2 - 1 > 0$ gilt:
$x^2 - 1 > 0 \;\Rightarrow\; x^2 > 1 \;\Rightarrow\; |x| > 1 \;\Rightarrow\; x > 1$ oder $x < -1$
$D = \{x \mid x < -1 \text{ oder } x > 1\}$

Lösungsmenge: $\ln(x^2-1) = 0$ Mit $0 = \ln 1$ folgt:

$$\ln(x^2-1) = \ln 1 \quad | \text{ delogarithmieren}$$
$$x^2 - 1 = 1$$
$$x^2 = 2 \Rightarrow |x| = \sqrt{2} \Rightarrow x = \sqrt{2} \text{ oder } x = -\sqrt{2}$$

Da $\sqrt{2}$ und $-\sqrt{2}$ in D liegen, folgt: $L = \{-\sqrt{2}; \sqrt{2}\}$

32.7 $\ln(x^2 - 3x + 3) = 0$

Definitionsmenge: $\ln(x^2 - 3x + 3)$ ist erklärt, wenn $x^2 - 3x + 3 > 0$ ist.
Quadratische Ungleichungen lassen sich leicht interpretieren, wenn man dem Term eine Parabel zuordnet und die Lage dieser Parabel im Koordinatensystem untersucht.

Parabel: $y = x^2 - 3x + 3$ $y = 0$: $x = \dfrac{3 \pm \sqrt{9-12}}{2}$ nicht definiert!

Da die Parabel nach oben geöffnet ist (positiver Faktor +1 bei x^2) und *keine* Nullstellen hat, liegt sie vollständig oberhalb der x-Achse. Daher gilt $x^2 - 3x + 3 > 0$ für $x \in \mathbb{R}$. $\Rightarrow$ $D = \mathbb{R}$

Lösungsmenge: $\ln(x^2 - 3x + 3) = 0 \quad | \; 0 = \ln 1$

$$\ln(x^2 - 3x + 3) = \ln 1 \quad | \text{ delogarithmieren}$$
$$x^2 - 3x + 3 = 1$$
$$x^2 - 3x + 2 = 0 \Rightarrow x = 1 \text{ oder } x = 2 \text{ (beide in } D = \mathbb{R})$$
$$L = \{1; 2\}$$

32.8 $\ln[\ln(x+1)] = 2$

Definitionsmenge: Der Term $\ln[\ln(x+1)]$ ist erklärt, wenn $\ln(x+1) > 0$ ist. Die Bedingung $\ln(x+1) > 0$ ist aber erfüllt, wenn $x + 1 > 1$ ist. Vergleichen Sie dazu den Verlauf der ln-Kurve, die bei $x = 1$ die x-Achse mit positiver Steigung schneidet.
Aus $x + 1 > 1$ folgt $x > 0$ und damit $D = \mathbb{R}^+$.

Lösungsmenge: $\ln[\ln(x+1)] = 2 \quad | \; 2 = \ln e^2$

$$\ln[\ln(x+1)] = \ln e^2 \quad | \text{ delogarithmieren}$$
$$\ln(x+1) = e^2 \quad | \; e^2 = e^2 \cdot 1 = e^2 \cdot \ln e = \ln e^{e^2}$$
$$\ln(x+1) = \ln e^{e^2} \quad | \text{ delogarithmieren}$$
$$x + 1 = e^{e^2} \Rightarrow x = e^{e^2} - 1 = 1617{,}17\ldots, \quad L = \{e^{e^2}\}$$

32.9 $e^x \cdot \ln(x-3) - e^x = 0$

Definitionsmenge: e^x ist für alle $x \in \mathbb{R}$ erklärt. $\ln(x-3)$ ist definiert, wenn $x - 3 > 0$, also $x > 3$ gilt. $D = \{x \mid x > 3\}$

Lösungsmenge: Wir klammern zunächst e^x aus und dividieren dann durch $e^x \neq 0$:

$$e^x \cdot (\ln(x-3) - 1) = 0 \quad | : e^x$$
$$\ln(x-3) - 1 = 0$$
$$\ln(x-3) = 1 \quad | \; 1 = \ln e$$
$$\ln(x-3) = \ln e \quad | \text{ delogarithmieren}$$
$$x - 3 = e$$
$$x = e + 3 = 5{,}71\ldots \in D, \quad \text{also } L = \{e + 3\}$$

32.10 $\ln x^2 + \ln(-x) = \ln 27$

Definitionsmenge: $\ln x^2$ ist erklärt für $x^2 > 0$ $\Rightarrow$ $D_1 = \mathbb{R}\setminus\{0\}$. $\ln(-x)$ ist erklärt für $-x > 0$ $\Rightarrow$ $x < 0$ $\Rightarrow$ $D_2 = \mathbb{R}^-$.

Da beide Bedingungen zugleich erfüllt sein müssen, erhalten wir die Definitionsmenge D als Durchschnitt der Mengen D_1 und D_2: $D = \mathbb{R}^-$

14

Lösungsmenge: $\ln x^2 + \ln(-x) = \ln 27$ | Muster $\ln A + \ln B = \ln(AB)$ anwenden!

$\ln(-x^3) = \ln 27$ | delogarithmieren

$-x^3 = 27$

$x^3 = -27 \Rightarrow x = -3 \in D$, also: $L = \{-3\}$

32.11 $\ln x^2 + \ln x = \ln 27$

Definitionsmenge: $\ln x^2$ ist erklärt für $x^2 > 0 \Rightarrow D_1 = \mathbb{R}\setminus\{0\}$. $\ln x$ ist erklärt für $x > 0$ $\Rightarrow D_2 = \mathbb{R}^+$.

Da beide Bedingungen zugleich erfüllt sein müssen, erhalten wir die Definitionsmenge D als Schnittmenge der Mengen D_1 und D_2: $D = \mathbb{R}^+$

Lösungsmenge: $\ln x^2 + \ln x = \ln 27$

$\ln x^3 = \ln 27$ (Vergleiche Aufgabe 32.10)

$x^3 = 27 \Rightarrow x = 3 \in D$, also $L = \{3\}$

14

32.12 $\ln x^3 + \ln x = \ln 16$

Definitionsmenge: $\ln x^3$ und $\ln x$ sind beide für $x > 0$ erklärt. $\Rightarrow D = \mathbb{R}^+$

Lösungsmenge: $\ln x^3 + \ln x = \ln 16$ | Muster $\ln A + \ln B = \ln(AB)$ anwenden!

$\ln x^4 = \ln 16$ | delogarithmieren

$x^4 = 16$

$\Rightarrow x^2 = 4 \Rightarrow |x| = 2 \Rightarrow x = 2$ oder $x = -2$

Da $x = -2$ *nicht* in $D = \mathbb{R}^+$ liegt, erhalten wir: $L = \{2\}$

32.13 $\ln x - 2 \cdot [\ln x + 1]^2 + 4 = 0$

Definitionsmenge: $\ln x$ ist für $x > 0$ erklärt. $\Rightarrow D = \mathbb{R}^+$

Lösungsmenge:

$\ln x - 2 \cdot [\ln x + 1]^2 + 4 = 0$

$\ln x - 2 \cdot [(\ln x)^2 + 2 \cdot \ln x + 1] + 4 = 0$

$\ln x - 2(\ln x)^2 - 4 \cdot \ln x - 2 + 4 = 0$

$-2(\ln x)^2 - 3 \cdot \ln x + 2 = 0$ | $\cdot(-1)$

$2(\ln x)^2 + 3 \cdot \ln x - 2 = 0$

Mit der Substitution $\ln x = t$ wird daraus eine quadratische Gleichung in t:

$2t^2 + 3t - 2 = 0$

$$t = \frac{-3 \pm \sqrt{9+16}}{4} = \frac{-3 \pm 5}{4} \Rightarrow t = \frac{1}{2} \text{ oder } t = -2$$

Substitution rückgängig machen: $\ln x = \frac{1}{2}$ oder $\ln x = -2$

Mit $\frac{1}{2} = \frac{1}{2} \cdot 1 = \frac{1}{2} \cdot \ln e = \ln e^{\frac{1}{2}} = \ln \sqrt{e}$ und $-2 = \ln e^{-2}$ gilt:

$\ln x = \ln \sqrt{e}$ oder $\ln x = \ln e^{-2}$ | delogarithmieren

$x = \sqrt{e}$ oder $x = e^{-2} = \frac{1}{e^2}$

Da beide Lösungen positiv sind, liegen sie in $D = \mathbb{R}^+$ und wir erhalten $L = \{\sqrt{e}; e^{-2}\}$.

Aufgabe 33
S. 145

33.1 $f(x) = \ln(1 + x^2)$

Definitionsmenge: $\ln(1 + x^2)$ ist erklärt für $1 + x^2 > 0$, also $D_f = \mathbb{R}$.

Ableitungen: Mit dem Muster $y = \ln \star \Rightarrow y' = \frac{1}{\star} \cdot \star'$ erhalten wir:

$f'(x) = \frac{1}{1+x^2} \cdot (2x) = \frac{2x}{1+x^2}$, $D_{f'} = \mathbb{R}$

Der Term $f''(x)$ wird nun nach der Quotientenregel gebildet:

$$y = \frac{Z}{N} \;\Rightarrow\; y' = \frac{N \cdot AZ - Z \cdot AN}{N^2}$$

$$f''(x) = \frac{(1 + x^2) \cdot 2 - 2x \cdot 2x}{(1 + x^2)^2} = \frac{2 + 2x^2 - 4x^2}{(1 + x^2)^2} = \frac{2 - 2x^2}{(1 + x^2)^2} = \frac{2(1 - x^2)}{(1 + x^2)^2}, \quad D_{f''} = \mathbb{R}$$

33.2 $f(x) = \ln(x^2 - x + 1)$

Definitionsmenge: $\ln(x^2 - x + 1)$ ist erklärt, wenn $x^2 - x + 1 > 0$ ist.

Die Parabel $y = x^2 - x + 1$ ist nach oben geöffnet und besitzt keine Nullstellen.

$\Rightarrow D_f = \mathbb{R}$

Ableitungen:

Mit dem Muster $y = \ln \ast \;\Rightarrow\; y' = \frac{1}{\ast} \cdot \ast'$ erhalten wir:

$$f'(x) = \frac{1}{x^2 - x + 1} \cdot (2x - 1) = \frac{2x - 1}{x^2 - x + 1}, \quad D_{f'} = \mathbb{R}$$

Der Term $f''(x)$ wird mit der Quotientenregel gebildet:

$$f''(x) = \frac{(x^2 - x + 1) \cdot 2 - (2x - 1)(2x - 1)}{(x^2 - x + 1)^2} =$$

$$= \frac{2x^2 - 2x + 2 - 4x^2 + 2x + 2x - 1}{(x^2 - x + 1)^2} = \frac{-2x^2 + 2x + 1}{(x^2 - x + 1)^2}, \quad D_{f''} = \mathbb{R}$$

33.3 $f(x) = \ln(x^2 - 3x + 2)$

Definitionsmenge: $\ln(x^2 - 3x + 2)$ ist erklärt, wenn $x^2 - 3x + 2 > 0$ ist.

Die Parabel $y = x^2 - 3x + 2$ ist nach oben geöffnet und schneidet die x-Achse an den Stellen, für die $y = 0$ gilt:

$y = 0 \;\Rightarrow\; x^2 - 3x + 2 = 0 \;\Rightarrow\; x = 1$ oder $x = 2$

Da für die Logarithmusfunktion die Ungleichung $y > 0$ erfüllt sein muss, erhalten wir $D_f = \{x \mid x < 1 \text{ oder } x > 2\}$.

Ableitungen:

Mit dem Muster $y = \ln \ast \;\Rightarrow\; y' = \frac{1}{\ast} \cdot \ast'$ erhalten wir:

$$f'(x) = \frac{1}{x^2 - 3x + 2} \cdot (2x - 3) = \frac{2x - 3}{x^2 - 3x + 2}, \quad D_{f'} = D_f$$

Der Term $f''(x)$ wird mit der Quotientenregel gebildet:

$$f''(x) = \frac{(x^2 - 3x + 2) \cdot 2 - (2x - 3)(2x - 3)}{(x^2 - 3x + 2)^2} =$$

$$= \frac{2x^2 - 6x + 4 - 4x^2 + 6x + 6x - 9}{(x^2 - 3x + 2)^2} = \frac{-2x^2 + 6x - 5}{(x^2 - 3x + 2)^2}, \quad D_{f''} = D_f$$

33.4 $f(x) = \ln|x|$

Definitionsmenge: $\ln|x|$ ist erklärt, wenn $|x| > 0$ gilt.

$|x| > 0$ ist für $x \in \mathbb{R}\setminus\{0\}$ erfüllt $\Rightarrow D_f = \mathbb{R}\setminus\{0\}$

Ableitungen:

Bevor wir differenzieren können, muss der Betrag durch abschnittsweise Defintion des Funktionsterms beseitigt werden!

$$f(x) = \begin{cases} \ln x & \text{für } x > 0 \\ \ln(-x) & \text{für } x < 0 \end{cases}$$

$$f'(x) = \begin{cases} \dfrac{1}{x} & \text{für } x > 0 \\ \dfrac{1}{-x} \cdot (-1) & \text{für } x < 0 \end{cases} \Rightarrow f'(x) = \frac{1}{x} \quad \text{für } x \neq 0$$

Über $f'(x) = \frac{1}{x} = x^{-1}$ bilden wir nun nach der Potenzregel die 2. Ableitung $f''(x)$:

$$f''(x) = (-1) \cdot x^{-2} = -x^{-2} = \frac{-1}{x^2} \quad \text{mit } x \neq 0$$

33.5 $f(x) = x \cdot \ln(x^2 - 1)$

Definitionsmenge: $\ln(x^2 - 1)$ ist erklärt, wenn $x^2 - 1 > 0$ gilt.

$$x^2 - 1 > 0 \Rightarrow x^2 > 1 \Rightarrow |x| > 1 \Rightarrow x > 1 \text{ oder } x < -1$$

Wir erhalten also die Definitionsmenge $D_f = \{x \mid x < -1 \text{ oder } x > 1\}$

Ableitungen: Die Ableitung $f'(x)$ wird nach der Produktregel gebildet:

$$f'(x) = 1 \cdot \ln(x^2 - 1) + x \cdot \frac{2x}{x^2 - 1} = \ln(x^2 - 1) + \frac{2x^2}{x^2 - 1}, \quad D_{f'} = D_f$$

$$f''(x) = \frac{1}{x^2 - 1} \cdot 2x + \frac{(x^2 - 1) \cdot 4x - 2x^2 \cdot 2x}{(x^2 - 1)^2} =$$

$$= \frac{2x}{x^2 - 1} + \frac{4x^3 - 4x - 4x^3}{(x^2 - 1)^2} = \frac{2x}{x^2 - 1} - \frac{4x}{(x^2 - 1)^2} =$$

$$= \frac{2x(x^2 - 1) - 4x}{(x^2 - 1)^2} = \frac{2x^3 - 2x - 4x}{(x^2 - 1)^2} = \frac{2x^3 - 6x}{(x^2 - 1)^2}, \quad D_{f''} = D_f$$

Aufgabe 34
S. 148

34.1 Definitionsmenge von f: $\ln \frac{x}{4 - x}$ ist erklärt, wenn $\frac{x}{4 - x} > 0$ ist.

Die Lösungsmenge dieser Ungleichung bestimmen wir mit der grafischen Methode, die wir in Kapitel 5 des Bandes Analysis 1 kennen gelernt haben:
Wir zeichnen die beiden Geraden $y = x$ und $y = -x + 4$ und lesen dann aus dieser Zeichnung ab, in welchem Bereich die beiden Geraden Funktionswerte mit gleichen Vorzeichen haben. $\Rightarrow D_f = \{x \mid 0 < x < 4\} =]0; 4[$

Nullstelle von f:

$$\ln \frac{x}{4 - x} = 0 \Rightarrow \frac{x}{4 - x} = 1 \Rightarrow x = 4 - x \Rightarrow 2x = 4 \Rightarrow x = 2 \in D_f$$

34.2

Aus $\lim\limits_{x \downarrow 0} \frac{x}{4 - x} = 0 \downarrow$ folgt dann $\lim\limits_{x \downarrow 0} \left(\ln \frac{x}{4 - x} \right) = -\infty$.

Aus $\lim\limits_{x \uparrow 4} \frac{x}{4 - x} = \infty$ folgt dann $\lim\limits_{x \uparrow 4} \left(\ln \frac{x}{4 - x} \right) = \infty$.

34.3

$$f'(x) = \frac{4 - x}{x} \cdot \frac{(4 - x) \cdot 1 - x \cdot (-1)}{(4 - x)^2} = \frac{4 - x}{x} \cdot \frac{4 - x + x}{(4 - x)^2} = \frac{4}{x \cdot (4 - x)}, \quad D_{f'} =]0; 4[$$

Da in $D_f =]0; 4[$ sowohl $x > 0$ als auch $4 - x > 0$ ist, gilt $f'(x) > 0$ und die Funktion f ist in D_f streng monoton zunehmend.

34.4 Aus 34.1 und 34.3 (strenge Monotonie von f) folgt, dass der Graph von f die x-Achse im Punkt $N(2; 0)$ schneidet.

Tangente in $N(2; 0)$ aufstellen; Ansatz: $y = mx + t$ mit $m = f'(2) = \frac{4}{2 \cdot 2} = 1$

$$y = x + t \quad | \; N(2; 0) \text{ einsetzen!}$$
$$0 = 2 + t \Rightarrow t = -2 \Rightarrow \text{Tangente: } y = x - 2$$

34.5 $f(1) = \ln \frac{1}{4-1} = \ln \frac{1}{3} = -1{,}0986\ldots$

$f(1{,}5) = \ln \frac{1{,}5}{4-1{,}5} = \ln \frac{1{,}5}{2{,}5} = \ln 0{,}6 = -0{,}5108\ldots$

$f(3) = \ln \frac{3}{4-3} = \ln 3 = 1{,}0986\ldots$

Die Figur 71 zeigt den Verlauf des Graphen der Funktion f und die Tangente $y = x - 2$ im Kurvenpunkt $N(2; 0)$.

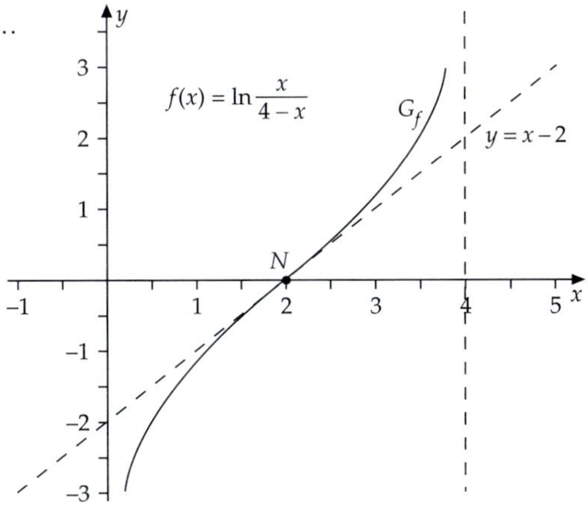

Figur 71

34.6 $F(x) = x \cdot \ln \frac{x}{4-x} + 4 \cdot \ln(4-x)$

$F'(x) = 1 \cdot \ln \frac{x}{4-x} + x \cdot \left(\ln \frac{x}{4-x}\right)' + 4 \cdot \frac{1}{4-x} \cdot (-1)$

Aus Teilaufgabe 34.3: $\left(\ln \frac{x}{4-x}\right)' = f'(x) = \frac{4}{x(4-x)}$

$F'(x) = \ln \frac{x}{4-x} + x \cdot \frac{4}{x(4-x)} - \frac{4}{4-x}$ (mittleren Term mit x kürzen)

$F'(x) = \ln \frac{x}{4-x} = f(x)$

35.1 $f(x) = x \cdot (\ln x - 2)^2$

Aufgabe 35
S. 148

Nullstellen von f: $f(x) = 0 \Rightarrow (\ln x - 2)^2 = 0$ oder $x = 0$

Da $x = 0$ nicht in $D_f = \mathbb{R}^+$ liegt, bleibt nur noch:

$$(\ln x - 2)^2 = 0$$
$$\ln x - 2 = 0$$
$$\ln x = 2, \quad | \; 2 = 2 \cdot 1 = 2 \cdot \ln e = \ln e^2$$
$$\ln x = \ln e^2 \quad | \text{ delogarithmieren}$$
$$x = e^2$$

Der Graph von f hat genau eine Nullstelle $N(e^2; 0)$. Dies ist aber eine *doppelte* Nullstelle, das heißt, der Graph von f berührt die x-Achse im Punkt N. Wegen $f(x) \geqq 0$ in $\mathbb{R}^+$ berührt der Graph von f die x-Achse im Punkt N von oben.

Wir wissen jetzt schon: Der Punkt N tritt später auch als lokaler Tiefpunkt des Graphen von f auf!

Aufgabe 35
S. 148
Fortsetzung

35.2 Ableitungen:

$$f'(x) = 1 \cdot (\ln x - 2)^2 + x \cdot 2 \cdot (\ln x - 2)^1 \cdot \frac{1}{x} =$$
$$= (\ln x - 2)^2 + 2(\ln x - 2) = (\ln x - 2)(\ln x - 2 + 2) =$$
$$= (\ln x - 2) \cdot \ln x$$

$$f''(x) = \frac{1}{x} \cdot \ln x + (\ln x - 2) \cdot \frac{1}{x} = \frac{1}{x}(\ln x + \ln x - 2) = \frac{1}{x}(2\ln x - 2) =$$
$$= \frac{2}{x}(\ln x - 1)$$

Auswertung der Ableitungen:

$f'(x) = 0 \Rightarrow \ln x - 2 = 0$ oder $\ln x = 0$
$\ln x = 2$ oder $\ln x = \ln 1$
$\ln x = \ln e^2$ oder $x = 1$
$x = e^2$ oder $x = 1$

$$f'(e^2) = 0 \text{ und } f''(e^2) = \frac{2}{e^2}(\ln e^2 - 1) = \frac{2}{e^2}(2-1) = \frac{2}{e^2} > 0 \Rightarrow \text{Tiefpunkt}$$

$\Rightarrow$ Der Graph von f hat in $T(e^2; 0)$ einen lokalen Tiefpunkt mit waagrechter Tangente.

$$f'(1) = 0 \text{ und } f''(1) = 2(\ln 1 - 1) = 2(0-1) = -2 < 0 \Rightarrow \text{Hochpunkt}$$

$$f(1) = 1 \cdot (\ln 1 - 2)^2 = (0-2)^2 = 4$$

$\Rightarrow$ Der Graph von f hat in $H(1; 4)$ einen lokalen Hochpunkt mit waagrechter Tangente.

Wendepunkte: $f''(x) = 0 \Rightarrow \frac{2}{x}(\ln x - 1) = 0$
$\ln x - 1 = 0$
$\ln x = 1 \quad | \; 1 = \ln e$ setzen
$\ln x = \ln e$
$x = e$

Die Nullstelle $x = e$ von $f''(x)$ entsteht durch den Faktor $(\ln x - 1)$. Da dieser Faktor aber selbst eine in $\mathbb{R}^+$ streng monoton zunehmende Funktion ist, hat $f''(x)$ bei $x = e$ einen Zeichenwechsel, also der Graph von f in $W(e; f(e))$ einen Wendepunkt:

$$f(e) = e \cdot (\ln e - 2)^2 = e \cdot (1-2)^2 = e \cdot (-1)^2 = e, \Rightarrow W(e; e)$$

35.3

Figur 72

$$\lim_{x \to \infty} f(x) = \lim_{x \to \infty} x \cdot (\ln x - 2)^2 = \infty$$

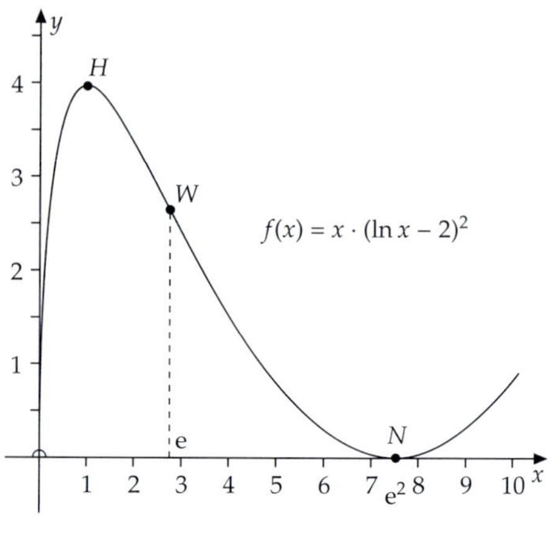

Aufgabe 36
S. 148

36.1 $f(x) = \ln \frac{x-3}{2x}$ mit maximaler Definitionsmenge D_f.

$\ln \frac{x-3}{2x}$ ist erklärt, wenn $\frac{x-3}{2x} > 0$ ist.

Wir zeichnen die beiden Geraden $y = x - 3$ und $y = 2x$ und lesen dann in den Zeichnungen ab, in welchen Bereichen die beiden Geraden Funktionswerte mit gleichen Vorzeichen haben:
$x < 0$ (dort haben die Geraden negative Funktionswerte) oder
$x > 3$ (dort haben sie beide positive Funktionswerte).

$\Rightarrow \; D_f = \{x \mid x < 0 \text{ oder } x > 3\} = \mathbb{R} \setminus [0; 3]$

14

36.2 $\lim\limits_{x \to \pm\infty} \ln \frac{x-3}{2x} = \ln \lim\limits_{x \to \pm\infty} \frac{x-3}{2x} = \ln \frac{1}{2} = \ln 1 - \ln 2 = 0 - \ln 2 = -\ln 2$

Der Graph der Funktion f hat daher die waagrechte Asymptote $y = -\ln 2$.

$$\lim_{x \uparrow 0} \ln \frac{x-3}{2x} = \ln \lim_{x \uparrow 0} \frac{x-3 \; (\to -3)}{2x \; (\to 0\uparrow)} = \infty$$

Der Graph von f hat die senkrechte Asymptote $x = 0$.

$$\lim_{x \downarrow 3} \ln \frac{x-3}{2x} = \ln \lim_{x \downarrow 3} \frac{x-3 \; (\to 0\downarrow)}{2x \; (\to 6)} = -\infty$$

Der Graph von f hat die senkrechte Asymptote $x = 3$.

36.3 $f(x) = 0 \;\Rightarrow\; \ln \frac{x-3}{2x} = 0 \;\Rightarrow\; \frac{x-3}{2x} = 1 \;\Rightarrow\; x - 3 = 2x \;\Rightarrow\; x = -3$, in D_f

Die Funktion f hat die Nullstelle $N(-3; 0)$

$$f'(x) = \frac{2x}{x-3} \cdot \frac{2x \cdot 1 - (x-3) \cdot 2}{(2x)^2} = \frac{2x}{x-3} \cdot \frac{2x - 2x + 6}{(2x)^2} = \frac{6}{(x-3)\,2x} = \frac{3}{x^2 - 3x}$$

Der Nenner im Term $f'(x)$ ist eine nach oben geöffnete Parabel mit den Nullstellen $x = 0$ und $x = 3$.

Für $x < 0$ ist also $f'(x) > 0$ $\Rightarrow$ Der Graph von f ist im Bereich $x < 0$ streng monoton steigend.

Für $x > 3$ ist auch $f'(x) > 0$ $\Rightarrow$ Der Graph von f ist im Bereich $x > 3$ ebenfalls streng monoton steigend.

Beachten Sie, dass diese Funktion f in *Teilbereichen*, aber *nicht* in D_f streng monoton ist, da D_f kein Intervall ist.

S. 149

36.4 $f'(x) = \frac{3}{x^2 - 3x}$

$$f''(x) = \frac{(x^2 - 3x) \cdot 0 - 3 \cdot (2x-3)}{(x^2 - 3x)^2} = \frac{-3\,(2x-3)}{[x\,(x-3)]^2} = \frac{-6\,(x - 1{,}5)}{x^2 \cdot (x-3)^2}$$

$f''(x) = 0$ kann nicht erfüllt werden, da $x = 1{,}5$ nicht in D_f liegt!

Zur Untersuchung des Vorzeichens von $f''(x)$ wählen wir die Darstellung:
$f''(x) = (neg) \cdot (x - 1{,}5)$

Für $x > 3$ ist $x - 1{,}5 > 0$ und damit $f''(x) < 0$. $\Rightarrow$ Der Graph von f ist für $x > 3$ rechtsgekrümmt.

Für $x < 0$ ist $x - 1{,}5 < 0$ und damit $f''(x) > 0$. $\Rightarrow$ Der Graph von f ist für $x < 0$ linksgekrümmt.

Aufgabe 36
S. 148
Fortsetzung

36.5 $f(-5) = \ln \frac{-5-3}{2 \cdot (-5)} = \ln \frac{-8}{-10} = \ln 0{,}8 = -0{,}223 \ldots$

$f(-1) = \ln \frac{-1-3}{2 \cdot (-1)} = \ln \frac{-4}{-2} = \ln 2 = 0{,}693 \ldots$

$f(4) = \ln \frac{4-3}{2 \cdot 4} = \ln \frac{1}{8} = \ln 0{,}125 = -2{,}079 \ldots$

$f(7) = \ln \frac{7-3}{2 \cdot 7} = \ln \frac{4}{14} = \ln \frac{2}{7} = -1{,}252 \ldots$

Der Verlauf des Graphen der Funktion f ist in Figur 73 eingetragen.

Figur 73

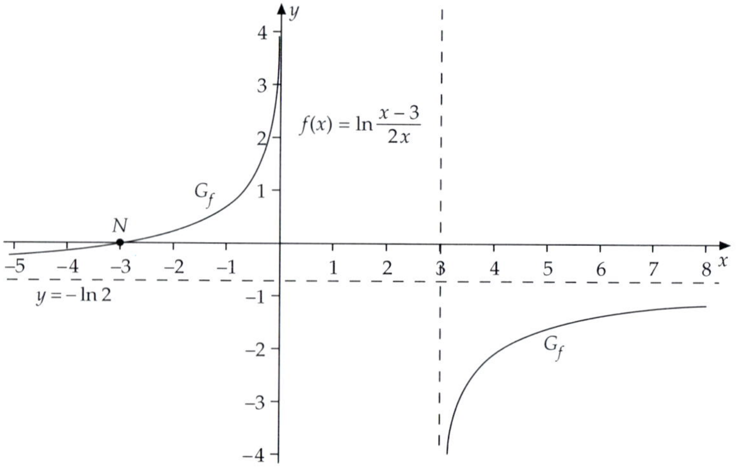

14

36.6

Aus 36.3 wissen wir, dass die Funktion f für $x < 0$ streng monoton zunehmend, also umkehrbar ist.

Wie setzen $f(x) = y$ und lösen $y = \ln \frac{x-3}{2x}$ unter Beachtung von $y = \ln e^y$ schrittweise nach x auf:

$$\ln e^y = \ln \frac{x-3}{2x} \;\Rightarrow\; e^y = \frac{x-3}{2x} \;\Rightarrow\; 2xe^y = x-3 \;\Rightarrow\; 3 = x(1-2e^y) \;\Rightarrow\; x = \frac{3}{1-2e^y};$$

$$f^{-1}(x) = \frac{3}{1-2e^x}$$

36.7 $F(x) = x \cdot \ln \frac{x-3}{2x} - 3 \cdot \ln(3-x)$

$$F'(x) = 1 \cdot \ln \frac{x-3}{2x} + x \cdot \left(\ln \frac{x-3}{2x}\right)' - 3 \cdot \frac{1}{3-x} \cdot (-1)$$

Aus Teilaufgabe 36.4: $\left(\ln \frac{x-3}{2x}\right)' = f'(x) = \frac{3}{x^2-3x} = \frac{3}{x(x-3)}$

$$F'(x) = \ln \frac{x-3}{2x} + x \cdot \frac{3}{x(x-3)} + \frac{3}{3-x}$$

$$F'(x) = \ln \frac{x-3}{2x} + \frac{3}{x-3} - \frac{3}{x-3} = \ln \frac{x-3}{2x} = f(x)$$

Aufgabe 37
S. 149

$f(x) = \ln \frac{3-x}{2x}$ mit maximaler Definitionsmenge.

Definitionsmenge bestimmen: Der Term $\ln \frac{3-x}{2x}$ ist erklärt, wenn $\frac{3-x}{2x} > 0$ gilt.

Dafür müssen Zähler und Nenner gleiche Vorzeichen haben:

$$\begin{array}{rcl} 3-x>0 \wedge 2x>0 & \text{oder} & 3-x<0 \wedge 2x<0 \\ 3>x \wedge \ x>0 & \text{oder} & 3<x \wedge \ x<0 \\ x<3 \wedge \ x>0 & \text{oder} & x>3 \wedge \ x<0 \\ \Rightarrow \ 0<x<3 & \text{oder} & \Rightarrow \ \text{leere Menge} \ \Rightarrow \ D_f =]0;3[\end{array}$$

Ableitung berechnen: Wir betrachten die Funktion $y = f(x)$ als Verkettung $y = \ln z$ mit $z = \frac{3-x}{2x}$ und differenzieren nach der Kettenregel: $y' = f'(x) = \frac{dy}{dz} \cdot \frac{dz}{dx}$

Nebenrechnungen:

$$\frac{dy}{dz} = \frac{1}{z} = \frac{2x}{3-x}; \quad \frac{dz}{dx} = \frac{2x(-1)-(3-x)\cdot 2}{(2x)^2} = \frac{-2x-6+2x}{(2x)^2} = \frac{-6}{4x^2} = \frac{-3}{2x^2}$$

$$f'(x) = \frac{dy}{dz} \cdot \frac{dz}{dx} = \frac{2x}{3-x} \cdot \frac{(-3)}{2x^2} = \frac{-3}{(3-x)x} = \frac{-3}{3x-x^2} = \frac{3}{x^2-3x}$$

Der Nenner $N(x) = x^2 - 3x$ ist in $\mathbb{R}$ betrachtet eine nach *oben* geöffnete Parabel mit den Nullstellen $x = 0$ und $x = 3$.
Unter Beachtung der Definitionsmenge D_f gilt also $f'(x) < 0$. Die Funktion f ist daher in $D_f =]0;3[$ *streng monoton abnehmend.*

Da $f'(x) = 0$ nicht erfüllt werden kann, hat die Funktion f auch keine lokalen inneren Extremstellen.

14 + 15

Lösungen Kap. 15

Aufgabe 38
S. 153

$$f(x) = \begin{cases} \frac{ax}{x+2} & \text{für } x \geqq 1 \\ x^2 + b & \text{für } x < 1 \end{cases} \quad \text{mit } a; b \in \mathbb{R}$$

Die Funktion f muss bei $x = 1$ zunächst stetig sein.

$\lim\limits_{x \downarrow 1} f(x) = f(1) = \frac{a \cdot 1}{1+2} = \frac{a}{3}$ (Beachte: $x = 1$ gehört zum oberen Abschnitt.)

$\lim\limits_{x \uparrow 1} f(x) = \lim\limits_{x \uparrow 1} (x^2 + b) = 1 + b$

Bedingung für Stetigkeit an der Stelle $x = 1$: $\lim\limits_{x \uparrow 1} f(x) = f(1) = \lim\limits_{x \downarrow 1} f(x)$

also: $1 + b = \frac{a}{3} = \frac{a}{3}$

Wir können nun a durch b oder b durch a ausdrücken: $a = 3 + 3b$ bzw. $b = \frac{a}{3} - 1$

Wir wählen $b = \frac{a}{3} - 1$ und erhalten:

$$f(x) = \begin{cases} \dfrac{ax}{x+2} & \text{für } x \geqq 1 \\ x^2 + \dfrac{a}{3} - 1 & \text{für } x < 1 \end{cases}$$

Diese Funktion f ist an der Stelle $x = 1$ stetig.

Für die Ableitung gilt zunächst: $f'(x) = \begin{cases} \dfrac{(x+2) \cdot a - ax \cdot 1}{(x+2)^2} = \dfrac{2a}{(x+2)^2} & \text{für } x > 1 \\ 2x \quad \text{für } x < 1 \end{cases}$

Grenzwerte der Ableitungsfunktionen bilden:

$$\lim_{x \downarrow 1} f'(x) = \lim_{x \downarrow 1} \frac{2a}{(x+2)^2} = \frac{2a}{9}$$

$$\lim_{x \uparrow 1} f'(x) = \lim_{x \uparrow 1} 2x = 2$$

Wenn nun die *stetige* Funktion f an der Stelle $x = 1$ differenzierbar sein soll, dann müssen die letzten beiden Grenzwerte der Ableitungen gleich sein:

Aus $\dfrac{2a}{9} = 2$ erhalten wir $a = 9$ und damit $b = \dfrac{a}{3} - 1 = \dfrac{9}{3} - 1 = 2$.

Mit $a = 9$ und $b = 2$ erhalten wir nun insgesamt:

Die Funktion f mit $f(x) = \begin{cases} \dfrac{9x}{x+2} & \text{für } x \geqq 1 \\ x^2 + 2 & \text{für } x < 1 \end{cases}$

hat die Ableitung: $f'(x) = \begin{cases} \dfrac{18}{(x+2)^2} & \text{für } x \geqq 1 \\ 2x & \text{für } x < 1 \end{cases}$

Diese Funktion f ist in ganz $\mathbb{R}$ *stetig und differenzierbar*. Der Graph von f ist in Figur 74 und der Graph von f' in Figur 75 eingetragen.

Figur 74

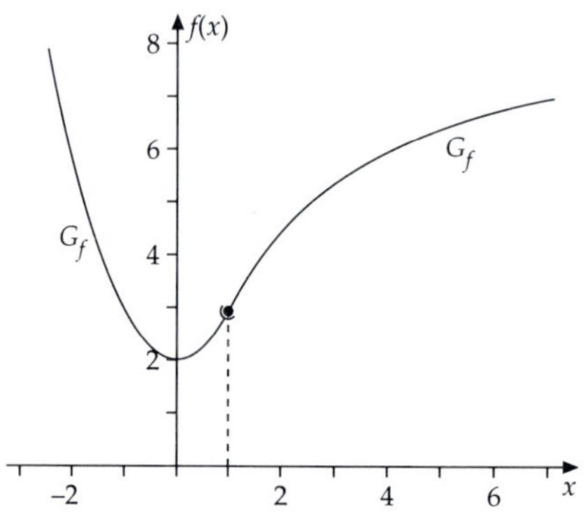

Figur 75

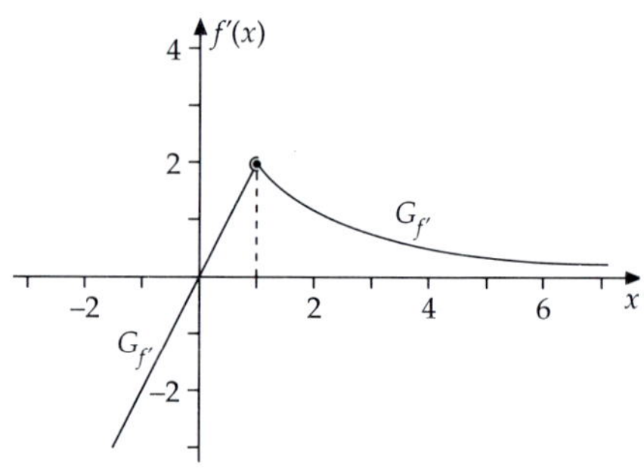

Aufgabe 39
S. 153

$$f(x) = \begin{cases} -(x-a)^2 & \text{für } x < -3 \\ x^3 + 6x^2 + 9x & \text{für } -3 \leqq x \leqq 0 \text{ mit } a; m \in \mathbb{R} \\ mx & \text{für } x > 0 \end{cases}$$

Stetigkeit von f bei $x = -3$: Da die Stelle $x = -3$ zum mittleren Abschnitt gehört, gilt:

$$\lim_{x \downarrow -3} f(x) = f(-3) = (-3)^3 + 6(-3)^2 + 9(-3) = -27 + 54 - 27 = 0$$

$$\lim_{x \uparrow -3} f(x) = \lim_{x \uparrow -3} [-(x-a)^2] = \lim_{x \uparrow -3} [-x^2 + 2ax - a^2] = -9 - 6a - a^2$$

Bedingung für Stetigkeit bei $x = -3$: $\lim_{x \uparrow -3} f(x) = f(-3) = \lim_{x \downarrow -3} f(x)$

$$\begin{aligned} \text{also: } -9 - 6a - a^2 &= 0 \qquad = 0 \\ -(3+a)^2 &= 0 \\ 3 + a &= 0 \\ a &= -3 \end{aligned}$$

15

Stetigkeit von f bei $x = 0$: Da die Stelle $x = 0$ zum mittleren Abschnitt gehört, gilt:

$$\lim_{x \uparrow 0} f(x) = f(0) = 0^3 + 6 \cdot 0^2 + 9 \cdot 0 = 0$$

$$\lim_{x \downarrow 0} f(x) = \lim_{x \downarrow 0} (mx) = 0$$

Die Funktion f ist also für jede Wahl von $m \in \mathbb{R}$ an der Stelle $x = 0$ stetig.

Die Funktion f mit $f(x) = \begin{cases} -(x+3)^2 & \text{für } x < -3 \\ x^3 + 6x^2 + 9x & \text{für } -3 \leqq x \leqq 0 \\ mx & \text{für } x > 0 \end{cases}$ ist in ganz $\mathbb{R}$ stetig.

Differenzierbarkeit von f: $f'(x) = \begin{cases} -2(x+3) & \text{für } x < -3 \\ 3x^2 + 12x + 9 & \text{für } -3 < x < 0 \\ m & \text{für } x > 0 \end{cases}$

Da eine stetige Funktion an einer Nahtstelle genau dann differenzierbar ist, wenn dort die Grenzwerte der Ableitungsfunktionen übereinstimmen, muss gelten:

$$\lim_{x \uparrow -3} [-2(x+3)] = \lim_{x \downarrow -3} 3x^2 + 12x + 9\,; \quad \lim_{x \uparrow 0} 3x^2 + 12x + 9 = \lim_{x \downarrow 0} (m)$$

$$0 = 27 - 36 + 9 \quad ; \quad 9 = m$$

$$0 = 0 \quad ; \quad m = 9$$

Die Funktion f hat also die Abteilung: $f'(x) = \begin{cases} -2(x+3) & \text{für } x < -3 \\ 3x^2 + 12x + 9 & \text{für } -3 \leqq x \leqq 0 \\ 9 & \text{für } x > 0 \end{cases}$

Ergebnis:
Die in ganz $\mathbb{R}$ stetige und differenzierbare Funktion f ist abschnittsweise erklärt durch:

$$f(x) = \begin{cases} -(x+3)^2 & \text{für } x < -3 \\ x^3 + 6x^2 + 9x & \text{für } -3 \leqq x \leqq 0 \\ 9x & \text{für } x > 0 \end{cases}$$

Der Verlauf des Graphen von f ist in der Figur 76 zu sehen.

Figur 76

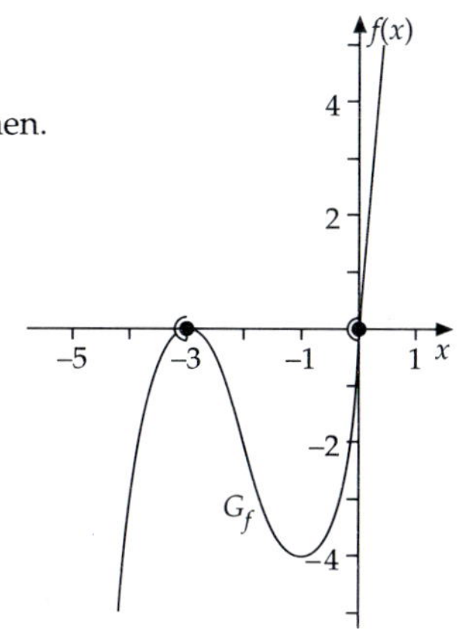

Aufgabe 40
S. 161

40.1 $\lim\limits_{x\to 0} \dfrac{x - x\cdot\cos x}{x - \sin x} = \left[\dfrac{0}{0}\right] \overset{\text{l'H}}{=} \lim\limits_{x\to 0} \dfrac{1 - \cos x + x\cdot\sin x}{1 - \cos x} = \left[\dfrac{0}{0}\right] \overset{\text{l'H}}{=}$

$= \lim\limits_{x\to 0} \dfrac{\sin x + \sin x + x\cdot\cos x}{\sin x} = \lim\limits_{x\to 0} \dfrac{2\sin x + x\cdot\cos x}{\sin x} = \left[\dfrac{0}{0}\right] \overset{\text{l'H}}{=}$

$= \lim\limits_{x\to 0} \dfrac{2\cos x + \cos x - x\cdot\sin x}{\cos x} = \lim\limits_{x\to 0} \dfrac{3\cdot\cos x - x\cdot\sin x}{\cos x} = \dfrac{3-0}{1} = 3$

40.2 $\lim\limits_{x\to 0} \dfrac{1-\cos x}{x^2} = \left[\dfrac{0}{0}\right] \overset{\text{l'H}}{=} \lim\limits_{x\to 0} \dfrac{\sin x}{2x} = \left[\dfrac{0}{0}\right] \overset{\text{l'H}}{=} \lim\limits_{x\to 0} \dfrac{\cos x}{2} = \dfrac{1}{2}$

40.3 $\lim\limits_{x\to 0} \dfrac{\tan x - \sin x}{x^3} = \left[\dfrac{0}{0}\right] \overset{\text{l'H}}{=} \lim\limits_{x\to 0} \dfrac{(\cos x)^{-2} - \cos x}{3x^2} = \left[\dfrac{0}{0}\right] \overset{\text{l'H}}{=}$

$= \lim\limits_{x\to 0} \dfrac{(-2)\,(\cos x)^{-3}\cdot(-\sin x) + \sin x}{6x} = \lim\limits_{x\to 0} \dfrac{2\,(\cos x)^{-3}\cdot\sin x + \sin x}{6x} =$

$= \left[\dfrac{0}{0}\right] \overset{\text{l'H}}{=} \lim\limits_{x\to 0} \dfrac{6\,(\cos x)^{-4}\cdot\sin x\cdot\sin x + 2\,(\cos x)^{-3}\cdot\cos x + \cos x}{6} =$

$= \dfrac{6\cdot 0\cdot 0 + 2\cdot 1\cdot 1 + 1}{6} = \dfrac{3}{6} = \dfrac{1}{2}$

Aufgabe 41
S. 161

41.1 $\lim\limits_{x\to\infty} \dfrac{\ln(2x)}{x^3} = \left[\dfrac{\infty}{\infty}\right] \overset{\text{l'H}}{=} \lim \dfrac{\frac{2}{2x}}{3x^2} = \lim\limits_{x\to\infty} \dfrac{1}{3x^3} = 0$

41.2 $\lim\limits_{x\to 0} \dfrac{e^x - e^{-x} - 2x}{x^2} = \left[\dfrac{0}{0}\right] \overset{\text{l'H}}{=} \lim\limits_{x\to 0} \dfrac{e^x + e^{-x} - 2}{2x} = \left[\dfrac{0}{0}\right] \overset{\text{l'H}}{=}$

$= \lim\limits_{x\to 0} \dfrac{e^x - e^{-x}}{2} = \dfrac{0}{2} = 0$

41.3 $\lim\limits_{x\to 0} \dfrac{e^x - 1}{x} = \left[\dfrac{0}{0}\right] \overset{\text{l'H}}{=} \lim\limits_{x\to 0} \dfrac{e^x}{1} = \dfrac{1}{1} = 1$

41.4 $\lim\limits_{x\to 0} \dfrac{e^x - e^{-x}}{\sin x} = \left[\dfrac{0}{0}\right] \overset{\text{l'H}}{=} \lim\limits_{x\to 0} \dfrac{e^x + e^{-x}}{\cos x} = \dfrac{1+1}{1} = 2$

Lösungen Kap. 18

Aufgabe 42
S. 165

42.1 $f(x) = 2\cdot\ln(1 + e^x) - x + 5$

Maximale Definitionsmenge bestimmen:
Da $1 + e^x > 0$ für alle $x \in \mathbb{R}$ gilt, ist $\ln(1 + e^x)$ in $\mathbb{R}$ definiert. $\Rightarrow$ $D_f = \mathbb{R}$

42.2 Bedingung für Achsensymmetrie zur y-Achse: $f(-x) = f(x)$
Wir ersetzen im Funktionsterm $f(x)$ die Variable x durch $-x$ und versuchen dann durch Termumformungen die Gültigkeit der Gleichung $f(-x) = f(x)$ nachzuweisen. Beachten Sie, dass der Graph einer Funktion f nur dann symmetrisch zur y-Achse (oder punktsymmetrisch zum Ursprung) liegen kann, wenn auch die Definitionsmenge D_f symmetrisch zum Ursprung liegt.

$$f(-x) = 2 \cdot \ln(1 + e^{-x}) - (-x) + 5 = 2 \cdot \ln\left(1 + \frac{1}{e^x}\right) + x + 5$$

Mit $1 + \frac{1}{e^x} = \frac{e^x + 1}{e^x}$ und $x = \ln e^x$ erhalten wir dann:

$$f(-x) = 2 \cdot \ln \frac{e^x + 1}{e^x} + \ln e^x + 5 \qquad \Big| \ \ln \frac{A}{B} = \ln A - \ln B$$

$$\begin{aligned} f(-x) &= 2 \cdot \ln(e^x + 1) - 2 \cdot \ln e^x + \ln e^x + 5 = \\ &= 2 \cdot \ln(1 + e^x) - \ln e^x + 5 = \qquad \Big| \ \ln e^x = x \\ &= 2 \cdot \ln(1 + e^x) - x + 5 = f(x) \end{aligned}$$

42.3 Ansatz für die schiefe Asymptote: $y = m \cdot x + b$ mit $m = \lim\limits_{x \to \infty} f'(x)$

$$f'(x) = 2 \cdot \frac{1}{1 + e^x} \cdot e^x - 1 = \frac{2e^x}{1 + e^x} - 1$$

Da für $x \to \infty$ auch $e^x \to \infty$ gilt, entsteht beim Grenzübergang im Bruch die unbestimmte Form $\frac{\infty}{\infty}$. Dies können wir vermeiden, wenn wir zunächst im Zähler und im Nenner e^x ausklammern und dann wegkürzen:

$$\lim_{x \to \infty} f'(x) = \lim_{x \to \infty} \frac{e^x \cdot 2}{e^x \cdot \left(\frac{1}{e^x} + 1\right)} - 1 = \lim_{x \to \infty} \frac{2}{\frac{1}{e^x} + 1} - 1$$

Mit $\frac{1}{e^x} \to 0$ für $x \to \infty$ gilt dann: $\lim\limits_{x \to \infty} f'(x) = \frac{2}{0 + 1} - 1 = 2 - 1 = 1 = m$

Wir setzen $m = 1$ in den Ansatz $y = m \cdot x + b$ für die schiefe Asymptote ein: $y = x + b$

Die Gerade $y = x + b$ ist aber nur dann schiefe Asymptote, wenn $\lim\limits_{x \to \infty} (f(x) - y) = 0$ ist. Aus dieser Grenzwertrechnung erhalten wir die noch gesuchte Zahl b:

$$\lim_{x \to \infty} [2 \cdot \ln(1 + e^x) - x + 5 - (x + b)] = 0$$

$$\lim_{x \to \infty} [2 \cdot [\ln(1 + e^x) - x] + 5 - b] = 0 \qquad \big| \ (x = \ln e^x)$$

$$\lim_{x \to \infty} [2 \cdot [\ln(1 + e^x) - \ln e^x] + 5 - b] = 0 \qquad \Big| \left(\ln A - \ln B = \ln \frac{A}{B}\right)$$

$$\lim_{x \to \infty} \left[2 \cdot \ln \frac{1 + e^x}{e^x} + 5 - b\right] = 0$$

Nach den Grenzwertsätzen ist der Grenzwert einer Summe gleich der Summe der Grenzwerte der Summanden, wenn diese Grenzwerte existieren:

$$\lim_{x \to \infty} \left(2 \cdot \ln \frac{1 + e^x}{e^x}\right) + 5 = b$$

$$2 \cdot \lim_{x \to \infty} \left(\ln \frac{1 + e^x}{e^x}\right) + 5 = b$$

18

Aufgabe 42
S. 165
Fortsetzung

Da die Funktion ln stetig ist, dürfen wir die Symbole lim und ln vertauschen:

$$2 \cdot \ln \left(\lim_{x \to \infty} \frac{1 + e^x}{e^x} \right) + 5 \quad = b$$

Mit $\frac{1 + e^x}{e^x} = \frac{e^x (1 + e^{-x})}{e^x \cdot 1} = 1 + \frac{1}{e^x} \to 1 + 0 = 1$ für $x \to \infty$ folgt:

$$2 \cdot \ln 1 + 5 = b$$
$$5 = b, \quad \text{da } \ln 1 = 0$$

Gleichung der schiefen Asymptote für $x \to \infty$: $y = x + 5$

Figur 77

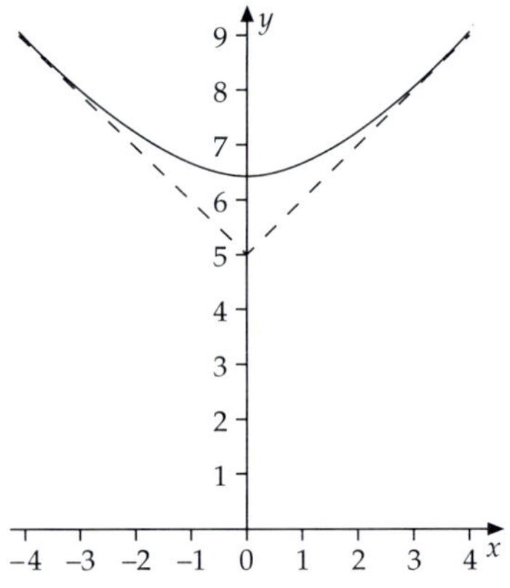

42.4

Aus der Symmetrie des Graphen von f zur y-Achse schließen wir, dass die schiefe Asymptote für $x \to -\infty$ durch Spiegelung der Asymptote $y = x + 5$ an der y-Achse entsteht.

Die Graphen zweier Funktionen g und h liegen spiegelbildlich zur y-Achse, wenn für ihre Funktionsterme $h(x) = g(-x)$ bzw. $h(-x) = g(x)$ gilt.

Solche Funktionen haben an zwei symmetrisch gelegenen Stellen x und $-x$ denselben Funktionswert.

$\Rightarrow$ Gleichung der schiefen Asymptote für $x \to -\infty$: $y = -x + 5$

18

Bezeichnungen

$\mathbb{N}$	Menge der natürlichen Zahlen $\{1; 2; 3; \ldots\}$
$\mathbb{N}_0$	$\{0; 1; 2; 3; \ldots\}$
$\mathbb{Z}$	Menge der ganzen Zahlen $\{\ldots; -2; -1; 0; 1; 2; \ldots\}$
$\mathbb{Q}$	Menge der rationalen Zahlen (Menge aller Brüche, Quotienten)
$\mathbb{R}$	Menge der reellen Zahlen
$[a; b]$	beidseitig abgeschlossenes Intervall $\{x \mid a \leqq x \leqq b\}$
$[a; b[$	halboffenes Intervall $\{x \mid a \leqq x < b\}$
$\lvert x \rvert$	Betrag der reellen Zahl x
$\lvert T(x) \rvert$	Betrag des Terms $T(x)$
$\operatorname{sgn} x$	Signum von x; Vorzeichen von x
f	Funktion f
f^{-1}	Umkehrfunktion zu f (lies: f oben – 1)
f_a	Funktionenschar mit dem Scharparameter a
$f \circ g$	Verkettung von f mit g, f folgt auf g
$f(x)$	Funktionsterm oder Funktionswert
$f(g(x))$	Funktionswert der Verkettung $f \circ g$
D_f	Definitionsmenge der Funktion f
W_f	Wertmenge der Funktion f
G_f	Graph der Funktion f, Funktionskurve
f'	1. Ableitungsfunktion von f
$f'(x)$	Term der Funktion f'
f''	2. Ableitungsfunktion von f (oder 1. Ableitungsfunktion von f')
$f''(x)$	Term der Funktion f''
$\mathrm{d}x$, $\mathrm{d}y$	Differenziale
$y' = \frac{\mathrm{d}y}{\mathrm{d}x}$	Ableitung von y nach x
Grad Z	Grad des Zählerpolynoms (auch: deg Z)
Grad N	Grad des Nennerpolynoms (auch: deg N) (jeweils die größte auftretende Hochzahl bei x)

Logische Zeichen

Sind A, B Aussagen oder Aussageformen, so ist:

$A \wedge B$	sowohl A als auch B, A und B
$A \vee B$	A oder B oder beide
$A \Rightarrow B$	aus A folgt B (Implikation)
$A \Leftrightarrow B$	aus A folgt B und umgekehrt (Äquivalenz)

Stichwortverzeichnis

A

B

D

E

O

P

Q

R

S

T

U

V

W